EXPERIENCING CULTURE

SOCIETY ECOLOGY SMART

体验文化

社会化 | 生态化 | 智慧化

胡晓 编著

清華大学出版社
北 京

内 容 简 介

本书是国际体验设计大会的演讲集锦，汇聚了当下最具影响力的数位国内外知名企业、院校的设计师、商业领袖、专家、教授的大量实践案例与前沿学术观点，分享并解决了新兴领域所面临的新问题，为企业人员提供丰富的设计手段、方法与策略，以便他们学习全新的思维方式和工作方式，掌握不断外延的新兴领域的技术、方法与策略。本书适合用户体验、交互设计的从业者阅读，也适合管理者、创业者以及即将投身于这个领域的爱好者、相关专业的学生阅读。

图书在版编目（CIP）数据

体验文化 : 社会化 • 生态化 • 智慧化 / 胡晓编著 . —北京：清华大学出版社，2020.8
ISBN 978-7-302-55553-7

Ⅰ . ①体…　Ⅱ . ①胡…　Ⅲ . ①人机界面—程序设计　Ⅳ . ① TP311.1

中国版本图书馆 CIP 数据核字 (2020) 第 091798 号

责任编辑：杜　杨
封面设计：杨玉兰
责任校对：徐俊伟
责任印制：宋　林

出版发行：清华大学出版社
网　　址：http://www.tup.com.cn，http://www.wqbook.com
地　　址：北京清华大学学研大厦 A 座　　**邮　　编：**100084
社 总 机：010-62770175　　**邮　　购：**010-83470235
投稿与读者服务：010-62776969，c-service@tup.tsinghua.edu.cn
质 量 反 馈：010-62772015，zhiliang@tup.tsinghua.edu.cn
印 装 者：北京博海升彩色印刷有限公司
经　　销：全国新华书店
开　　本：188mm×260mm　　**印　　张：**15　　**字　　数：**330 千字
版　　次：2020 年 10 月第 1 版　　**印　　次：**2020 年 10 月第 1 次印刷
定　　价：99.00 元

产品编号：086805-01

赞誉

今天，我们正面临着前所未有的变革，甚至科学技术的发展已使人类掌握重新设计生命的能力，设计所面对的挑战将是更宽的领域、更大的需求、更新的知识和更多的未知，设计将在新方向、新层次、新境界上被重新定义，而任何个人都无法独立解决全方位的问题，人们进入了“相互指望”的集体智慧时代。IXDC发挥组织力，透过《体验文化：社会化·生态化·智慧化》，汇集人文思想和设计方略，为重新定义设计文化，做了积极的探索，很有价值。

——陈冬亮

联合国教科文组织国际创意与可持续发展中心执行主任

中国工业设计协会副会长

在我的整个职业生涯中，我一直在反对“设计”只是简单地把东西做得漂亮，同时我也一直知道，每一个和潜在客户的触点都可能是精心设计后的结果。《体验文化：社会化·生态化·智慧化》提醒和教育着领导者，设计可以影响当下和未来生活的方方面面。除了单一地去关注一个产品的表现，我认为应该将重点转移到更广泛的文化影响上，同时去思考如何在全球范围内表达和感知一个公司的价值观。

——Don Lindsay

前苹果、黑莓、微软设计主管

伴随着中国经济几十年的高速发展，用户体验设计也参与其中，整个设计领域收获了空前的提升，同时也发挥了巨大的价值。IXDC基于十周年庆典会议推出此书，意义重大。《体验文化：社会化·生态化·智慧化》汇总了不同国家、不同领域、不同组织的设计观点与行动，让我们有机会从更宏观的角度来感受体验设计当下正在发生的变化。

——刘轶

京东集团副总裁

“独行快，众行远”，《来自华为的设计方法：科学的人因研究，直观的编程设计》是将我们在工作中被证明是行之有效的方法用文字的形式记录，分享给广大的设计师。同时也给大家推荐《体验文化：社会化·生态化·智慧化》，这本文集博采众家之长，集各领域之精要，分享的不仅仅是设计、技术、方法，更是对业务的深刻洞察，值得反复拜读揣摩，知行合一。

——毛玉敏

华为消费者BG软件部副总裁

一本来自体验界的丰富经验合集，推荐给有志于将世界变得更美好的你。

——陈妍

腾讯用户研究与体验设计部总经理

《体验文化：社会化·生态化·智慧化》的内容构成和视野高度让我惊喜，它有着设计类出版物中少见的丰富内容，包罗万象。难能可贵的是它兼备感性和理性、视野和实践、对传统文化的传承和对未来技术的应用。能够推崇对个人价值的探索，却也不失产业精神，我作为游戏设计行业的从业者，对这一点也深以为然。全书行云流水，毫不晦涩，相信能够给各个层次的读者带来有益的启发。

——蒋维

网易互娱用户体验中心总裁

万物互联，体验无界。在日新月异的数字市场、全新的技术以及精细化需求的驱动下，用户体验的边界正在不断扩宽。如何在变化浪潮中快速扩大认知半径，探索新时代下的体验文化？在这里或许你能找到答案。

这本书汇聚了全球一线企业、院校的深度洞察和应用实战案例，聚拢了最新技术趋势和前沿设计思想，由文化回响、生态构建、智能交互、品牌营销四个板块构成，从不同领域和视角深入剖析体验文化的方法和价值，帮助从业者持续学习与迭代，掌握不断外延的新兴领域的技术和策略，尝试商业的更多可能，共同展望未来人类的生活方式。本书值得一读，相信对企业和用户体验从业者会有一些启发。也期待本书呈现的内容能引起业内更广泛的思考和讨论。

——史玉洁

百度高级设计总监

IXDC是推动体验行业发展的活跃组织，胡晓是我的多年老友。无论你身处哪个行业，身为什么角色，通过本书回顾各位专家、学者的深度分享时，都能够发现与自身结合的收获点。

——黄峰

体验思维提出者、《体验思维》作者

唐硕体验咨询创始人、CEO

在过去20年中，体验设计从业者从探索技能到创新方法，从发现未知到传承志向。今天的我们仍在不断反思和寻求中国当下所适用的体验文化，助力中国企业成就更好的自己。古之立大事者，不惟有超世之材，亦必有坚忍不拔之志，厚积而薄发是中国民族文化的特征，亦是体验文化的基石。本书从社会化、生态化、智慧化三个方面，列举了体验设计行业多年来的沉淀、实践和创新案例与方法，值得有志于中国体验设计行业的所有同行者阅读。

——林钦

ETU（上海艺土界面设计）创始人

UPA China首届主席

设计已进入百年不遇的世界大变局，过往的知识、经验、观点都将面临大变革时代的全新考验。唯一不变的，是这本书传递出来的智者心语：以更加开放的创新思维强化设计的领导力！这是为再造新生活、新世界赋能的发展战略。

——童慧明

广州美术学院教授

BDDWATCH发起人

优秀的用户体验设计可以为人们带来良好的交互体验，同时也为企业的产品或服务建立起一致性的识别特征。本书集合了来自国内外众多专家的经验案例以及探讨思考，为从业者、爱好者以及专业学生提供全新的设计思维和方法去探索不同行业内的用户语言，了解出色产品的设计价值。

——何人可

湖南大学设计学院教授、博士生导师

《体验文化：社会化・生态化・智慧化》一书，作为国际体验设计大会的演讲精选，汇集了设计文化、生态构建、智能交互、品牌营销四个方面的精彩内容，从中展现出各位前沿领域的设计师、商业领袖、专家、教授对于这个时代及中国设计变革的洞察及观点，其中所分享的对于新问题、新实践、新学术的思考，汇聚在一起，成为新兴设计领域思维、手段、方法与策略的最好展示。感谢大会策划者与本书编撰者的专业工作，提供了如此有益的分享，并有机会以自己的角色见证、参与、推动世界与中国的设计发展。

——张凌浩

江南大学设计学院教授（至善特聘）、博导

中国工业设计协会副会长

设计学科的演进，愈发关注人类自身的心理认知与行为体验，愈发关注社会场景的人际互动与文化交流，愈发关注未来世界的人机协作与价值思考。应对这些发展趋势，《体验文化：社会化・生态化・智慧化》一书则为我们提供了多元跨界的视角，启发我们去设计更合意的未来。

——付志勇

清华大学中意设计创新基地副主任

每年一步，聆听行业的声音，见证自己的成长。IXDC大会陪伴着千千万万有志于用户体验领域的朋友，一步步走进这个文化、设计、研究、技术、运营、品牌、商业等交织的世界，以初心、洞察、思考、实践，去发掘机会、解决问题、创造价值。加油，IXDC、用户体验还有充满热爱的你。

——吴卓浩

Mr. HOW AI创造力训练营创始人

前创新工场人工智能工程院副总裁

前Google、Airbnb中国设计负责人

现在，相信所有人都会承认，“设计”早已超越了仅是对美学风格的追求，它渗入了更深层、更核心的地方。商业、产品、用户、生活、文化……现代设计的力量渗透进每一环，在有意识与无意识之间，构成每个人的当下体验。而无数个体的体验，终将改变潮水奔涌的方向。无论你是不是设计师，都可以看看这本书，相信这对你看待设计工作和世界的方式，都会有一些改变。

——任恬

小米MIOT可穿戴负责人

小米集团设计委员会副主席

我所在的ICT行业不平静的2019年恰逢IXDC成立十周年，中国用户体验设计的蓬勃发展得力于IXDC十年如一日的坚持推动与平台搭建。本书汇总了IXDC十周年之际来自国内外多个知名企业、院校专家的优秀实践和观点分享，可谓里程碑式的智慧汇总，值得用户体验从业人士学习和收藏。

——赵业

华为UCD中心部长

这些年来，在国际体验设计大会这个平台上所开展过的研究、培训和传播活动都引导着我们思考一些关键的问题。本书是由集教育和创意于一身的平台IXDC所开展的会议的总结，在我看来，这本书不仅有助于中国创新设计的科学技术以及经验成果的发展，更重要的是它让批判性思考在所有活动参与者之间展开，而催化这种创造性和批判性思维的重要因素是去创造一个这样的社会：一个全人类做好准备去适应、面对和分享不同内容和看法的社会。

——Francesco Galli

意大利米兰语言和传播自由大学国际事务处主任，教授

每天早上，全世界数十亿人用各种工具出行上班，他们使用着熟悉的交通工具到达工作场域，也许是步行10分钟内的庄稼地，也许是电动自行车能到达的小学，也许是百公里外的CBD，或者跟我一样，打开家中后门走进自家车库工作室里，开始一早的在线课程。

我特别乐见今年疫情所造就的生活方式，人们大量仰赖互联网工具进行在线沟通与工作，这全新的体验改变了我们过去对于工作的认知，并产生了质的改变。我预计在往后数年内，将出现更为创新的工具来承载被出行限制的生活中的各种服务体验。用户体验，它早已从20年前的一个术语转变而成了企业文化与价值体现的重要依托，它也成为在设计院校里面所有专业都需要重视且关注的学问，我们无时无刻不在使用它来帮助设计，而体验文化也正改变着我们对于设计教育宏观意义上的理解。

——丁肇辰

北京服装学院新媒体系主任，教授

过去十年里，中国企业对于用户体验的口头关注度在显著提升。但落到具体实践上的时候，设计或者体验团队其实并没有被真正赋予相匹配的认可度。这是一个挑战，也是一个机会。这本书结合了国内外众多专家的实践与思考，以体验文化为核心，从战略、生态、品牌、设计、管理等方方面面阐释各自面对的挑战以及各自所采取的策略和收获。这会是一本很好的案头参考书。在你遇到困难的时候，在你感到困惑的时候，翻一翻过来人的经验之谈和应对之策，我相信一定会令你有所启发。

——林敏

广州美术学院教授

IXDC国际体验设计委员会委员

中国设计，中国生产！在互联网和移动互联网时代，中国的体验设计者和设计创业者们体现出了世界级的创造力和创新力。这是一个设计师创新创业最好的时代！

——雷海波

太火鸟科技创始人

视觉中国设计师社区创始人

这个时代赋予了设计更多的价值，设计师通过敏锐的眼光，对细节进行推敲，对体验进行提炼，打造出影响社会的设计。这本书让我们从多维度学习体验设计，学习发现问题和解决问题的能力。体验设计师是产品与人之间的桥梁，我们要通过学习到的知识，通过设计传递出人的温情与产品的温度，找到设计的最优解。

——朱君

小米集团设计委员会秘书长

UI中国联合创始人

本书汇集前沿学术，融汇实践案例，提出方法策略，充分展现了社会化、生态化、智慧化一体的设计发展新方向、新思路、新局面！推荐此书给大家，也推荐IXDC十年来一直为行业发展做出的贡献。科技赋能设计，设计改变生活！设计新时代已经到来，设计新生态需要我们共同建设。

——张建中，Jams ZHANG

NVIDIA（英伟达）全球副总裁，中国区总经理

不论哪一个时代，总有打动用户的好产品；好产品来自对用户的理解，透过好的交互设计与用户建立良好的体验。希望大家能经由此书的案例得到启发，在各行各业为广大用户带来这个时代的好产品。

——郭文祺

小米生态链-纯米科技设计研发副总裁

随着5G时代的降临，许多行业都开始关注虚拟场景构建，越发重视VR技术的传播、设计和应用，打造个人专属平行虚拟世界将成为未来不可或缺的一部分。设计，不止思考眼前，也开始思考人们内心渴望的另一个虚拟世界。在这本书里，来自各个国家的设计者和创造者们将表达有价值、有态度的观点，带来对未来设计趋势更准确的判断。

——王洁

3Glasses创始人兼CEO

感谢IXDC汇编此书，本书可以帮到每一个认可设计价值的读者，更好地解读设计在当下的意义。

——张伟

EICO联合创始人

本书集合了不同地区、不同行业专家的体验设计洞察，激发真实的行业思考。无论你是初入行业，还是有一定实践经验，书中的内容都会挑战你现有的设计观点和设计流程。

——Siddharta Lizcano

宝马集团（BMW）互动设计创意总监

用户体验的边界不断扩展，用户体验覆盖的范畴也发生了意想不到的变化。作为体验设计师，我们不要只是把自己当成产品本身的设计师，还要去设计整个企业跟用户交互的体验，通过体验设计去使企业跟客户的互动更加紧密。

用户体验的市场逐渐成熟，ETU 始终坚持“让生活更简单而美好”的初心，进行用户体验的探索与创新，提出会员成长体系，重新定义与设计用户的会员体验。我们与 IXDC 一起

在用户体验这条道路上不断前行，宣导用户体验价值，不断推动中国用户体验行业发展。

——刘醒骅

ETU（上海艺土界面设计）首席设计官

在如今用户为王的时代，用户体验成为一种新的品牌竞争力。企业向用户传递的不再单单是一个冷冰冰的产品，更是超出其期待的、有温度的服务，与之建立起情感的纽带。《体验文化：社会化·生态化·智慧化》这本书汇集了各领域关于用户体验的深度思考和优秀实践，希望能够给予设计爱好者更多的启发和帮助。

——丁光正

倍比拓（bebit）上海办公室合伙人

近20年来，智能产品在中国得到了飞速发展。腾讯的QQ和微信驱动了即时通讯工具的普及，阿里巴巴、京东、拼多多驱动了电子商务的普及，美团驱动了在线生活服务的普及，抖音、快手、今日头条驱动了信息服务的普及。互联网服务、智能产品已经渗透到人们生活的方方面面，甚至在部分领域的智能应用覆盖上已经领先全球。用户对于没有良好用户体验的产品已经不再容忍，没有良好用户体验的产品也无法获得商业成功，用户体验已然成了文化的一部分。

体验文化的塑造离不开各大公司用户体验部的专业体系、团队体系以及行业生态的支撑，《体验文化：社会化·生态化·智慧化》一书从社会文化、生态构建、专业体系多个角度阐述了精彩理论和案例。正如IXDC每年出版的图书一样，是用户体验行业不可多得的必读精品。

——崔颖韧

美团点评用户体验部总监

2019年全球经济增速放缓，2020年的一场疫情更是雪上加霜，但科技发展的脚步并没有停下，社会的历史车轮还在持续向前。设计师在这股洪流中，也在经历着执行者、赋能者、创变者的角色改变。本书从商业、社会、生态的视角，很好地帮助设计师在这个历史拐点上正视自己和未来。

——印隽

GLODON广联达UX设计总监

中国传媒大学新媒体设计系客座硕导

在设备和计算越来越耀眼，恨不得智能万能的当下，体验设计仿佛更简单了，真的是这样吗？各种以算力和算法为核心的应用，给了我们迅速且巨量的解决方案，更用“千人千面”的方式为我们创造需求，满足需求。但是作为用户的体验并无止境，因此体验设计其实是越来越难了，IXDC长期对于体验设计的关注和研究，就尤其显得价值巨大。更为难能可贵的，是IXDC坚持把字体作为体验设计研究对象的广阔视野。

——马忆原

汉仪字库首席运营官

IXDC作为国内领先的用户体验组织，不忘初心，一直推动国内外的体验设计与发展。体验本身是不可计划的，但可通过设计来影响体验，体验设计可以开启设计与商业的新对话，也能帮助企业整合品牌、价值和体验，更能影响产品体验或服务的关键节点。本书将创新文化、生态艺术、体验设计、智能交互技术及品牌营销有效地串联起来，提供了全新的设计手段、方法与策略，读者能够从中了解和学到新兴的思维方式、工作方式，充分体会到体验设计文化价值的分量感，非常值得借鉴和阅读。

——张元一

墨刀创始人兼CEO

《体验文化：社会化·生态化·智慧化》这本书很好地将商业和体验融合起来了，今天的设计行业从传统的接需求发展到设计驱动，如何把项目因为你而不同的价值说清楚是非常难的。本书里面的一些方法唯亲历者知，在体验和商业这条路上，我们都是学生，披荆斩棘地成长，学习如何洞察商业，通过设计创新突破，才能真正做到赋能商业。愿IXDC这本书陪伴你从1走到100。

——Sky

原支付宝体验设计专家

公众号“我们的设计日记”作者

当人类认识到世界是由信息或者说能量构成后，体验设计逐渐走上了设计舞台的中央，甚至我认为体验是设计要解决的问题的全部。IXDC汇编的这本书非常重要，它展现了全球最新的体验设计的趋势和思想，记录了中国消费市场对全球体验设计的贡献。

——池伟

+86 设计共享平台创始人

随着市场竞争的白热化，以往企业竞争中赖以为傲的壁垒，如供应链、销售渠道、生产产能等要素在互联网发展机制的推动下，都以专业化平台的方式成为市场竞争中的“共享”资源。这一时代中，企业的核心竞争力必须从产品生产、开发、技术环节向用户端迁移。因此，用户体验在近年来逐渐受到企业的重视。在产品质量、价格严重同质化的情况下，颜值就是生产力。然而，当下消费者对产品颜值的品味也在快速提升。只靠单一的颜值维度，产品已经难以在市场上获得竞争优势。因此，产品的体验设计逐步走向体系化，产品体验研究的范围逐步拓展。当下的体验设计已经涵盖了文化、生态、科技、品牌各个部分。而这些正是《体验文化：社会化·生态化·智慧化》一书所呈现的内容。本书整合了当下学界、业界用户体验设计领域领潮人的思考和观点，是从业者在探索产品体验设计创新的一个很好的指引和蓝图！

——刘毅

广州美术学院副教授，智能与体验设计教研中心副主任

设计源于人类生存的本能，源于人类创造世界的智慧，源于人类对未来的思考。在设计被产业界、商业界所普遍接受的今天，以“体验”为载体，回归“设计”以人为中心的价值，IXDC通过聚合全球顶级的设计思维，成功构建了“国际体验设计大会”的平台，受到设计界的广泛关注与赞誉。将体验上升至文化层面加以探讨，既是对设计本质的一次溯源，更是设计界面向人类未来的一次瞻望。

——周红石

广东省工业设计协会秘书长

如果能了解用户在思考什么，那么我们就思考什么。为了每一个设计创意者更好地发展，《体验文化：社会化·生态化·智慧化》内含不同行业内最具有影响力的人的设计实践案例以及当下最前沿的学术观点，为每个设计师提供丰富的设计方法和策略，提供新颖的思考模式。希望每一位阅读此书的创意人士，掌握并扩展书中的内容，为用户带来更好的设计产品，也让设计走向行业最前端。

——张运彬

IXDC国际体验设计委员会秘书长

序言一

具有中国特色的设计

我记得我第一次去中国的时候是在1980年，当时中国刚向外国游客开放。按耐着内心的冲动，我跨过了香港的边界，在一个满是泥泞道路、木制房屋的贫穷的小渔村待了几个小时。当时那个小渔村并没有给我留下深刻印象。现在回想起来，那个尘土飞扬的渔村名叫深圳。

中国的变革影响了全球的每个角落：在一代人的时间里，中国人民的物质追求已从自行车、收音机、手表和缝纫机（“四大件”）转移到了智能手机、公寓、特斯拉和一个在美国大学学习的孩子。在过去的二十年里，中国已经从西方世界的廉价工厂——“由加利福尼亚州的苹果公司设计，在中国组装生产”——蜕变成了庞大的内部消费市场。如今，我们开始看到中国品牌向西方出口。在人工智能、生物技术、材料科学和空间研究等领域，中国可与世界上最先进的国家并驾齐驱。

那设计呢？

多年以来，西方的设计师一直抱怨说只有当所有重要决策都被决定之后，他们才被纳入产品开发流程；设计师被认为是风格设计师，他们的工作是在工程师想出如何“让它发挥作用”之后，“让它变得漂亮”。然而，今天西方的设计师们已经赢得了认可，他们不仅活跃在创意工作室中，而且也活跃在世界上一些最成功的公司的高层中。随着设计师影响力的增加，他们被要求参与的一系列挑战也在增加。在西方，设计师的方法不仅会被产品公司接受，而且也会被医院、基金会、金融机构、管理咨询公司甚至政府机构接受。

但是在中国，我认为设计尚未获得这种认可。我见过的中国设计学院学生作品集的质量、我访问过的中国公司内部设计团队的专业精神，以及我遇到的独立咨询公司在技术和方法上的复杂性，都是世界级的。但是他们中的大多数人都同意，相对于设计的美学和商业价值，企业决策者还没深刻意识到设计的战略价值。

然而，在每一个挑战的背后，都有一个机会，而这正是像国际体验设计大会（IXDC）这样的组织可以发挥作用的地方。它将来自多个公司、学科和行业的设计师聚集在一起，通过展示成功的设计方案，把中国介绍给世界，把世界介绍给中国。IXDC展示、见证着中国的设计正在走向成熟。

——Barry M. Katz

斯坦福大学设计教授

IDEO首位研究员

设计——集成创新的方法论

——读《体验文化：社会化 · 生态化 · 智慧化》有感

当我拿到《体验文化：社会化 · 生态化 · 智慧化》的书稿，阅读了其中27位设计工作者撰写的报告，特别是读了Barry M. Katz的序言《具有中国特色的设计》感触颇深。

Barry M. Katz先生这样写到："多年以来，西方的设计师一直抱怨说只有当所有重要决策都被决定之后，他们才被纳入产品开发流程；设计师被认为是风格设计师（注：中国称之为'外观造型设计师'），他们的工作是在工程师想出如何'让它发挥作用'之后，'让它变得漂亮'。然而，今天西方的设计师们已经赢得了认可，他们不仅活跃在创意工作室中，而且也活跃在世界上一些最成功的公司的高层中。随着设计师影响力的增加，他们被要求参与的一系列挑战也在增加。在西方，设计师的方法不仅会被产品公司接受，而且也会被医院、基金会、金融机构、管理咨询公司甚至政府机构接受。

"但是在中国，我认为设计尚未获得这种认可。我见过的中国设计学院学生作品集的质量、我访问过的中国公司内部设计团队的专业精神，以及我遇到的独立咨询公司在技术和方法上的复杂性，都是世界级的。但是他们中的大多数人都同意，相对于设计的美学和商业价值，企业决策者还没深刻意识到设计的战略价值。"

上述论述说到了今天中国设计发展的关键问题，设计不是描眉画眼，设计是集成科学技术、文化艺术、社会经济、法规标准、乡俗民约等知识要素，创造满足使用者需求的商品、环境、服务的科学创新方法论。设计创造是科技创新与文化创意相融合的发明方式。设计是人类创造性思维，物化成为现实生活中的物品、环境和服务功能，也就成了推动人类文明进步、社会发展的原动力。设计为人民服务是其创造的核心本源。由此体现了设计的社会化属性。

设计是为人类的需求而创造，但过度设计以满足人对物质的无限追求，带来的是环境的破坏、生态的灭绝。因此，体验文化、敬畏自然，是设计科学性和人文性的集中体现。和谐共生、有序发展正是设计的生态属性。

书中对未来发展的思考，让我们看到：伴随人类对需求的递进式转换，人类已从生存需求、安全需求、社交需求向尊重需求和自我实现需求转化。文化正在替代人类对物质的过度追求，上升到了精神层面。而数字技术、信息技术、人工智能的出现，进一步助推了这一转化的速度。平台经济、服务经济、智慧经济成了未来的发展趋势。设计也就担当起了更加重要的社会责任。服务设计、绿色设计、智慧设计愈加重要。

——宋慰祖

设计大推手，北京市政协常委、副秘书长

民盟北京市委专职副主委，工业设计高级工程师

北京国际设计周和北京设计学会的发起人

中国设计红星奖、中国设计业十大杰出青年的创办人

序言二

很高兴能在体验设计行业蓬勃发展的今天，看到这样一本关于设计思考和体验文化的书，设计的本质是关于“为什么”而非“怎么做”，虽然了解“怎么做”能够找到工作，但是回答“为什么”是每一个设计师、设计从业者、行业推动者的职责，也是专业的根本。

“为什么”这个偏哲学层面的视角，会帮助设计师自身，以及设计师的合作伙伴们（CEO、市场、产品、研发等）真正理解设计的价值观，思考模式与方法论，从而正确地看待体验设计的价值、目标以及这件事的ROI。

中国的体验设计行业得益于政治、经济、科技的良性稳定与高速发展，今天我们已经拥有了较高成熟度和开放的经济环境、足够广度的市场、先进的科技技术积累、越来越多追求消费品质的用户、接受过良好设计教育的设计人才，这些因素促使我们有责任与条件去回答真正符合中国市场需要、帮助中国设计经验走向海外的命题。

命题没有标准答案，一定是多元化、多样性的，提供这些答案的专家们用丰富且充满洞见的文字提供了“为什么”的参考：设计组织的国际化合作、设计文化传承、设计语言的建立与统一、设计生态与团队、如何以人为本发现设计机会、万物互联的世界带来什么体验、设计对商业的赋能、设计的战略价值……相信读完这本书，并把它分享给你的合作伙伴、工作同事、业界好友，一定会帮助你们了解体验设计在中国的真实发展现状以及设计专家们的最新职业思考，获得极具价值与参考性的建议。

——周陟

字节跳动企业服务设计负责人

IXDC国际体验设计委员会部长

光华龙腾奖·中国设计业十大杰出青年

中国红星奖·服务设计专家评委

《设计的思考》《闲言碎语》作者

序言四

研读IXDC十年盛典汇编的《体验文化：社会化·生态化·智慧化》一书，使我们在感受当今社会的需求与行为的同时，不仅为体验设计精深博大的专业学问所激荡，更为它背后深层的设计理念与人文追求所震撼，这就是我读了本书之后的最大感受。与其说这本书是和设计专业工作者讨论设计的方法与规律，倒不如说它带领人们闯进了体验设计的社会生态与创新智慧的价值时空里，令读者产生去体验一把的冲动。

十年专业学术盛典上的前沿观点、实践案例等都十分精彩，IXDC的负责人胡晓同志能够敏锐地发觉并将其编汇成集，可见其深刻的设计学术洞察力与社会推广的专业责任感。

毫无疑问，这是一本好书，一本传递创新思维方式和工作方式，宣传不断延伸新兴领域的技术、方法与战略的好书。

——汤重熹

中国工业设计协会副会长

清华大学设计战略与原型创新研究所执行所长

目
录

第1章

文化回响

01 设计的“再设计”：跨太平洋议程

◎ Barry M. Katz

非常荣幸来到这里。先给大家看一张精美插页，它来自1667年的《中国图说》（*China Illustrata*）一书，描绘了意大利耶稣会士利玛窦（Matteo Ricci）与中国同行徐光启，正在交流对世界的见解。我认为这很好地诠释了IXDC的主题：中西设计师通过合作，求同存异，共创美好事物。

今天，我想讲讲21世纪跨太平洋的设计问题。在我看来，人类在过去200年间经历了三次革命性的技术平台的演变。

200年前，蒸汽机被发明了。这可不仅仅是个新事物、新产品、新技术，更是一个全新的技术平台，彻底改变了人们的生活。

100年前，电力出现了。下图坐着的是尼古拉·特斯拉，他正在等埃隆·马斯克出现，用“特斯拉”命名他的汽车公司。

然后是五六十年前，二战后，计算机出现了。慢慢地，数字技术又彻底改变了我们生活的方方面面。

我讲这些是想指出，这200年来设计师一直在应对新技术——有挑战，有机遇，也有危险。有时我们出色地完成了任务，有时也会失败。

蒸汽机的发明带来了大规模生产，现代设计应运而生，我们不再是只做物件的工匠，而是变成了设计师，绘制设计图后，由其他人远程执行。

100年前电力出现后，设计师开始思考，电器应该长什么样子，该怎么用。 这是全新的问题。工程师和科学家负责发明，但怎么让电器变成日常生活的一部分，这得靠设计师。

随着个人计算机的出现，数字产品开始进入千家万户和工作场所，并逐渐变得不可或缺。那么，如何操作这些产品？这些产品有什么用途？用户体验应该如何？这些不再是工程问题，而成了设计问题。

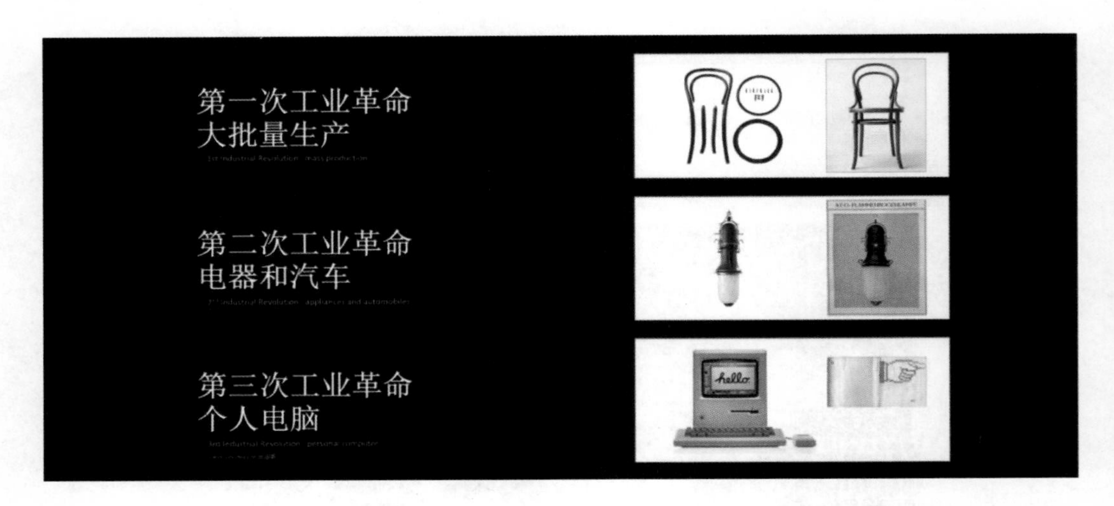

以上就是第一次、第二次和第三次工业革命。那现在呢？我们貌似进入了世界经济论坛等机构所说的“第四次工业革命”。想一下：过去十年中出现的根本性创新，比人类历史上任何一个十年都要多。我们正在经历一场难以想象的变革。而这一次，设计师有机会把握主动权。当然，工程师有自己的任务，艺术家也是。而设计师的任务，是在被新现象吞没之前，率先抓住它们。

大家想想: 十年前，Google就宣布要开发一款不需要人工操作的汽车。而今，每个汽车公司无不在争先恐后地研发无人驾驶。

十年前，乔布斯宣布苹果公司要卖手机。现在，iPhone已是人类历史上最成功的产品。

十年前，区块链还不存在。今天，它正在颠覆着经济交易的根本。

十年前，P2P经济刚刚萌芽，“社交网络”也只是个时髦词儿，对人们的生活没有任何影响。而今，每天都有数十亿人在使用。

还有云计算、CRSPR基因编辑技术……变革的步伐快得超乎想象，所以设计师现在更需要去理解这些变革，去引导、塑造它们。

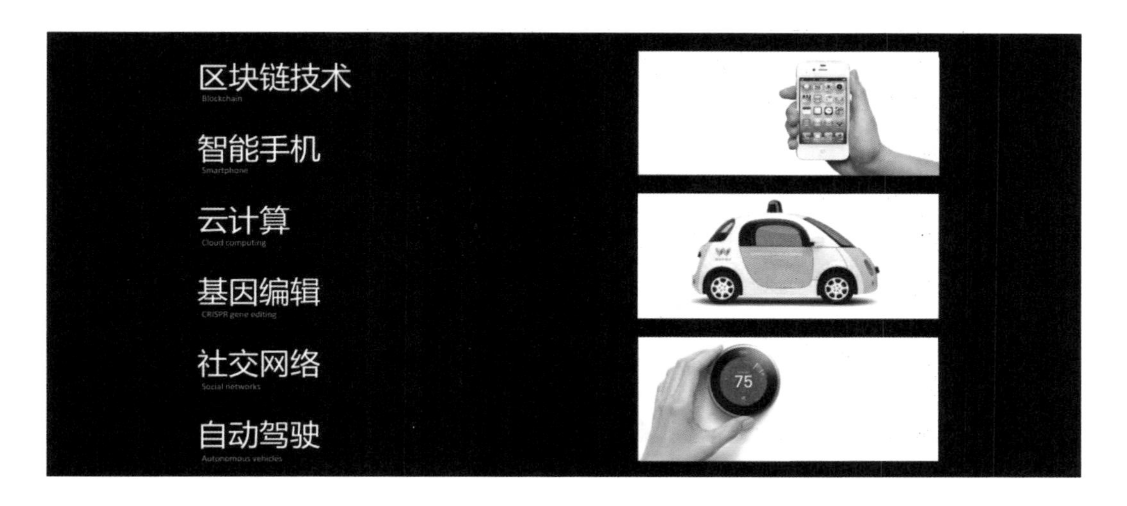

100年前，芬兰建筑师埃里尔·萨里宁（Eliel Saarinen）建议："始终要把设计放在下一个大时代背景里来思考。"在这样一个技术大规模变革的时代，这句话对设计师尤为重要。我们不能再满足于仅仅设计一个物件、一幅图像或建筑内部格局。我们必须扩充维度，思考设计对我们自己、文化和地球会有什么影响。

这就是设计发展的历史：设计师要解决的问题规模越来越大、越来越重要，而设计师的维度也越来越宽广。两百年前，目标是设计第一把能量产的椅子；一百年前，是要设计第一台电器；五十年前，是要设计第一台数字计算机。下一次要设计什么呢？谁也不知道。

不过，德国数学家和设计理论家霍斯特·里特尔（Horst Rittel）的话启发了我："好吧，我们已经知道如何解决所有简单的问题，所以现在，设计师得开始解决非常非常困难的问题。"这也是我要给大家提出的挑战。我也是在教学、写作和工作中这样挑战自己的，即抓住霍斯特·里特尔所说的"棘手问题"——难以定义的问题、没有明确起点或终点的问题、不容易衡量成功或失败的问题。

下面我们一起来看看设计师们正在努力解决的、真实的"棘手问题"。你们可能知道，IDEO是一家全球设计和创新咨询公司，在全球九个城市都设有办公室。我想借用IDEO最近的项目，为你们新一代设计师提出7个挑战，它们是7个待解决的棘手问题，是7个超越设计简单事物的挑战。

第1个挑战：重新设计机构。

世界上没有哪个机构不需要即刻被重新设计。例如，美国拥有世界上最好的医疗技术，但是医疗保健系统惨不忍睹。还有，我们拥有世界上最好的大学，但前提是你能负担得起——你准备好了25万美元供孩子上大学了吗？更别提监狱、警局、媒体、政府等机构……作为一个设计问题，改革机构的任务非常有趣，也异常宏大。

第2个挑战：重新设计民主。

世界上没有一个社会不自称为民主社会，即使是最不民主的体制也愿意自视为民主体制。民主是指人民控制自己的生活和命运，但在这个时代，我们并不知道到底该怎么做。这让我想起了1994年在南非索韦托镇的一张航拍照片：人们在排队投票支持纳尔逊·曼德拉。之前黑人完全被排除在集体政治生活之外。但是你看，在南非灼人的大太阳下，他们站了几个小时，就是为了投上一票。反观许多最先进的民主国家，很多人甚至懒得在选举日出来投票。

所以当 IDEO接受委托，要帮美国最大、最多样化的选区洛杉矶，重新设计一台易于投票的机器时，我们就把这作为重新定义民主体验的机会。设计师们正开始思考这些宏大的课题，让我叹为观止。

第3个挑战：重新设计城市。

每个花两个半小时从北京东边开车到西边的人，都知道我在说什么。在IDEO，我们挑战自我，重新设想在一个新的城市环境中，人们将如何生活、工作；在一个无人驾驶的时代，怎么单独通勤、运输货物、移动空间以及集体通勤。再回想一下埃里尔·萨里宁的话，就知道这任务不是设计单独的物件，而是重新设计整个城市系统。对于设计师而言，这是多么了不起的挑战！

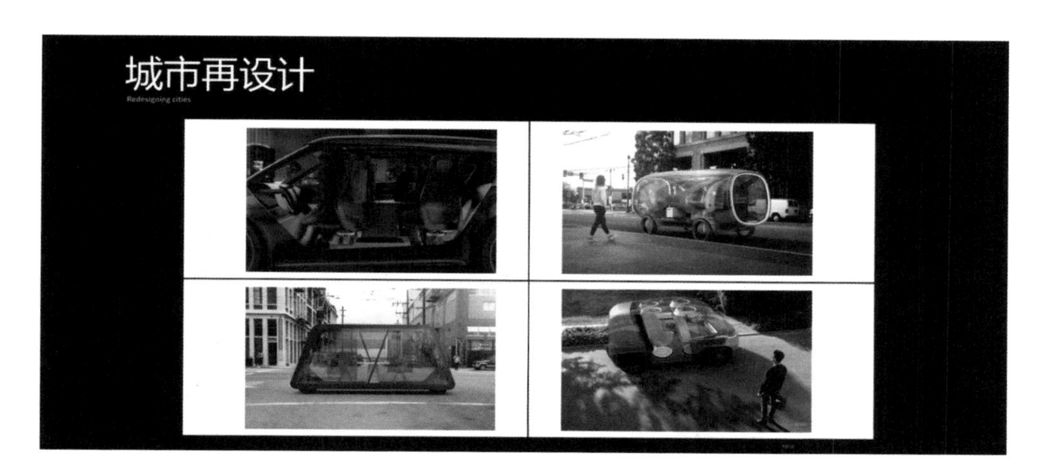

第4个挑战：重新设计AI。

围棋大师柯洁输给了谷歌阿法狗。人类发明现代计算机，是因为梦想有一天它能 “增强人类智能” 。但目前我们却不像是被AI增强了智能，倒像是被AI打败了。不应该是这样的。我们得思考如何利用AI增强人类能力，而不是反被AI取代。 我们亟需搞清楚如何将AI人性化，在它控制我们的生活、主宰我们的行为之前。

第5个挑战：重新设计生命和死亡。

你们都熟悉摩尔定律：1965年，英特尔的创始人预测，集成电路中晶体管的密度大约每年翻一番，随之计算成本也会每12～18个月下降一半左右。1984年前后，计算机价格一路下滑，跌破了商界、各大政府和机构的门槛，跌进了中学生的书包和裤兜里。接下来世界上发生的变化，我们也都看到了。

我认为同样的事情，将发生在基因组学上。卡尔森曲线追踪了DNA测序的成本变化。2001年，当人类基因组计划完成时，一个碱基对的测序费用约为一亿美元。 今天，只需花49.99美元买一个套件，17小时内就能完成测序。

现在有几百家公司，开始向大众售卖基于DNA技术的产品。例如，为你追溯血统，推荐最适合你的食谱或你最可能喜欢的葡萄酒。这其中的很多公司，可能一年后就不存在了。但回想20世纪70年代，那十几家计算机公司不也一样，其中很多再无人听过，但有一家，脱颖而出成为了世界上市值最高的公司。说不定，这些DNA技术初创公司中，未来就有一家会成为基因界的苹果公司。

我问过自己这个问题，现在也要问你们：当基因组技术成为大众商品，像计算机一样被人们天天使用后，世界会变成什么样子？我们该怎么办？等到这一切发生，才着手应对？那就太晚了。所以，设计师请时刻关注即将出现的下一个大挑战：你准备好重新设计生命甚至死亡了吗？这不是传统的设计挑战，但正是我们现在需要思考的。

第6个挑战：重新设计我们的未来。

这是什么样的设计任务？首先，我们永远不会接到这样直接的要求。没有客户会敲敲我们的门问：“你能帮我重新设计未来吗？”但这正是我们要做的。我们要思考世界将如何从线性经济转向可再生的循环经济。线性经济就是从地里挖出原材料，加工成产品，然后再挖另一个洞，把用完的产品扔里面埋了。而可再生的循环经济，是把上一代工业产品作为养分滋养下一代产品。

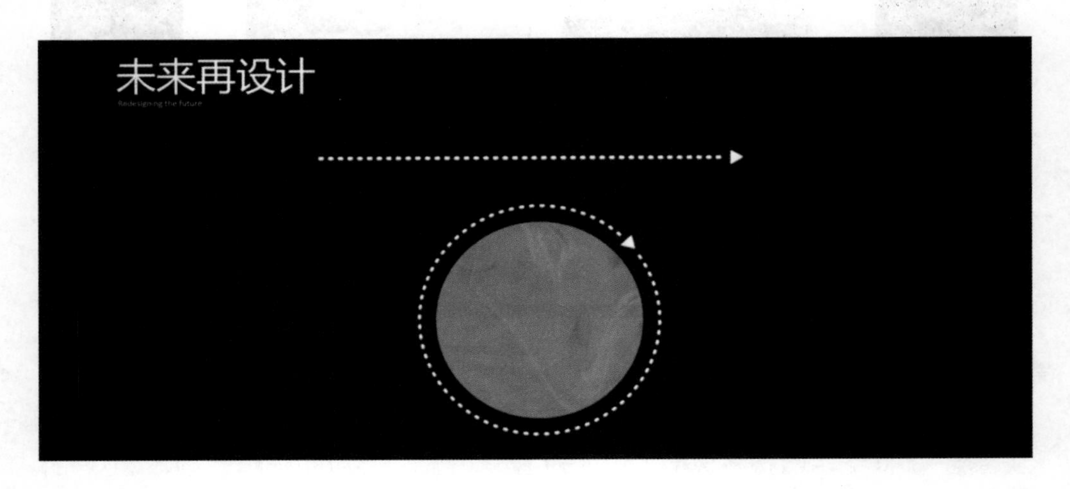

最后一个挑战：重新设计设计。

设计师要应对如此多大规模的挑战，唯一方法就是重新思考设计是什么。你们大概都认识赫伯特·西蒙（Herbert Simon），他因研究决策理论获得了诺贝尔奖。他说：“每个制定行动方案、优化现状的人，都是在做设计。”西蒙认为，我们设计师不应该再自认为是高高在上的精英。重新设计机构、民主、城市、AI、生命、死亡和未来这样大规模的问题，需要集体智慧，需要男性和女性、年轻人和老年人，还有在太平洋两岸的你和我。

Barry M. Katz
斯坦福大学设计教授

Barry M. Katz博士是第一个IDEO研究员，他也是一个积极进取的人际交往者。在IDEO之外，Barry是旧金山加州艺术学院工业与交互设计教授、斯坦福大学机械工程系设计组顾问教授。他是六本书的作者，其中包括与蒂姆·布朗合著的《通过设计改变》（*Change By Design*），以及最近出版的《创新：硅谷设计史》（*Make it New: The History of Silicon Valley Design*, MIT Press, 2015）。Barry将他在历史和设计理论方面的专业知识用于他与IDEO项目团队的工作，在那里，他从事MRI成像、信用卡、药品等项目的前端研究。他的“叙事原型”通常是为设计团队提供简报，为客户做演示，并协助各种形式的写作和编辑。他认为，无论是技术性的还是未来主义的，没有一个项目不能从历史和文化的角度来丰富它。

02 一个创变者：来自一线的感悟

◎ Maria Giudice

大家好！很高兴来到这里。大约20年前，我创建了一家名为Hot Studio的公司，那家公司很不错，受到了整个设计行业的喜爱和高度尊重。我是公司的负责人，公司运营15余年，有两个办公地点，共100名员工。

有一天，我接到Facebook的电话，说他们想要收购我们公司。听起来很令人兴奋，对吧？但这是我的公司，我为什么要放弃独立的权利？就像我儿子说的，我作为这些人的老板，为什么要突然换工作，到一个员工平均年龄只有我一半的地方工作？答案是：是时候做出改变了！因为，Facebook能够让我产生国际影响力。

两年后，我经历了职业生涯中的另一个重大转变，我离开Facebook加入Autodesk，成为体验设计的第一副总裁，这是该公司33年历史上最高的设计师职位。我的任务是建立、统筹一个全球性的设计实践体系，全面提升产品体验，帮助公司文化从以工程为中心转变为以客户为中心。作为设计领导者，我们热爱改变。当我刚开始接任这份新工作时，并没有真正意识到改变公司文化需要怎样的规模和幅度，我没有剧本，只能根据需要完成的任务来设计我的工作。

比尔·德雷顿是Oshaka公司的创始人，这是一个面向社会企业家的全球性组织。比尔认为，我们正处于一个痛苦却必经的历史过渡时期。Barrg Katz也提到，变化的速度会继续以创纪录的速度增长。我们生活在一个充满挑战的时代，我们需要一群身处不断变化环境中却仍能解决问题的人。比尔将这类人定义为“变革者”。

变革者是那些能看懂周围模式的人，他们在任何情况下都能找出问题以及问题的解决方法，能够组织雷厉风行的团队，领导集体行动，并随着情况的变化不断地调整适应。我很喜欢这种随着情况变化而不断适应的想法，所以变革者的角色很吸引我。

我意识到改变本质上是一个设计问题，因为我们沉迷于改变。于是我开始环顾四周，发现还有其他人就像我一样也在做类似的事情。所以，我去找这些人，收集了他们的故事。今天，我想和大家分享一些其他变革者的经验，他们正在大规模地进行变革。

1. 找到志同道合的人

“创意杀手”筒仓型公司如今在扩大组织规模。作为高效的组织，公司内部却产生了绝对权威和利己主义的团体。公司让员工彼此竞争，奖品则是金钱、资源和权力，整个公司就像黑帮老大保卫他们的地盘。每个人都有留在自己岗位上的动力，没有人可以离开这个家庭，因为没有人愿意放弃权力。最终的结果就只能是维持现状。

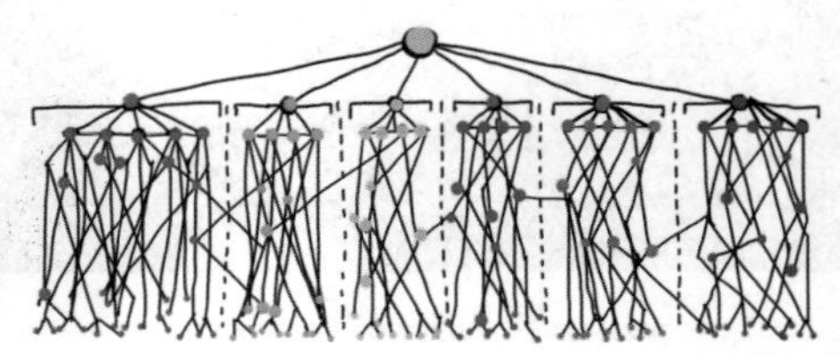
公司的壁垒阻碍创新

所以，第一件事是必须打破现有制度，找到属于你的部落，建立一个自愿的联盟。我问约翰·马雅特在担任罗德岛设计学院的校长期间，是如何进行变革的。他告诉我：“玛丽亚，我得找帮手！”所以，在一个组织中工作，人多势众。当你找到志同道合的、和你有着同样的希望和梦想的人，就可以建立一个由相信你的人组成的大联盟，然后把事情做好。这可能会给目前的状态带来压力，但可以对公司文化产生积极的影响。所以，在公司里建立你的影响力非常重要。因为，影响力就是力量，而力量就是公司的货币。

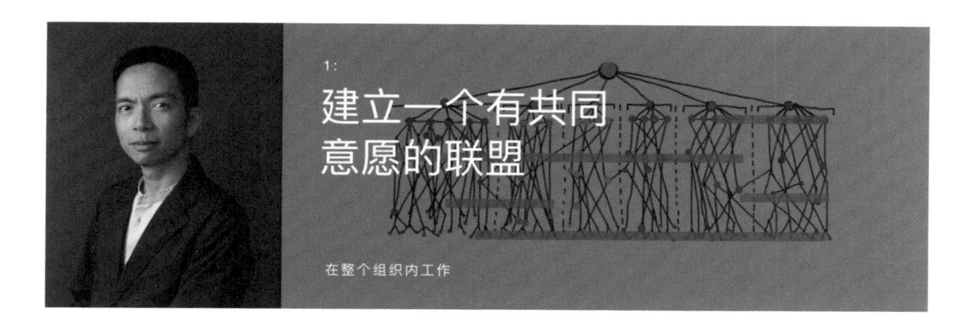

2. 找到支持你的领导

为了让设计领导者茁壮成长，高管的支持是必不可少的。IBM的设计副总裁道格·鲍威尔告诉我，他为公司成功引入设计方法论的原因是，他在晋升CEO的路上一直都能得到高管支持。此外，他还得到了合理的时间和资源，从而能够更好地开展工作。对于高管们来说，设计领导力仍然是一个全新的概念，他们认为设计是一项战术而非战略性的任务。所以，继续教育是开明的领导者们所需要的。

在大公司里，你周围可能充满受到你威胁的人，他们将不惜一切代价抵制变革，尤其是那些当权者，他们相当一部分是你的同龄人。你应该跳出束缚，找到一条跑道用来起飞。好好看看，有谁在身后支持你？如果你的执行团队不支持你的任务，你就不值得在他们身上花费时间和精力。

3. 找到与客户的共同点

詹妮弗·吉莉安来自全球性的管理咨询公司SAP。全球80%的大公司都是他们的客户。她现在面临的挑战是，说服商业利益相关者相信设计的价值。这听起来是不是很熟悉？所以，她开始接触客户数据，然后将这些数据与业务目标联系起来。同样，SAP公司的设计副总裁山姆·扬，过去也常常把客户带到业务利益相关者会议上，让客户代表他说话。我觉得这简直太棒了！这样做决定才有优先级。

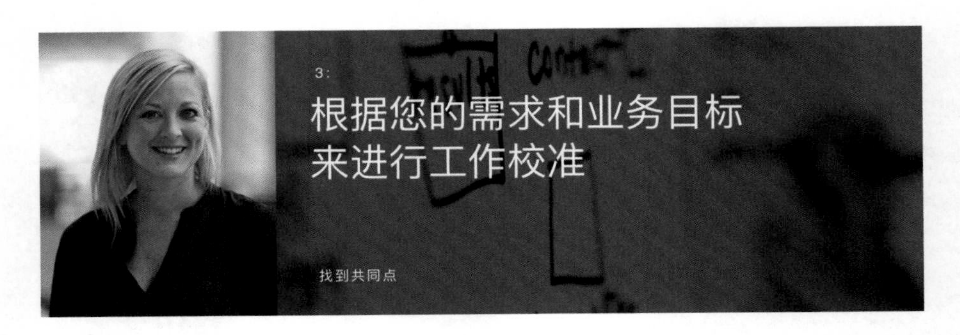

设计师在大型组织中仍然是少数，你周围可能大多数是不懂设计的人。所以，试着和他们一起完成对他们有利的事情，以此找到共同点，通过把你的成功和他们的成功联系起来，你甚至可以把你的抵抗者变成支持者。

4.争取小的胜利

托马斯·爱迪生曾经说过，未经执行的视觉就是幻觉。一些利益相关者被困在未来，但想得太长远会让人害怕。所以，不要困在幻想的世界里。我们是系统思考者，我们的工作要向前看，要有一个清晰的策略和执行路径。通过每个里程碑式的执行阶段，不断地展示可度量的进展。我在Autodesk的前老板阿马尔·汉斯鲍尔现在是Bright Machines公司的首席执行官。他教导我，追求小的成功是为了看到大的变化，是为了推动持久的改变。我们必须把一个任务分解成三四个步骤，以获取小小的胜利。把今天取得的进步和未来的目标联系起来，小的胜利能让团队看到他们的影响，可以激励团队继续前进。

5. 我们不可能赢过所有人

萨拉·奥洛夫·夸里是谷歌的用户体验总监，她有着丰富的与多学科团队合作的经验。她告诉我：“你知道吗？玛丽亚，有时候你必须先尝试他们的方法，等他们的方法失败以后，就轮到你的了。有时候你不得不放手，因为时机不对。”

通用电气前副董事长贝丝·康斯托克在她的书《向前想象》中写道：有时候，“不”仅仅意味着“还没有”。我们都经历过优先级之争，所以你要优先考虑值得为之奋斗的事情。有时候去定义什么是足够好的标准是值得的，提前决定什么是你可以放弃的，什么是你不会妥协的，你需要理解不可逆转的改变和按下撤销按钮两者之间的区别。问问自己，随着时间的推移，你能赢得哪些战斗？

6.坦然拥抱自我

有多少人在自己的公司里被告知“我们这里不是这样做的”或者“一直假装直到你成功”？这听上去挺诱人，有很多文章也支持这种想法。但我就是做不到，这是一个好的短期应对策略，但却是个错误的建议。因为，最终你会表现出真实的自我，所以，还是让人们一开始就知道他们在和谁打交道会更好。有时候，你可能是办公室里唯一的女性或者外籍员工，又或者你有着某些独一无二的特点。与众不同可能会让你放弃，但是请坦然拥抱你的真实，在工作中假装很没意思。要忠于你的价值观，因为诚实能赋予你力量，你没有什么好隐瞒的。

7.评估你的工作环境

最后，定期评估你目前的工作环境很重要。问问自己，我能在这里产生持久的影响吗？我能在这里不断学习吗？我能在这里茁壮成长吗？不要为你无法控制的事情责备自己，政权更迭、裁员、内部政治，这些都是正常的公司生活。有时这些因素阻断了一些可以发生的变化，所以你需要问问自己，你的努力值得吗？如果答案是否定的，鼓起勇气离开，把一切抛在脑后。

当你作为变革者加入一家公司，并被赋予了一项清晰的任务时，你会积极乐观地期望前面的路可以像这样直抵成功。

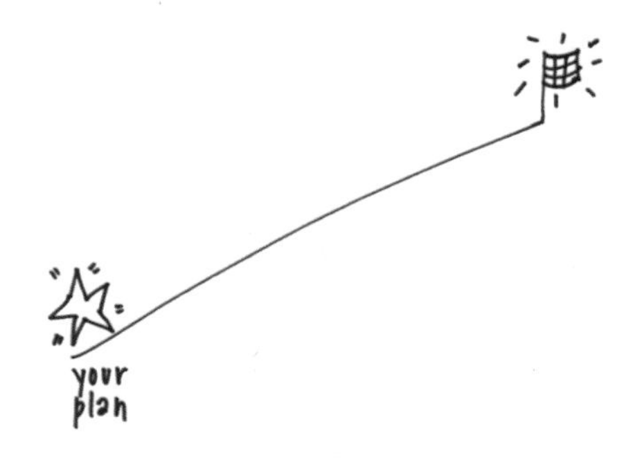

但摆在眼前的现实是这样的：那种新鲜事物的光泽会慢慢消失，你会遇到坎坷。大约两年后，你可能会开始经历深度衰退。当我们处于低谷时，有三个选择：要么坚持到底；要么放弃；要么留下来躲着，直到情况好转。

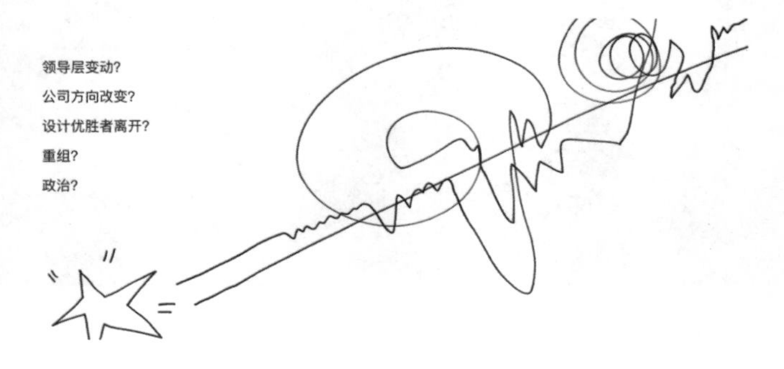

大多数人过早地退却了。现实充满了失败，这是不可避免的。你在一个组织中的职位越高，就会跌得越惨，需要时间来恢复。但这是必经之路。

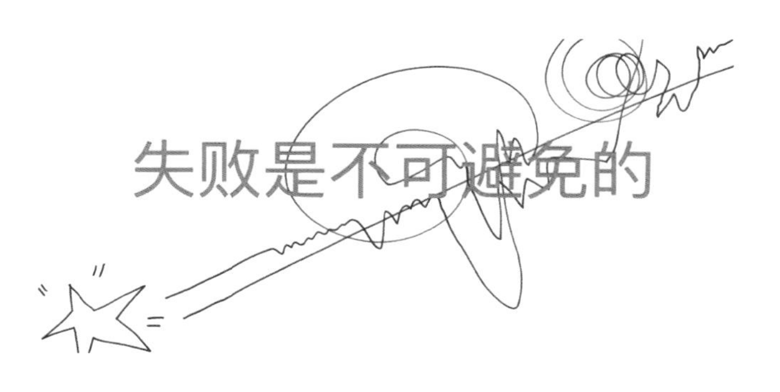

如果你没有在生意上失败过，那你就没有承担风险的能力。著名拳击手穆罕默德·阿里曾经说过："如果没有经历过失败，那我们永远不会知道自己能做什么。"所以，要有韧性，从失败中恢复只会让你更强大。

根据我的个人经验，当你到达人生的最低点，几乎无法忍受痛苦时，你会开始经历清醒的时刻，这会帮助你发现生活中新的可能性。面对逆境保持好奇心，多问问题，听听能够让你学习和成长的方法。所以，拥抱那些低谷吧！尽管经历它们很痛苦，但是一旦你触及谷底，一旦你清除了脑中的杂念，创造力就会向阳生长，然后就到了迭代和进化的阶段了。

是时候开始重新设计。改变是困难的，是不舒服的，也是混乱的。在某些情况下，可能不值得你为之一搏。但如果你相信改变是值得奋斗的，尤其是在当它变得困难的时候，一定要找到继续前进的内在动力。不管你的影响力有多大，都请你为之感到自豪。生命是短暂的，我妈妈曾经告诉我：伤痛之末，涅槃开始。

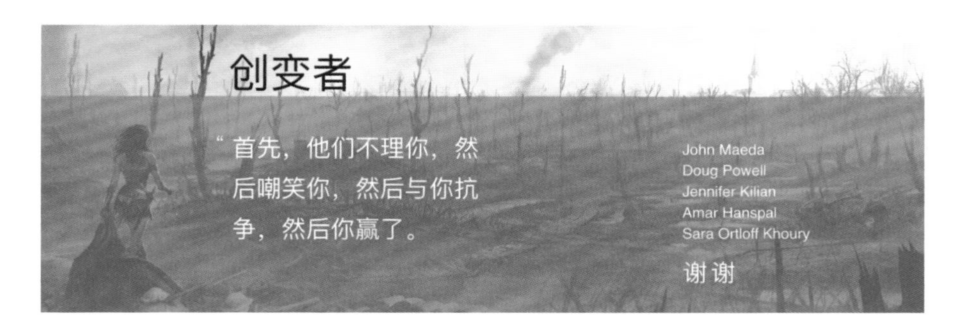

今天我给你们提出的挑战，是分享你们自己的故事，分享你的成功，也分享你辉煌的失败。因为当与他人分享我们的经验教训时，我们会意识到自己并不孤单。这样，我们所有人都可以组成一个自愿联盟，一起进入战场。让我们穿上军装，自豪地亮出那些战斗留下的伤疤，因为这是我们赢来的！

Maria Giudice

Hot Studio创始人

Maria 是一名创变者、艺术家、领导者、活动家，Maria 在她的职业生涯中一直追求一种智慧、优雅、以人为本的设计理念。她对真实和本质的把握，使她在30多年来一直处于设计和商业领域的最前沿。

在 Maria 的领导下，她于1997年创建的屡获殊荣的体验设计公司 Hot Studio ，现已成长为一家提供全方位服务的创意公司，拥有一份令人印象深刻的财富500强客户名单。2013年，Facebook雇佣了Hot Studio背后的人才，Maria 在 Facebook 担任产品设计总监。2015—2017年，Maria 作为 Autodesk 的第一个体验设计副总裁，领导了一个全球设计师团队。

Maria 的第三本书《DEO的崛起：设计的领导力》（*Rise of the DEO：Leadership by Design*）有多种语言版本。她也在世界各地的会议上演讲。今天，Maria 向希望扩展设计实践的个人和组织提供咨询。Maria还在几个董事会任职，是加州艺术学院的受托人。

03 以设计探索文化传承，推动新文创实践

◎ 李若凡

很开心能够在国际体验设计大会十周年之际，代表内容行业的体验设计团队，谈一谈在过去一段时间里我们的一些经历和发现。大家或多或少应该都有听说，腾讯提出了以“科技和文化”为核心的战略主旨。而我所在的腾讯互动娱乐，也在这一战略的基础之上提出了“新文创”这一核心概念。

新文创

新文创其实是一种以IP（Intellectual Property，知识产权）构建为核心的文化生产方式。我们希望借助于腾讯的互联网基因，在产业价值和文化价值层面进行双向赋能，进而打造有国际影响力的知名IP和文化符号。

作为在这样一个体系下的体验设计团队，我们会这样来定义自己的能力：以对内容的深刻理解为基础，结合创意、设计和技术能力，帮助产品和用户建立有效的沟通机制和情感连接，进而放大我们在内容产业层面的商业价值。所以，今天我所在的这支创意设计团队，对外名为TGideas，相信在内容行业和游戏行业的人，对我们并不陌生。

目前我们团队已经能够为所有的以数字内容为代表的文创产品，提供一站式的体验设计服务。这里面包含产品研发期的内容构建、产品包装，运营期的运营支撑以及在品牌构建期的营销创新、衍生内容拓展等。作为一个拥有十多年历史的团队，我们服务了350款以上的数字互动娱乐产品，这其中不乏一些具备国际影响力的顶级IP。在和优秀内容开发团队的合作过程中，我们吸收了非常多可贵的经验，同时也有效地激发了我们的创新与思考能力。

我们帮助内容产品在日常的运营活动中，运用丰富的形式与用户进行沟通。从社区建设到商业化支持，从品牌营销到衍生内容拓展，设计师们也从早期单纯追求形式感与表现力，到如今更关注如何运用创意思维，在不同媒介上与用户有效沟通。

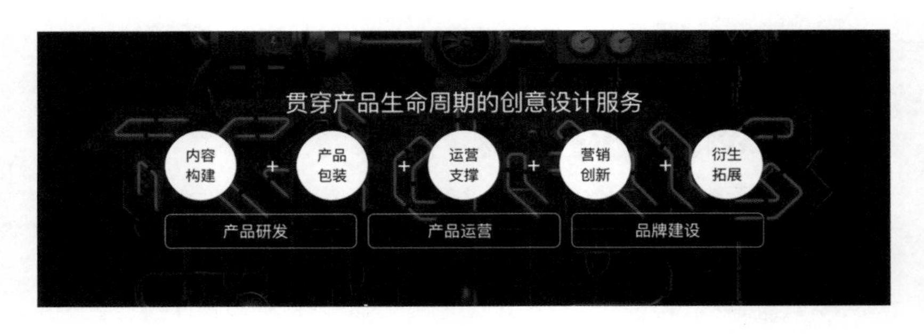

我们也以设计为核心，帮助IP打造丰富多彩的衍生品内容，并在品牌跨界合作中进行积极探索。通过围绕IP打造生活方式品牌，去拓宽内容的边界。在最近几年，我们团队开始进入互动娱乐产品的研发环节，围绕精耕了十多年的创意设计能力，关注内容的构建。今天我们的创意团队里，有来自国内外的资深导演、编剧、艺术家、设计师，帮助我们在前期提炼互动娱乐产品的核心价值观，并在世界观构造、人物塑造、叙事设计等方面进行专业支持。

游戏的意义

回到我们一直在服务的数字互动娱乐。游戏对于我们来讲到底意味着什么？在从业的十多年里，这一直是我在思考的课题。

游戏，是当下最前沿数字技术的极致展现。我们可以看到，以欧美和日本为代表的3A级游戏产品里，有大量新鲜的数字和互动技术在被持续地升级和迭代。作为数字互动娱乐内容，游戏在内容层面也同样有非常多的发挥空间。这个世界上有非常多的优秀作品，它们通过塑造充满想象力的世界、人物和故事，去跟很多用户建立了有效的情感连接，而在这些连接的背后，基于情感连接的内容，也逐渐形成了独特的社区文化氛围，并成为很多年轻人的生活方式。因为游戏特殊的互动机制，我们可以看到在电子竞技领域，也在今天给很多年轻人在成就自我方面提供了更多的可能性。

作为一名80后，我是伴随着动漫、影视和数字游戏作品一路成长的。相较于影视、文学或漫画的单线叙事，数字游戏带给我的影响最深入，因为我可以置身内容其中，作为主角，去经历不同世界的点点滴滴。它甚至成了我早期学习人机交互的启蒙导师，锻炼了我在音乐、美术等领域的审美。因为数字游戏中有各种各样丰富的故事题材，我也逐渐对历史、神话传说产生了非常大的兴趣。

在经历了这么多以后，我在大学毕业时做了重要的决定，希望自己能够进入到这样的产业里面，去从事相关领域的设计工作，有朝一日也能创造出打动人心的作品。转眼之间，我已经在这个领域工作了14个年头。

用世界的语言，讲述民族的故事

经过大量的实践和思考之后，我们也对自己所从事的领域有了一些新的认识。首先，我们希望能够用世界的语言去讲述民族的故事。如果你是动漫或者电影爱好者的话，应该都会知道日本的“火影忍者”和英国的“哈利·波特”，或者是美国的“漫威”。这些作品都会用自己民族的文化特征去演绎生动的故事。

但它的背后其实都是在传递着人类的普世价值，例如真善美、成长、要勇敢面对人生等，所以其实我们也一直在思考，怎么样能够在我们的数字游戏产品里面将这些文化内容进行有效的融入。我们做了非常多的尝试，例如，在《王者荣耀》的早期，我们将《霸王别姬》和《游园惊梦》这样的主题用游戏人物角色的方式，去进行了一轮尝试和投放。数以亿计的用户在体验这些角色的过程中，体会到了京剧还有昆曲的魅力。这次尝试让我们获得了非常多的积极认可，也产出了大量的二次创作内容，形成了独特的文化氛围。在这个基础之上，我们和敦煌研究院合作，围绕敦煌的“飞天”元素又进行了一轮深入的开发。并且在这一次我们结合了腾讯集团的整体力量，推出了“数字供养人”的计划。除了能在游戏里体会到一个飞天主题的角色皮肤之外，我们还邀请了知名的岩彩绘画家莲羊、资深音乐人韩红老师，以本次活动为主题进行延伸创作。

最近《王者荣耀》还推出了“稷下行”这样一个版本，虽然在游戏端玩家看到的是几个鲜活的角色，但是在这些角色背后，我们和研发团队、市场团队进行了非常多深入的探讨。

我们整理了系统的内容设计指南，对如何针对“稷下”相关的文化概念进行传播，如何去提炼它的设计语言和符号，以及在各种应用场合中如何设置注意事项进行了大量的说明，来确保所有关于这个版本的沟通是完整统一的。所以，其实今天每一个内容的推出对于我们来讲，都要去思考它的文化价值对于社会的意义。

另外一个案例是来自腾讯动漫旗下的头部作品：《一人之下》。这款作品讲述的是现代都市中的奇人轶事，但是比较有趣的是它的整个体系来源于中国的道家文化，当这部动漫作品上线日本市场以后，得到了很多日本年轻人的追捧。因为这背后独特的文化元素，对他们产生了很大的吸引力。面对这样一款优秀的作品，我们创意设计团队的核心命题是如何在此基础之上，用更丰富的创意手段去让更多人了解这款作品，以及它背后的中国道家文化的魅力。

我们当时给自己制定了一个课题：可不可以用构建潮流品牌的方式，让更多的人去了解这款产品背后的魅力？于是我们用完整的服装生产流程，从前期的样板选型到图案设计到供应链和渠道的筛选，再到整个品牌的建立与运营，构建了一套完整的潮流品牌产品体系。最后我们让作品中的人气角色穿着潮流单品，去用服饰这一形态来诠释IP的品牌质感时，得到了非常多用户的青睐。

对于我们来讲，最有意义的部分是在购买所有这些产品的用户中，30%的用户之前是不了解《一人之下》的，我们通过这种尝试，成功实现了圈层的突破，让更多的人以潮流为切入点了解到了我们IP的魅力以及它背后道家文化的魅力。所以，在今年腾讯跟云南合作的“数字云南”打造计划中，我们公布了“人有灵3.0”后续的一系列动作计划。我们将结合云南当地的旅游产业和手工艺，例如扎染和刺绣，去进行“人有灵3.0”的内容企划开发，继续把产品的核心调性通过这样的形式去延续。

探索游戏的更多可能

第二个部分我想跟大家讲的是，我们想尝试去探索游戏的更多可能。2015年我曾经去日本做过一次学习交流，日本的很多企业正在尝试用数字化游戏这样的形式，去探索游戏的更多可能性，例如在医疗、教育、体能训练等方面去尝试凸显游戏更广泛的社会价值。回国后，我们自己内部也制订了基于功能游戏形态的设计计划，并打造了一款以北方萨满文化为背景的功能游戏《尼山萨满》。这是一款音乐节拍类游戏，通过神秘的萨满主题音乐背景，以及独特的剪纸艺术风格表现，让玩家了解中国北方的萨满文化，并呼吁大家给正在消逝的文化给予足够的关注。

另外，在2019年年初，我们也设计了一款《佳期清明》的游戏，构建了一个现代版的《清明上河图》，运用寻物解谜的互动机制，让玩家在地图中探寻和发现各种彩蛋。每个彩蛋背后，都在讲清明的民俗和它背后的一些知识点。

除此之外，我们还在功能教育、医疗康复以及文化传递等方面积极地用游戏化的方式进行探讨，我们觉得作为数字游戏产品，它的这种多样化的互动机制在娱乐价值和产业价值的挖掘之外，还有更多社会价值的贡献和探索。

运用创意的语言做好每次沟通

最后我想给大家讲一下，我们希望还是能够用生动的创意语言和用户沟通。大家要知道在今天其实如果只是把产品做好，后面的工作不深入研究和挖掘的话已经不行了。我们经常会说“酒香也怕巷子深”，所以我们确保在产品的打造之外，也会在长线的运营和品牌建设中给予足够的重视。

《纪念碑谷》相信大家都有所耳闻，这是一款在全世界取得了巨大成功的游戏产品。腾讯当年代理了这款产品，我们要做的其实是为它规划一整套的传播和推广工作。在初期的时候，很多人会认为这样一款成功的作品，根本不需要任何推广它就会自然而然地带来非常多的用户。但是对于我们来讲，既然是腾讯的平台，我们就希望能够让更多以前没有体验过这款产品的用户去了解它的魅力，所以最后我们提出了一个“美学营销”的概念。因为这款产品很美，所以我们围绕“美学”去展开了一系列的活动。

大部分的游戏营销都是引导玩家在其中投入更多的时间，而我们希望鼓励玩家先从游戏中走出去探索世界，再回来更好地理解游戏。为此，我们为用户创造了一次想象力之旅。首先，我们独具匠心地将一座真实的住宅包装成了现实中的纪念碑，通过线上微信H5的传播与包装，让玩家通过指尖互动置身于游戏之中，带出了想象力的第一步。

其次，通过投影技术，我们打造了一个光影交错的线下互动空间——新世界印象馆。迈入空间后，玩家可以在神秘的主题空间内展开自己的探索，真实体验矛盾空间的魅力。之后我们同站酷等设计网站合作，在社交网络上发起了一系列的摄影设计活动，激发玩家主动发现现实生活中的极致美，通过想象力，每个人都可以打造一个属于自己的独一无二的纪念碑谷。这是一场品牌和玩家共同完成的冒险，每一步都在突破想象力的边际，通过一步步的品牌体验，我们成功地让世界各地的玩家参与到了这场想象力的探索之旅，产生了大量网络设计话题，带动了用户的积极传播，许多年轻人从游戏出发，开始用发现美的眼光去探索世界。

最重要的，我们还让更多人带着憧憬与想象回到游戏继续他们的冒险，每一步都是意义非凡的一步，启发想象力是探索世界最重要的开始。

在整个活动中，大家觉得最有意义的就是能够去找到一个现实中存在的纪念碑谷。记得《纪念碑谷》的设计师说过：人类大部分的创造行为都是源于生活中的灵感与发现。

《纪念碑谷》的设计师还告诉我们，在设计的过程中，建筑这一元素给了他们非常多的启发。所以我们组建了一支以玩家和设计师为主的团队，以建筑美学探索之旅为主题，去了西班牙红墙，与当地的旅游局进行了一系列的直播和艺术探寻的活动，最后产出了非常多关键的素材，也为这次传播奠定了非常良好的起点。

当然，作为一支在营销领域有过非常多涉猎的创意团队，我们之前也做过非常多疯狂的事情：我们曾经让故宫壁画中的皇帝唱Rap；我们也用一张四角桌子去串联起了中国人对于棋牌文化的情感；我们设计过具有12个结局的多线程互动武侠剧；也在不同的时空中进行切换，打造丰富多彩的虚拟偶像。

通过艺术、设计、技术的有效串联，用好的作品打动用户

作为数字游戏行业，我们需要更多地去关注艺术性的构建、互动机制的设计以及整个技术实现层面的有效联合，只有每一个环节都以一种成熟工业化的体系有效运转，才能够设计出优秀的作品。在有了好的产品之后，我们仍然需要追求在产品整个运营周期中的体验优化，例如社区运营、衍生内容的拓展、电子竞技领域的探索等。

回到今天，其实作为内容行业的体验设计团队，我们也对设计师和技术人员提出了更高的要求。经过这么多年的发展，已经可以看到其实我们跟传统的互联网行业的UED团队，会慢慢地产出很多不一样的环节，我们更多变成了一个内容行业，去像好莱坞的工业体系一样去考虑怎样构建故事，怎样用技术的手段打动用户。

最后，在移动互联网高速发展的今天，我们面临的课题已经不是传播与传播之间的竞争，而是一切优秀内容之间的竞争。今天中国的内容消费市场其实是一个审美升级迭代非常快速的市场。当用户审美快速提升，唯有好的内容体验才能成为取得成功的关键。

在与年轻化群体的接触过程中，好的体验设计始终在扮演着重要的角色，我们也希望能够在接下来的时间里，继续发挥我们作为一个内容行业体验设计团队的能力，去为打造有中国影响力的IP，做出更多的努力。

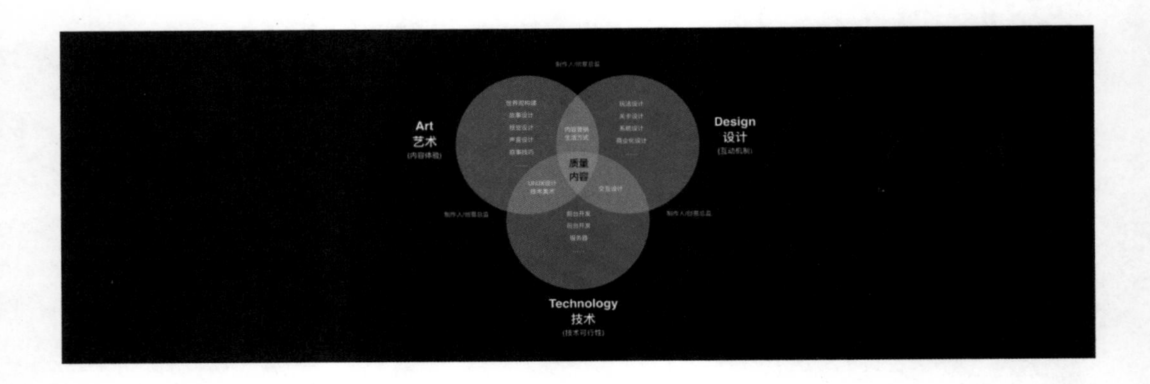

李若凡

腾讯互动娱乐创意设计与授权业务负责人

李若凡是腾讯创意设计部创意设计与授权业务负责人，腾讯游戏官方设计团队TGideas负责人。他也是设计师、创意人、游戏文化推动者。2005年加入腾讯，深耕体验设计、营销创新、内容创意等领域，打造《吴亦凡入伍》《穿越故宫来看你》《腾讯棋牌“中国人那张桌”》等创意案例。

目前聚焦IP产品的内容力建设，为腾讯互动娱乐旗下《王者荣耀》《天天爱消除》《一人之下》等头部作品构建内容创意体系。

04 如何升级设计语言

◎ 鲁恒

我一直在思考，哔哩哔哩在十周年之后，是否需要对这个品牌、对设计语言进行一次升级。因为在未来平台如何与用户沟通，将是一件极其重要的事。我认为设计语言本身是一种沟通的方式，目的是通过这套语言，让品牌和用户之间的关系不停地变好，不停地合理化，就像两个人聊天一样。如果期待通过聊天彼此变成朋友，有一个因素极其重要，那就是这两个人需要文化相通，这样的聊天才会足够自然。

从文化圈层众多的社区说起

哔哩哔哩，简称“B站”，是一个以ACG（Animation、Comics与Games的缩写）文化为基础的，由年轻人主要构成的潮流文化社区。目前，B站的UGC（User Generated Content，用户原创内容）至少可覆盖7000个以上的文化圈层。正是基于这些文化，大家印象里的“小破站”，在2020年或将变成一个月活跃用户破2亿人的平台。

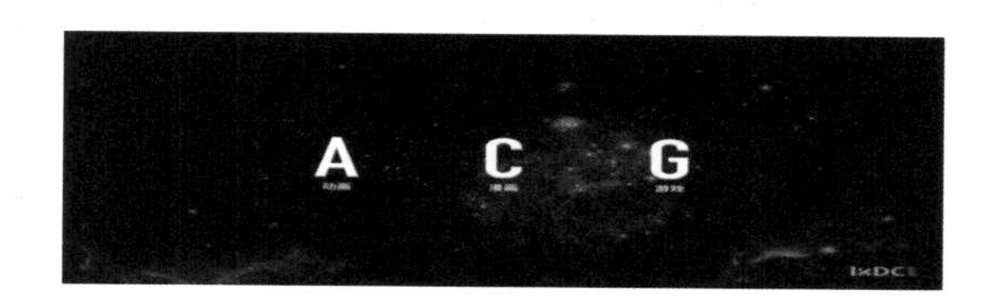

现在我们再去看B站的内容，会发现其实不只有ACG这个领域的，年轻的up主[1]加入了这个平台，让内容变得更加多元化。在这里，你可以“云吸猫”，B站的某些用户每天可以在线“吸猫”6小时以上；如果你对中国传统文化感兴趣，不妨来看看“中国华服日”，感受中国文化的独有魅力；此外，众所周知B站还可以用来学习，很多用户会选择在这里学科学、学数学、看纪录片、学法学……在众多领域内容的助力下，B站视频内容总和已破亿。

① up主：B站对内容投放者的简称。

设计哲学的推演过程

2016年，我加入B站，从设计师的角度，我的观点、我考虑的东西一直在发生变化。最初是“22娘”“33娘”和“迷之生物小电视”这三个我觉得很可爱的吉祥物，到后来，慢慢地开始思考品牌人格化是不是可行；然后现在，我思考最多的问题，是如何通过设计去改善平台和用户的关系。

我们先从哔哩哔哩的三个吉祥物说起。如下图所示，最左侧的是“22娘”，中间是“33娘”，最右侧的是“迷之生物小电视”。

它们出现在非常多的设计作品里，扮演着各种重要的角色。在这个过程中，我发现一件特别好玩的事——拟人。你对某个事物产生了一种微妙的情感，内心期待可以赋予它鲜活的灵性，它就成为你心中的“他”。

举个例子，哔哩哔哩的视频播放器有进度条和加载条，然后如果你对它们足够喜欢，就可以把它们变成两个人——播放君和加载君。播放君永远追着加载君，永远都追不上，为什么呢，因为追上了就会卡。然后加载君又一次超过播放君……这个故事可以怎么玩都行。

正因如此，我们在2018年做了一次尝试，把6种中国的传统美食玩了一次拟人，得到很好的口碑。借着这个机会，我们开始思考B站这个品牌是否也可以“人格化”。就这样，尝试提炼B站的up主和用户的共性，持续地观察和思考这些共性，然后我们得到了友善、努力、真诚、贱萌、小隐这5种用户性格，如下图所示。

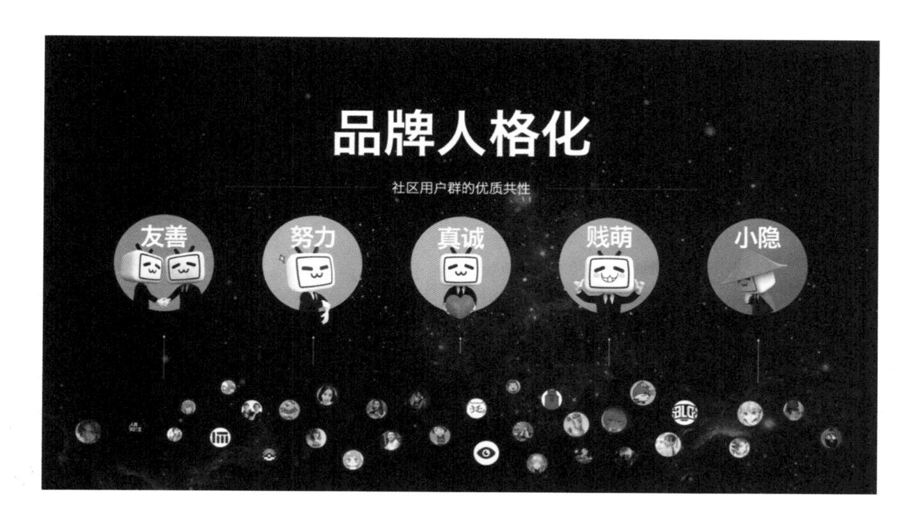

得到这些结论以后，我们再次遇到了麻烦，那就是对于设计师来讲，只有这5个描述性格的词似乎对工作并没有太大的帮助。所以我们开始更深刻地思考设计哲学类的问题，通过反复沟通，最终得到了7个思考要素词——人性至上、场景化、简单、有序、有趣、情绪、未来感，这些词语，或许为未来的B站设计埋下了伏笔。

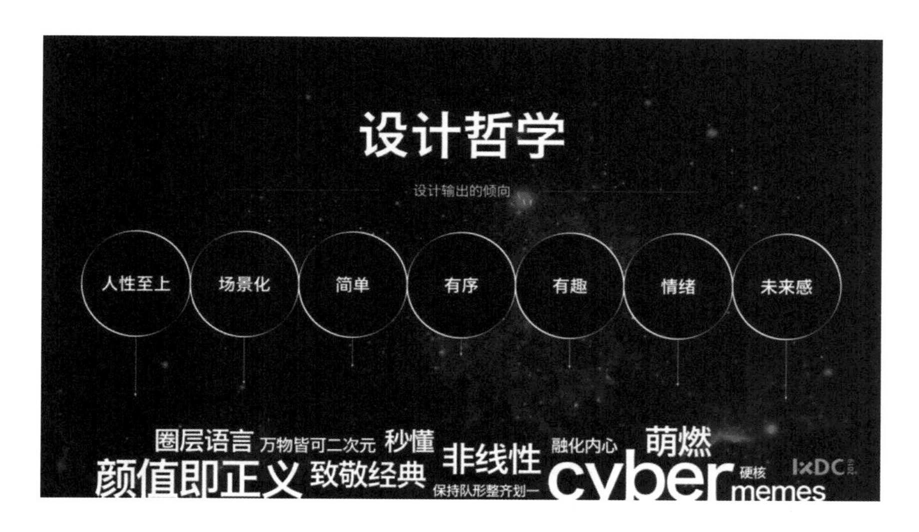

通过设计记录文化现象

圈层内用户沟通的时候，大家会自动切换至圈内语言模式。B站从最早的社群变成了一个ACG社区，到现在我们把B站定义成年轻人的文化乐园。与此同时，设计也在发生一些潜移默化的改变，从魔性变得简约，从卡通变得概念，从为爱好者做设计到为全国所有年轻人做设计。在这个过程中，设计师的逻辑和能力一直在被考验。

接下来我们分享一些案例，看看从视觉输出的角度，如何将社区文化转化成设计灵感。

如果你是一个B站的up主，可以从零经验开始升到满级。我们不期待像其他平台一样，给用户一些冰冷的数字，我们更希望你在B站变成up主，通过自己的努力，过关斩将，一级一级提升，拥有更好的装备，拥有更多的能力，就像下图所示。

在B站你也经常会看到很多有未来感的设计，例如赛博朋克风格的东西，下图是2018年直播设计团队做的一个活动——BLS。

下图是2019年的生日闪屏绘制。

以上几个例子，是想说明B站的设计师和画师在做非常多的尝试，通过各种各样的方法，将社区的弹幕和评论里所提及的内容提炼成概念，融入在设计之中。此刻，我们将自己变成一个模因，去思考“我是谁，从哪来，到哪去？”

为了能更好地致敬，我们研究过世界美术史。可以看到，世界美术史其实最初是实用、具象的内容，慢慢变得抽象了。

与世界美术史发展类似的，是一个设计团队的成长。一开始我们建立团队，然后解决特别接地气的问题，慢慢地我们开始有了自己的方法论。当某一天，团队成熟到一定程度，思考的问题就是我们应该如何表达，我们表达的概念到底是什么，它是不是符合时宜的。这也是我们一直在思考的问题，到底应该给年轻人看什么？两个萌妹子还有一个萌物吗？这绝对是不够的。我们要通过设计，记录这个社区的文化现象。

将文化转化成设计对外输出

在哔哩哔哩做设计的设计师们，应该有一种特质，就是将文化转化成设计。在很多的线下活动里，大家会手拿荧光棒为自己喜欢的角色喝彩，在线上B站是不是可以同样？当然可以，甚至再过一两年，可以用脸“打call”来支持你喜欢的人。如果你是一个动漫爱好者，那你肯定看过无数经典卡通形象放声大笑的时候，一定有那么一瞬间让你记忆深刻。

所以如果你恰巧也是一个B站用户，在使用我们的表情包时，一定会有一种既熟悉又陌生的感觉。这就好像平时看着特别商务范儿、特别严肃的Nasdaq，经哔哩哔哩包装后是这个样子。

一家咖啡店，经过B站的社区文化洗礼后，会变成什么样子呢？就是下面这个样子。

所以我觉得一套好的设计语言，不仅能提高设计团队的效率，从品牌角度、产品角度，它应该可以改变我们与用户之间的关系，承载文化和体现个性，让用户感到自己被关注。

国内外所有的公司都在追求差异化，但实际上真正做到的少之又少。我觉得可能有两个原因：一是公司那么多，商业模式这么少，想打差异化确实挺难的；另外就是设计师本身不够努力，没有特别地去关注此时此刻互联网的环境下，到底文化现象是什么样子的，没有去反复思考公司及所做的产品到底应该有什么特性。所以我希望通过我的分享，大家可以有一个新的视角、一个新的思路去重新看待设计这份工作，思考作为一个设计师到底可以做什么？

鲁恒

哔哩哔哩设计总监

目前担任哔哩哔哩设计总监，自加入哔哩哔哩后一直致力于将社区文化转化为设计语言对外输出。曾在CCTV.com担任首席设计师兼项目经理，2013年加入优酷土豆集团，负责双平台的主站设计。团队一直在泛娱乐领域耕耘和积累。2016年，来到哔哩哔哩担任设计中心总监，见证了产品流量月活从千万到一亿的过程，与此同时，坚持体验创意双设计赛道并行发展，从搭建设计体系到构思更具包容力的体验框架，逐步夯实B站的体验感知。

05 国际化产品“统一”和“差异化”体验平衡

◎ 张瑨

前言

互联网信息的快速传播与交流、交通科技的不断发展与提升，使得人与人的连接越来越容易，很多企业已突破地域边界开放了全球市场。滴滴出行近两年也在全球化的道路上不断探索、快速奔跑，现已在巴西、墨西哥、澳洲、日本等地区上线运行。两年的时间里我带领滴滴全球化司机端体验设计团队，不断摸索、学习和总结，形成了自己的思考体系和设计方法。本文聚焦在滴滴全球化产品，通过在各区域之间营造“统一”和“差异化”体验平衡，来和大家分析交流。分析全球化互联网产品之前，先区分几个概念。

全球化（globalization）目前有诸多定义，通常意义是指全球联系不断增强，人类生活在全球规模的基础上发展。对于公司企业来说，全球化是拓展市场的一种商业战略。

国际化（internationalization）通常指设计和制造一个通用于不同区域要求的方式。在互联网行业就是采用同一套系统，在不同区域展示对应的语言等相关元素，其缩写为i18n。

相对应地，本地化（localization）是将产品的生产、运营等环节按各个本地的市场需要进行组织调整的方式，其缩写为L10n。

由此可以看出，全球化是一种市场概念，国际化i18n和本地化L10n，对互联网产品来说是实现全球化的路径。

来看个例子，谷歌的Chrome浏览器和阿里的UC浏览器，就采用了不同的产品实现方式。

Chrome浏览器在中国和美国的首页布局基本完全一致。UC浏览器在中国和美国的首页布局有非常大的不同，中国版本展示了更多的图片、新闻推荐，美国的页面基本全是入口。Chrome浏览器的实现方式采用了国际化i18n的方式，这类产品自身内核足够强大，可以通过一套产品策略适应全球不同区域；UC浏览器为了深入到本地，将产品在本地做了较大调整。这类本地化产品又有多种实现方式：一些是在当地完全变化了品牌，例如采用和其他公司合作，或者投资其他公司，将自身产品借助其他品牌进行延续；还有的是专门搭建适用于当地区域的产品，总之目标都是更好地抓住本地市场。

滴滴全球化策略采用了综合模式，在全球化的基础上，希望更好地渗透本地化，既保障全球统一的效率，也保障本地实现的效果。以此，形成了滴滴全球化产品的设计思维方式“Glocal Design”（Global + Local Design），其设计理念是根植全球化，更好地渗透本地化。

Global+Local = “ Glocal Design “

根植全球化，更好地渗透本地化的
设计思维

滴滴国际化“Glocal Design”体验理念

在滴滴全球化产品设计中，对这一理念的应用就是不断平衡各区域之间产品的统一性和差异化体验，我总结了5条工作中的设计思路，下面有主次地进行说明。

1.公司战略决定产品机制的统一和差异

全球化是公司的商业布局战略，开拓一个新的区域，当地的商业环境、政府政策和企业自身的技术能力，都在影响着全球化的产品机制。

产品机制是指区域间的产品品牌关系、产品的承载平台以及产品的框架结构。例如，滴滴在巴西收购了当地的出行公司99，保留了99的品牌，随后，滴滴通过自有品牌在墨西哥、澳洲等地区相继开拓市场，虽然品牌不一致，但这些区域和99保持了统一的产品框架。同一套产品框架方便管理各区域产品，提升了整体维护效率，滴滴新开放的其他区域也都尽量保持了统一的产品框架。但日本的出行市场十分特殊，故滴滴在日本和出租车公司合作，逐步形成了一个独立区域，更深度地进行日本本地化渗透。

总体来说，公司战略决定了产品机制的统一和差异。那滴滴在巴西、墨西哥、澳洲这些区域，产品框架统一就足够了吗？还记得“Glocal Design”的理念吗，根植全球化，更好地渗透本地化。我们还要继续在统一的框架下渗透本地化。

2.文化特征指导产品方向的统一和差异

产品方向是产品要怎么做，现在我们的产品都采用以用户为中心的思考方式，所以可以说，产品方向就是找到产品和用户之间的连接方式。用户拥有自己的认知和行为需求，产品对应地要提供能力满足需求，提供体验符合认知。经过调研总结发现，不同的文化在影响着用户的认知和需求。

这里的文化，是一个广义上的文化环境，包括自然、经济、社会、人文。环境中的所有因素综合促成了我们的认知系统，然后我们以我们自身的理解和认知方式去生活，从中产生各种需求。所以，文化-认知-需求是一个递进关系。“Glocal Design”设计思维的初步模型如下图所示。

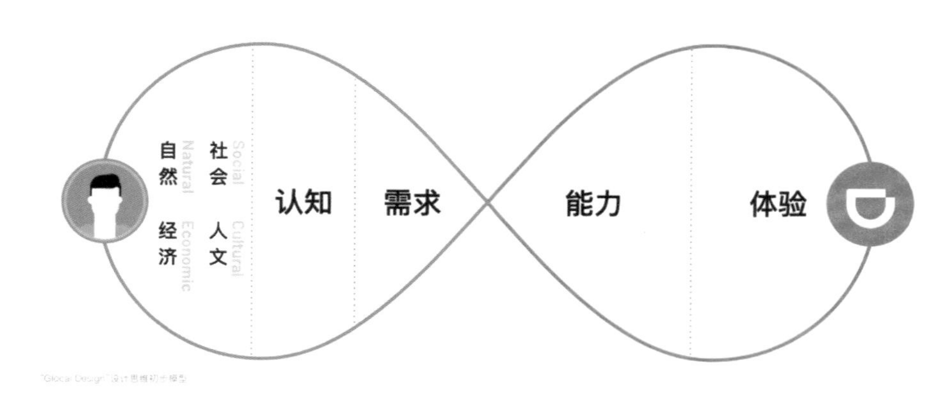

“Glocal Design”设计思维初步模型

文化要怎样应用？我们找到了荷兰社会人文学家霍夫斯泰德的文化维度理论，可以量化区域文化的表现，来给我们一些指导。霍夫斯泰德通过调研70多个国家，发出10万多份问卷，覆盖多层次的人群，将文化总结区分为6个维度，每个维度都对应0～100的分值。以50分为界限，每个维度都有高低不同的表现，要说明的是，分值的高低和文化的好坏没有关系，分值只是对文化特征显著程度的说明，下面我们来具体看一下。

4 不确定性规避
UNCERTAINTY AVOIDANCE (UAI)

5 长期/短期导向
LONG-TERM ORIENTATION (LTO)

6 放纵/克制
INDULGENCE (IVR)

霍夫斯泰德文化模型6维度

信息来源：https://www.hofstede-insights.com/，资料仅做学术交流

1）权利距离

得分高是权利距离，得分低是权利平等。这个衡量的是，没有权力的人是否愿意接受权力的不平等。如果人们接受权力不平等，就属于高权力距离的文化；如果人们提倡人人平

等，那就是低权力距离的文化。为了方便区分，后者可以叫作权利平等。

高权利距离的表现是组织中心化，容易少部分人拥有高度权利，有特定的等级秩序，并且容易听从意见领袖的决策。权利平等的人群更倾向相信自己的判断，不容易受人控制。

2）个人/集体主义

得分高是个人主义，得分低是集体主义。该维度是解释社会中人与人相互依存的程度。这与人们是用“我”还是“我们”来定义自己有关。

在高个人主义社会中，人们更认同照顾自己和直系亲属。自我意识强烈，认同通过自己的努力可以获得一切想要的利益和价值。同时非常看重自己的隐私和自由。

在集体主义社会中，人们属于“团体”，团体通过照顾人们来换取忠诚，同时人们也期待得到团体的照顾，也很容易跟随主流价值观做决定。

3）男性/女性气质

首先说明这个维度和真实的性别无关。这个维度是解释人们对实现目标的渴望程度，以及更看重权利地位，还是更看重生活质量。该维度50分以上表示男性气质突出，50分以下表示女性气质突出。

男性气质更注重目标导向，因此“如何实现目标”就显得不那么重要。男性气质高的社会是由竞争和成功驱动的，人们自信、进取、好胜，并且推崇英雄主义，他们会更多地关注物质层面的成功和权利地位。

女性气质的社会，更加崇尚自然、合作，更谦和，倾向于把更多的价值放在过程和通往目标的道路上，希望达成共识，推崇享受生活，关爱他人。

4）不确定性规避

这个维度与社会处理未来的方式有关，是试图控制未来，还是让它发生。不确定性规避分值高的文化对模糊或未知的情况会感到威胁和恐惧，他们会创造试图避免这些情况的机制，然后高度遵循这些机制。

这个维度得分较低的国家往往更从容，可以接受未来的模糊和不确定性。所以可以叫作不确定性接纳。接纳度高的人们对新想法、创新产品的接受程度相当高，也愿意尝试一些新的或不同的东西，无论是技术、商业实践还是食品。

5）长期/短期导向

高分是长期导向，低分是短期导向。这个维度描述社会认为“当下”和“未来”哪个优先级更高。

得分高的社会鼓励坚持不懈和节俭，愿意计划未来生活，会设定长期目标，以此为未来做准备。

得分较低的国家倾向于保持传统的模式，履行自身义务，同时以怀疑的眼光看待社会变化，更倾向过好当下的生活。

6）放纵/克制

高分是放纵，低分是克制，这个维度是指人们试图控制自身欲望和冲动的程度，控制较弱的被称为“放纵”。

以上就是霍夫斯泰德文化6维度的说明，那具体怎么应用，我们继续看一下。

以中国和美国为例，将6个维度的数据汇总成表格，可以看到国家间文化的对比状态。我们将文化的分数差值进行了分级，30~50分是有明显的差异，超过50分是有非常明显的差异。可以看出中美文化差异很大，这也从某个角度说明为什么有些产品，在美国可以运行得很好，到了中国效果却不尽如人意。

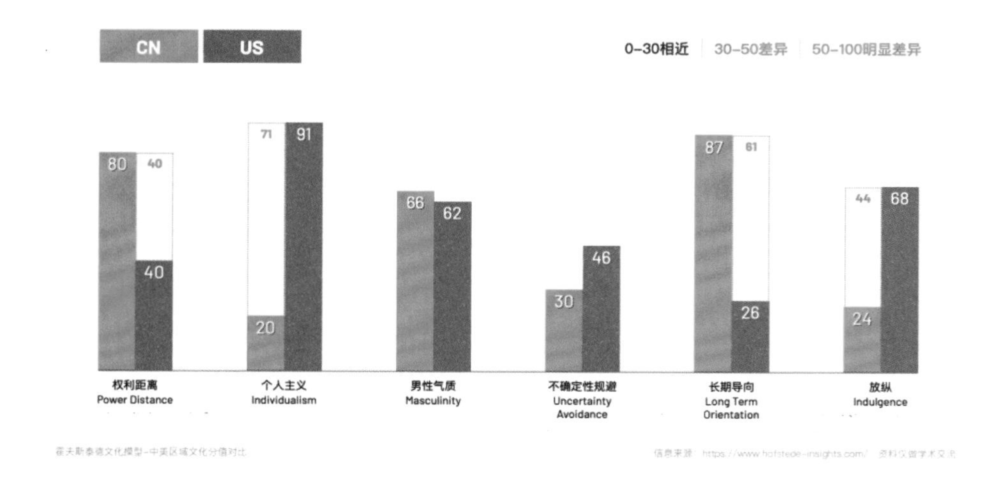

对于滴滴已开放的全球化区域，通过文化对比发现，整个拉美区域文化较相似，总体可作为一个整体来设计；澳洲对比拉美区域有很多不同表现，需要一些针对性的设计研究。

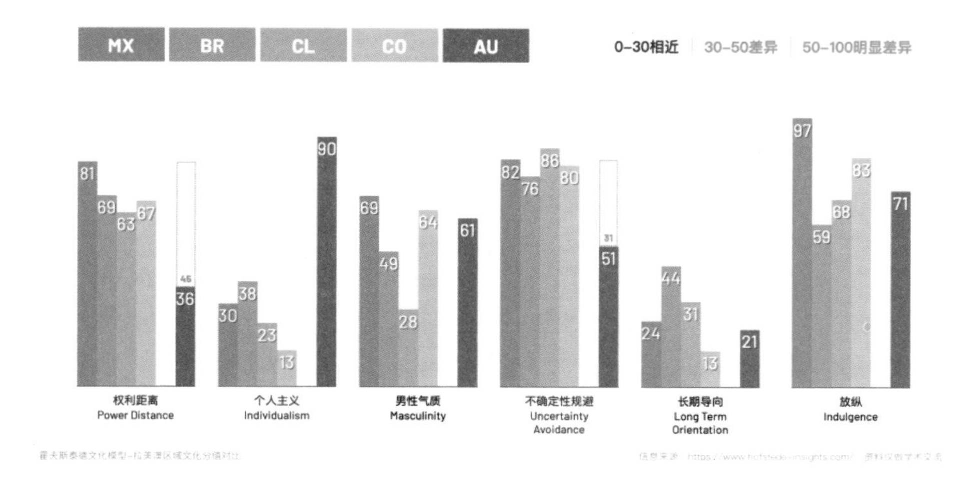

那么我们来看如何将文化融入到产品的设计方向中。因为墨西哥在拉美区域中特征最明显，要么很高要么很低，而且是我们发展的主力区域，优先级较高，所以我们以墨西哥作为拉美文化的代表进行分析。

对墨西哥文化特征的显著性进行排序，可以看到放纵、不确定性规避、权力距离较显著。然后是短期导向、集体主义和男性气质。

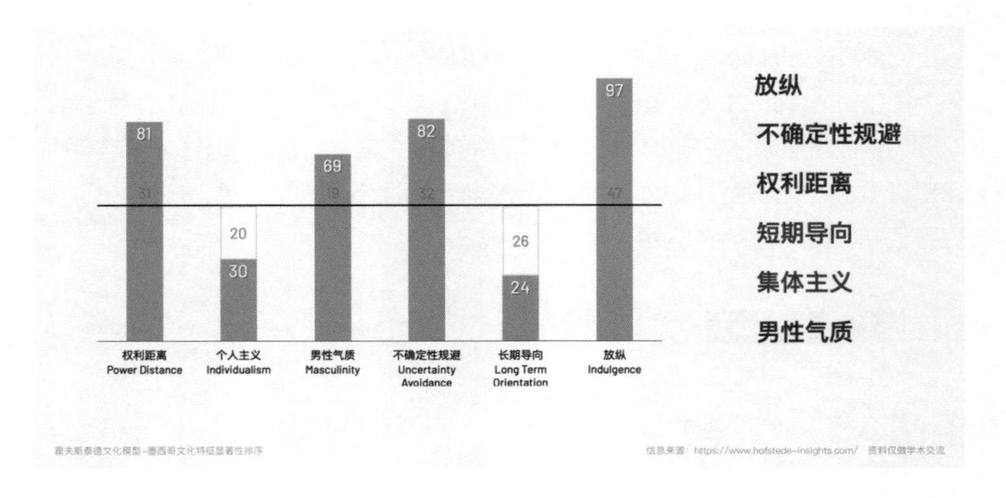

霍夫斯泰德文化模型–墨西哥文化特征显著性排序　　信息来源：https://www.hofstede-insights.com/　资料仅做学术交流

然后我们将文化特征排序，和产品体验要素相结合，形成了4×6的区域文化特征表格。把体验要素分为外观、交互、内容、功能，一方面是这和用户体验App时的视角是一致的，另外也和我们的工作职能是匹配的，更容易指导我们在哪些方向发力。

	外观	交互	内容	功能
放纵	画面**活跃**、灵动**有趣**	**轻松**操作，**灵活**控制	内容传达自由**享受**氛围 注重个人所得	**自由**调节、自我设定
不确定性规避	**简单**、**清晰** 图文表达双重保障	提供操作**引导**，及时反馈 **防错**机制，导航清晰简洁	有限的信息和选择 传达**肯定**、**客观**、**安全感**	**安全**帮助中心 客服服务中心
权利距离	打造品牌形象 树立品牌**权威**感	**直观**简洁的操作说明	信息权威、**专业** 表达精准	**智能**推荐及引导
短期导向	情感**热烈**、色彩丰富	提供完整的操作**规范**	传达**规则**、步骤说明	提供**标准**服务流程
集体主义	插图风格、色彩系统 表达**统一**	符合常规操作**习惯** 避免小众个性操作	信息准确建立**信任** 表达亲切、认同感	用户社区，**熟人**推荐
男性气质	富有冲击力，**重量感**	操作直接、**高效**	话术直白、**自信** 突出金钱的价值	**激励**机制，竞技比赛

拉美地区–体验特征提炼

以放纵为例，设计时在外观上可以有更多的活跃有趣的表达，交互上重视轻松、灵活性，内容上传达享受和获得，功能上提倡自由控制和设定。但有一点是，放纵代表难以控制和难以遵守规则，所以也需要通过一些办法适当地约束和引导用户行为。

然后我们将表格里的关键词提取，根据主次关系进行排列，形成了拉美地区的体验特征关键词库。

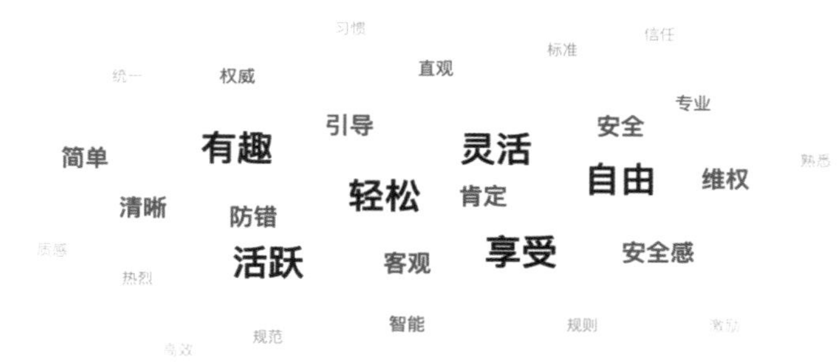

从文化中我们得到了这么多的描述，那是否完全就适用我们的用户人群了呢？显然不是。

3.用户视角强化产品体验和能力的本地化渗透

回看“Glocal Design”初步思维模型，用户的认知和需求是更加直接地对应到产品上的，所以分析完文化，要进一步对用户认知、用户需求分别进行挖掘了解。

以滴滴司机端为例，我在墨西哥和巴西前后访谈了50多名司机，结合当地的专家访谈，以及1000多份问卷调查，总结出拉美司机的共性特征。结合对用户共性特征的分析，我们将前面提取的关键词库进行调整，从而提取出我们的设计语言——克制，具体是指在信息上层级清晰、表意明确，操作上交互简单、引导直接。

然后通过对用户需求的分析，形成了逐步提升用户可依赖性的产品能力模型。这里的具体分析过程就省略不做详细描述了。

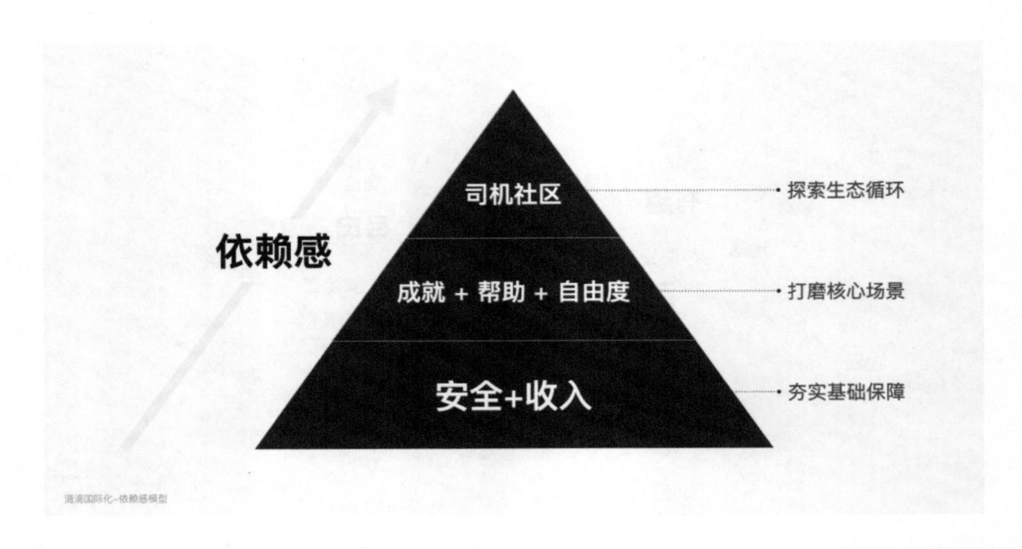

滴滴国际化–依赖感模型

可依赖模型最底部是保障司机的安全和收入，满足生理需求；中间是打造自身的核心优势，例如个人成就体系、客服和自助能力、自由度建设；最顶部是搭建一个良好的司机生态社区，以此一步步提升司机对产品的信任和依赖感。

这样我们就通过克制的体验、可依赖的产品能力，将产品视角和的用户视角连接起来。

4.不断探索产品核心价值的差异化创新

除了关注用户之外，还要关注企业自身的核心价值，关注商业价值、社会价值的定位和传达。我们在打磨产品体验和能力的时候，友商也在努力打磨自家产品，所以我们还要足够地了解友商，分析他们的核心优势和产品变化。增加了核心价值定位和友商行情分析，我们的“Glocal Design”设计思维模型就完整了。

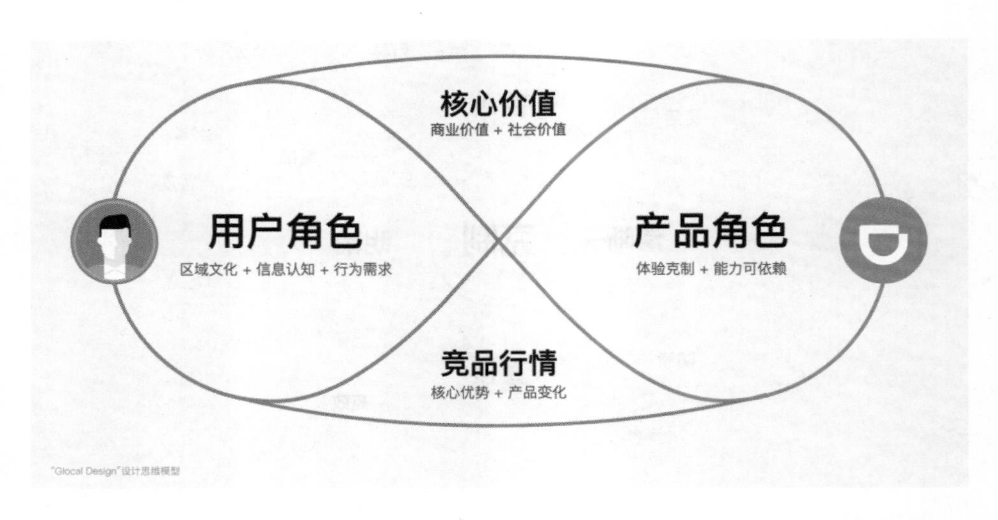

“Glocal Design”设计思维模型

前面提到的“根植全球化，更好地渗透本地化”，就是我们和竞品最大的产品方向差异。

例如在拉美地区，电子支付普及率不高，持卡率只有30%，针对无银行账户的司机，滴滴在巴西推出“99卡”，帮助当地司机进行无现金交易。拉美司机非常喜欢这个功能，它也是我们的一大优势。

再例如在日本，我们是和出租车公司合作，有些公司对司机有着装要求，要带白手套，他们操作软件就很不方便，为此我们推出了语音接单功能来解放司机的双手，这个功能上线后司机的反馈非常好。

我们希望通过实际挖掘本地用户痛点，不断提升各区域的用户体验，以此形成我们的核心竞争力。

5. 灵活统一的设计规范

要想用一套框架满足不同区域差异化配置，还需要一套灵活统一、可高效执行的设计规范。规范对全球化产品的效率起到基础保障的作用，但也是一个庞大的系统，这里就简单说明一下。

首先，对全球化产品来说很重要的就是文字规范。语言不等于文字，且不同区域使用情况不同，不能简单理解成汉语就是汉字；另外，西语比汉语长很多，葡语、德语比西语又要长一些，不同语言文字的占位空间也需要在设计时提前考虑；不同区域语言文字的读写顺序不同，做从右到左阅读的语言文字时，要注意语言、文字、图标等信息的整体镜像；为了方便多区域语言文字的替换适配，尽量保持图文分离，某些图标本身涵盖文字或当地符号的需要进行特殊处理。

其次，产品颜色和插图要做充分的前期调研，尊重当地文化寓意，避免文化冲突。插图中的肤色、性别表达等尤其需要注意。

总结

总结起来，滴滴全球化产品设计思维“Glocal Design”最重要的三点是本地化渗透、结构化统一、核心价值差异化表达。

本地化渗透，是指产品在本地环境的适应性。我们现在还在产品国际化的早期，开放的每一个区域都是我们的重点区域，这就要求我们必须了解当地的文化环境，了解当地用户的认知和需求，从而对自己的产品做出适当的反应。我们在每一个开放的区域，都有当地的运营团队，前线人员的加入也保障了我们更好落地的能力。

结构化统一，是指滴滴还会开拓更多的海外区域，因为时间、精力、财力限制，我们不可能在每个区域都做到完美的本地化，所以我们要把产品的灵活配置能力做到极致，既能采用一套底层系统，又可以进行不同区域的匹配和拓展，以此保障产品体验又保障产品效率。

核心价值差异化，则是因为国外的出行市场更加开放，也更加自由，我们看到了很多值得学习和尊敬的友商。整个出行市场的竞争环境还是很激烈的，所以核心价值的差异化表达，是滴滴推进全球化的必备因素。

以上就是我对滴滴全球化产品现阶段的设计思考和总结。设计方法也在随着产品的变化而变化，期待我们可以通过设计的思考为产品和用户带来更多的价值感知。

张瑁

滴滴专家设计师，国际化司机端体验设计负责人

张瑁带领团队从快速增长转型到精细化设计；在滴滴先后负责国内乘客端客服体系、支付体系、登录注册体系、Web、App及小程序设计、地图小车节日化运营设计等。搭建了滴滴平台设计规范体系，为后续规范建设形成指导方法和框架模板；滴滴CDX职能融合先行驱动者，CDX成长培训导师，多次录制设计视频课程，组织设计工作坊等。

拥有8年体验设计经验，曾就职于网易等互联网及设计公司，拥有多项国家外观专利。

06 Grab：模糊的边界能创造更好的产品

◎ Randy Hunt

大家好，我今天想和大家聊一聊边界模糊以及更好的产品。Grab如今已经走过8个年头了，它成立于马来西亚，现在总部设在新加坡。在东南亚，它可以为用户提供即时用车服务，不管是四轮车还是两轮车，满足用户包括送餐、移动厨房和其他创新概念等各种需求。该地区的电子钱包应用把线下支付转移到线上，不仅能够推进区域物流运输，还方便了其他众多日常生活必不可少的产品和服务以及安全可靠的交易。

模糊边界

我想和你们谈谈模糊边界的概念，以及我为什么相信它能够打造出更好的产品。我所说的模糊边界是指当两件或者两件以上的事情同时发生时，你不能在前者结束、后者开始时清楚地辨别出来。

你可能会认为我说的是无缝用户体验，我们也可以用这个比喻，打造更好的产品。但我真正想说的是，当我的知识和专业技能加上你的知识和专业技能，就不只是鼓励合作的理念了。

有人说对于富有创造力的人而言合作是一件好事。我们的确在通过定期的习惯和练习培养一种文化、建立一个系统。我们变得非常善于模糊边界，模糊我们在知识领域、执行领域、交付领域之间的边界，这其中存在很多复杂的问题。

我在科技公司工作的时候，很长一段时间并未真正意识到自己是在科技公司工作，甚至有一段时间我都没认识到自己是在工作。我的父亲是一名软件工程师，即便他后来改行做了电气工程师，我们家里仍然有计算机。在我的创作生涯中，无论是写作、录音还是画画，身旁总是有一台计算机，我早期做的都是计算机方面的工作。

我的故事

在早期，我发现自己的创造性工作和偏技术性工作之间并无明显区分，在那之后过了很久我才意识到它的力量。在我大概十一二岁的时候，我在网上随便玩，当在调制解调器上拨号时，它会发出拨号声，然后你就可以上网了。就是在那个时候，我自己摸索着复制、粘贴代码，在一连串错误提醒后突然就成功了，那感觉真的很神奇。

直到我偶然发现了这种源自日语的名为Ruby的编程语言，了解了很多软件开发的原则和概念后，我对计算机科学产生了浓厚的兴趣。它读起来更接近自然语言，你可以对如何写代码做出一些假设，然后以同样的方式来描述其他的概念。这不是Ruby的真正定义，只是我对它的定义，这对我这样一个设计师来说很有意义。

然后是Web应用程序开发框架——Ruby on Rails。简单来说，Ruby on Rails就是使得为Web编写软件应用程序变得更容易的一些设计。这些东西有一系列假设和默认值，软件开发人员正尝试着一遍又一遍地进行重新开发。它跳过了很多基础知识，也引入了模型、视图和控制器这些重要概念。

模型是对软件中信息或数据的描述，你可以把它看作是数据库的一种描述。视图会向用户展示所有的信息并接收他们输入的信息。控制器有点像模型和视图两者之间的交通协调器，把数据从数据库中拿出来给用户看，接收用户的输入、操作数据并把它们保存下来。这个过程之所以重要，是因为它完全改变了我设计软件的方式。

如果我坐下来创建一个应用软件位置，它能描述你看过或想看的电影，在我一开始接触Ruby on Rails的时候，会开始思考软件是如何构建的，先画个草图。然而，今天我一般都会从和用户交谈开始。但那时我是一个太过年轻的设计师，我会坐下来在纸上画出数据库模型以及模型视图控制器。我会写下我想知道的关于这部电影的一些不一样的信息。

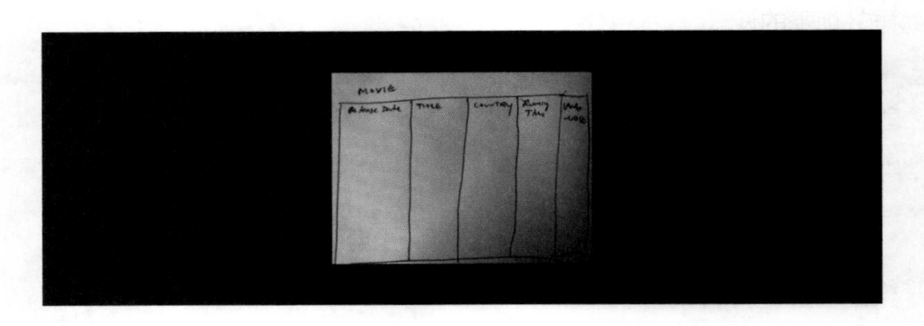

一部电影总该有电影名，可能还有一张经典剧照，也许是电影海报。除此之外，还有上映日期、相关的工作人员。然后开始列出这些东西的属性，例如，图像就该有图像文件大小和文件名，标题可能是一串文本字符，得限制文字长度。也许还想要辨别电影中所用的语言。我会在纸上写下一大堆属性，从事软件开发改变了我的思维方式。

从这些信息开始，然后我再想办法把它们形象化。下图是IMDb应用程序的屏幕截图，它介绍了一部电影。

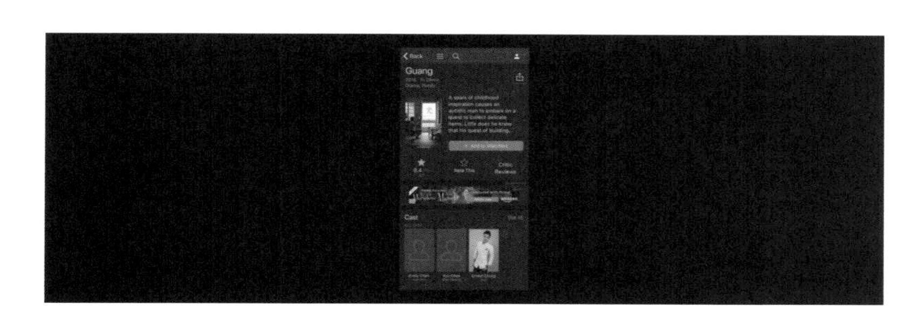

当我看到这部电影的描述时，出现在我脑子里的是数据库中保存了哪些类型的数据？这些数据的属性是什么？它周围的元信息是什么？我也想知道如何创建这些数据，对其操作并使用，数据可真是复杂。

设计工作和工程工作交叉，现在想想这并不是什么创新，我们经常谈到这样的概念。但对我来说，这个想法让我感到更强大、更自信，还让我更轻易地操纵自己想做的事。

然后我想，要是把设计和其他方面结合起来呢？设计和工程与我当时做的一些软件比较相近，要是把设计和心理学结合呢？设计和大脑运作结合呢？设计和研究结合呢？设计和政策结合呢？从设计方法和技术层面出发，我都发觉这个问题非常有趣。

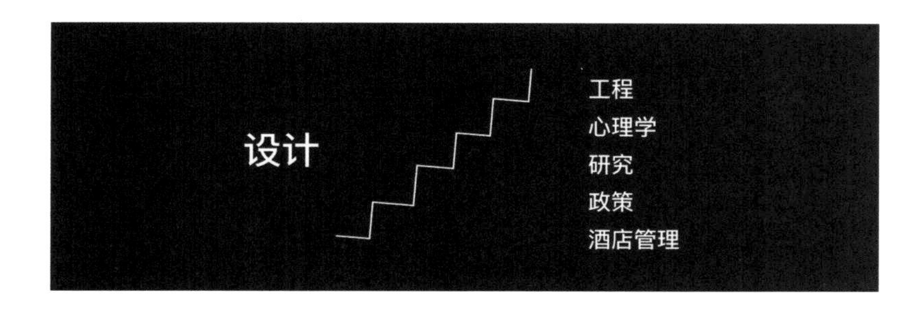

但是，我们如何将政策内容应用于我们的执行设计呢？在我的职业生涯中需要用很多方法来帮助推进优秀的设计作品，这与设计的背景和环境有很大关系，这意味着接触条件是什么样的，能创造出健康设计环境的政策是什么样的，服务得怎么样，设计如何预测用户的需求。不仅要确定他们的痛点和需求，还要预估他们未来可能拥有的潜力。

案例：Grab的涨价

我想给你们举一个关于模糊边界的很小的例子，然后我将给你们一些提示、一些概念，希望你们能思考模糊边界发挥的作用。

这是一个非常简单的项目，在Grab应用程序的环境中，当需求上升或者供给下降时，基本的市场动态会造成物价上涨，但有些客户可能不想在这时支付更高的价格。为了省钱，他们可能愿意采用某种方式，来改变自己的行为。所以，我们有了这样一个假设：我们可以给用户提供这样做的机会，向他们展示一些信息，以供他们做出不同的选择，并在一定程度上缓解价格差异。

这样做的美妙之处在于，它始于行为科学。我们也和行为科学家一起开发了一个培训项目，将行为科学作为产品设计师专业发展的知识教给他们，这就是我们在实践中接触模糊边界的地方。

我们做了一些小实验，看看设计的哪些部分会影响我们想要别人做出的选择。当然，我们结合了用户体验。用户体验设计的研究、执行，以及其他可视化和呈现信息的方式也同样塑造了人们的行为。将这些与我们的项目执行、项目策略以及与行为科学合作的内容团队结合起来，以形成信息并测试文本内容的不同排列和视觉设计内容，这可能会改变人们在这种微小互动中的行为。

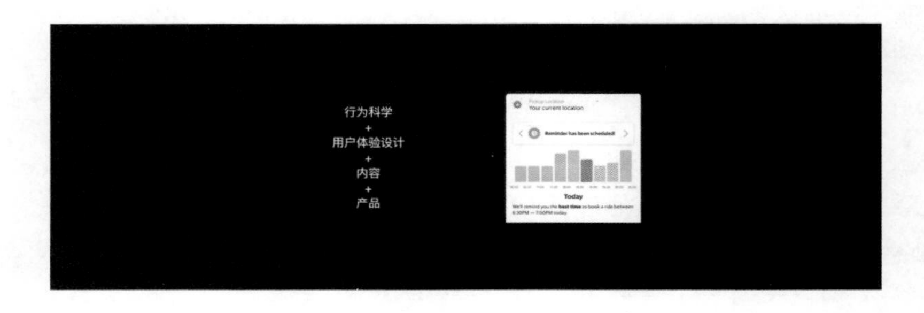

我在培训中曾提到，真正重要的不是我们有从事行为科学工作、设计工作、内容工作、产品工作的人，重要的是我们所做的一切是为了得到一个解决方案，为了探索解决方案的可能性。我们对执行领域以及需要提供的知识和经验思考得越多，对于工作思考得就越少，也就越有可能为迎接有趣的机会随时做好准备。这些不同的思维方式有规律地、频繁地相互交叉。

这个小实验最棒的地方在于运行了几周之后，有70%接触过这个实验并被我们认为是对价格敏感的顾客，在影响其决策方面给予了积极的评价，例如我们的实验帮助他们获得了抢购特价机票的能力。所以，今天你们要掌握各种各样的模糊边界的方法。

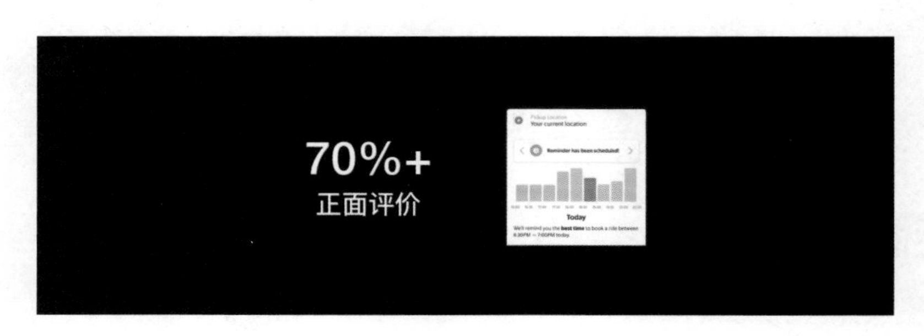

就像为乘客省钱一样，我们的战略研究和设计团队正以这种有机方式进行合作，来帮助司机和物流人员了解他们要去哪里、要做什么、怎么选择。帮助他们最大限度地发挥赚钱潜力，利用好他们的时间。

试想一下，一个司机正处在雅加达，那里市中心的交通状况很差，货物需要几个小时才能送达，他们利用时间的方式以及选择去哪里与供求动态有关。这一点对他们的赚钱能力有很大影响，决定了某一天他们能赚多少钱，也决定了那天他们能够给家人买什么样的食物，这就变成了亟待解决的非常基本的问题。

此外，地图运营、数据科学、逻辑分析也达成了深入合作。因为东南亚是一个充满活力的地方，有些问题可能不是一个点，一辆每天四处移动的小车，会发生的事情都取决于某人的性情或当时的天气，是一个非常有趣和复杂的问题。

这在较大的组织中可能很难做到，是我多年前从事设计工作时的体会。这一切都发生着，一旦你把它具体化，你就得和其他人合作。工作会随着组织的发展变得非常具有挑战性，甚至变得越来越疯狂，越来越难以理解。你用结构来规范它再正常合理不过了，我认为这是件好事。但模糊并不是一个结构化的概念，那么在复杂的组织中，我们如何以模糊的方式行事？实际上，你必须把模糊设计到结构中，而不是试图抗拒它。

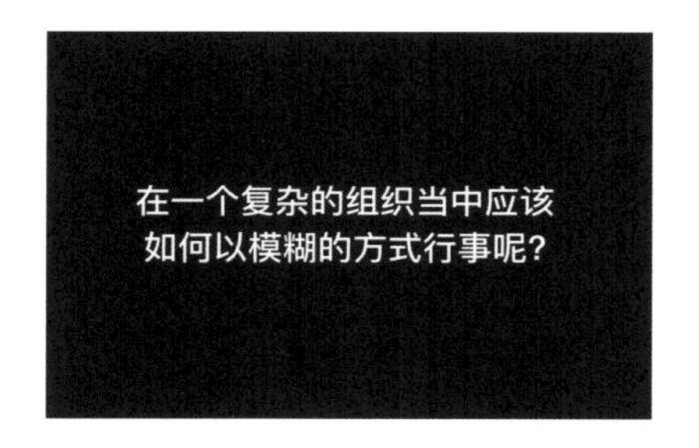

设计“模糊”到你的
架构当中去.

所以，我想给你们三个小窍门，这是我在工作中看到的三点，也是我们现在正在做的，并试图在前进的道路上将其融入文化的三点。

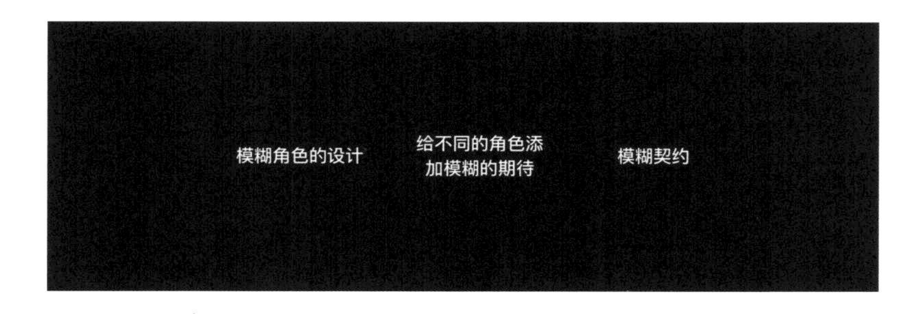

一是我所谓的模糊角色设计。我的意思是创造全新的工作描述，可能是你以前没有放在一起的两个不同学科的组合。公司需要职位描述，需要一个有意义的方案，一个有意义的系统。我们承认这个系统如果想要有意义就要创建一个角色，要给它起个名字，还要给它一条发展道路。我们对此抱有期望，期望你做的事情是过去不同角色和多个学科的结合。

接下来，我们要给不同的角色添加模糊的期待。作为一个组织的管理者和领导者，你有机会改变自己的角色，有机会介绍需求和技能，将其转化为对之前不存在的角色的期待，有义务为大家提供学习和发展培训，帮助他们强化这些技能。你的公司里可能已经有人能够进行这样的培训，为他们的同龄人、同事和合作者们提供学习和发展的机会。

最后一点，我称之为模糊契约。工作和行为中的界线并不重要，假设我们走进一个会议室，有行为科学家、心理学家、设计师、产品经理等我们一起为了解决手头的问题努力想办法，制订一些计划。我们的贡献来自我们独特的背景和专业知识，我们不会阻止自己为他人的领域做出贡献，同时欢迎并邀请他们贡献想法。

当我们走出那个房间，即使我创造了一些疯狂的产品策略，当我出来的时候会把这个想法给到产品经理，那成了他的主意，他需要承担责任。不管怎样，这就是契约。我感兴趣的是团队的结果和成功，所以，利用设计将角色模糊化，将现有角色内部的期望模糊化，将契约模糊化。

现在我要求并鼓励你们试着用模糊的方式思考，即使没有人要求或者鼓励你这么做。

Randy Hunt

Grab设计负责人

Randy Hunt 是Grab 设计负责人，带领Grab设计团队，致力于为东南亚8个国家、500多个城镇的6.2亿人提供交通自由和金融包容性服务。Randy同时是《互联网产品设计》（*Product Design for the Web*）的作者，本书主要探讨了互联网产品设计和思考、产品构建实战，以及后期发布和运维的相关内容。

过去，Randy 还曾是Etsy的设计副总裁，他领导了一个由设计师、研究人员、作家和艺术家组成的团队，定义并创造了Etsy的全部品牌体验。 2014年，Etsy荣获了史密森设计博物馆的企业和机构成就国家设计奖Cooper Hewitt。同时，Randy 还是 AIGA Design 董事会成员。

第2章

生 态 构 建

01 LinkedIn：一套生态系统，一个产品，一支团队

◎ Joann Wu

作为用户体验和产品设计专家，我经常自问：如何才能为会员和客户提供一个具有连贯性的体验？不管你在做哪个项目或者你在哪家公司工作，从定义上讲，“连贯”意味着逻辑通顺、条理清晰、结构统一。在这个过程中，你需要寻找、询问，将产品设计转化为简单、直观、统一的体验。

在领英，我们有三大指导原则：一套生态系统、一个产品、一支团队；分别对应着为什么、是什么、怎么做。

以上几点都要遵循一套生态系统，这个系统是指领英的愿景是为全球员工创造经济机会，为专业人士之间建立联系，帮助他们变得更加高效、更加成功。

在我们的生态系统里有两种角色，一种是我们的成员；另一种是组织，例如学校或是公司。如何在它们之间创建相互作用？成员可以和成员在一起，或者就是跟随组织，这两种角色可以在系统内通过编辑他们的个人资料或公司网页来创建身份。接下来，他们就可以在领英上发布状态了。可以发布工作信息、发表评论、点赞并分享，还能通过私信与他人联系。

当所有这些行为都活跃起来时，我们就创建了由6.3亿会员和3000万家公司组成的一张经济图谱，其中包含了2000万个工作岗位，算上高中和大学在内的9万所学校以及3.5万项技能和2800亿条知识。

当所有这些结合在一起时，就形成了我们的一套生态系统，这个生态系统能够为会员和顾客提供价值，可以帮助会员找到合适的工作，与他人建立良好的联系并保持消息灵通。

一套生态系统

对于客户来说，领英是个可供雇佣、交易、销售和学习的地方，这一生态系统哲学指导我们把一切事物都看作是一个产品，我们会把会员的信任和安全放在第一位，为全球会员设计并创造连贯的体验。同时，在设计时也要考虑到可访问性的问题，针对这个问题我们进行

了长达一年相关课程的学习。

当我2011年加入领英的时候，我从推特截下了这张图，上面写着“想要了解领英的组织结构图，只要看看他们的产品就知道了。”这种状况可不太好。

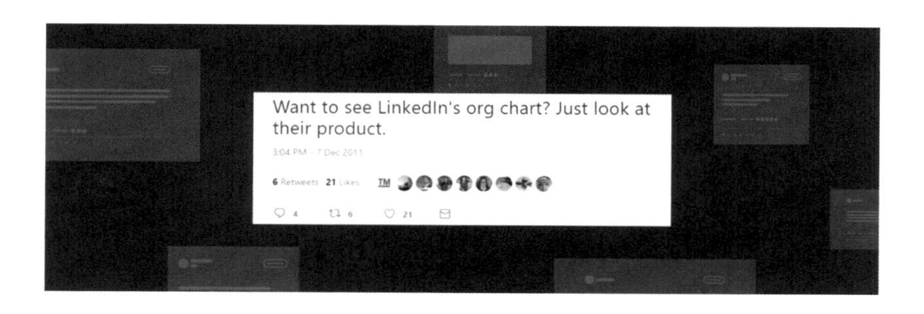

但几年前情况确实是这样的。即使我们只做一个产品，在网站加载方面做了升级，会员可以体验即时翻译，但是，可以看到还是有很多死于中心和重叠的特性，这不是成员优先的方法。这就回到了我刚才谈到的生态系统，把一切简化，使其变得易于理解和统一，这是我们所面临的挑战。

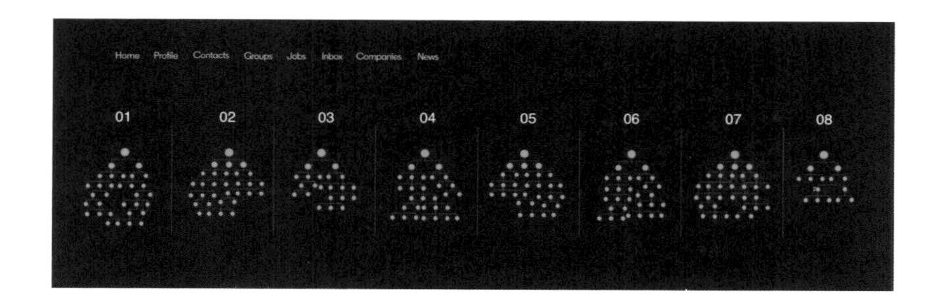

生态系统的供给

我们再来谈谈生态系统的供给。当会员的朋友谈论一些他们真正关心的话题时，我们就会给这些会员发送通知提醒，让他们回到这个系统上来，而私信功能则保护了会员交流过程中隐私。成员们通过网络来建立有意义的关系，接受邀请以及拓展人脉，从而进一步加强生态系统供给的关联性。

页面最上是搜索栏，大家可以在领英上搜索工作、课程、知识或者任何我刚刚谈到的生态系统内的信息。最重要的是，我们开始为高级订阅会员开发更多的价值和功能。所有这些都是为了指导我们创造简单、轻松、统一的体验，也给这个系统带来一些乐趣，以此鼓励会员通过点赞、评论、分享、私信等加强彼此之间的联系。新开发的实时视频功能为我们的系统开启了新的次元，让会员能够实时分享知识并加强相互联系。所有这一切同时作用，转化成跨平台的更连贯、完整的体验。

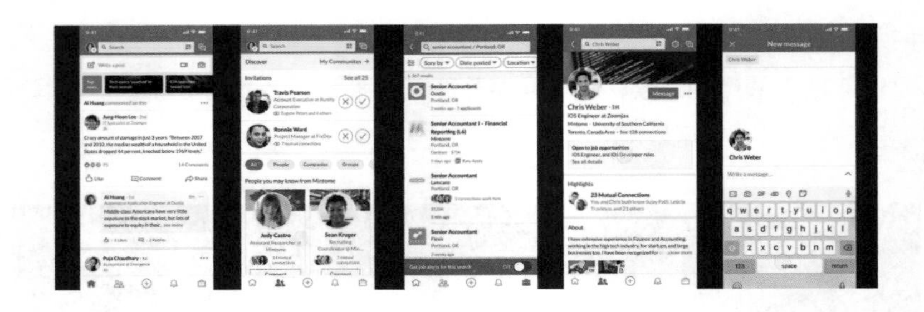

重视产品的用户体验

当谈论统一的体验这个问题时，鉴于我们在全球拥有超过6.3亿名会员，故我们需要向不同国家的用户学习，从他们的反馈和见解中吸取经验，这是我们全球用户体验设计的一部分。

2018年，我们对331名参与者进行了37项研究，共有12个国家参与。所有内部人员都回到了产品团队和设计团队，进一步完善我们面向全球的产品。既然是为我们的会员和客户打造全球性的产品，就要确保把会员的信任和安全放在第一位。作为设计师，我们常常能从新用户那里获得快乐，同时也能发现自己的缺陷。

在现实生活中，我们得问问自己，当涉及会员的信任和安全时会出现什么样的问题呢？LinkedIn最近推出了一个名为“红队和蓝队”的研讨会，这实际上是我们借鉴安全工程团队所进行的一种实践。我们假设出现了部分不良角色，例如，骗子可以在这个平台上做什么？我们让里德团队作为红队戴上坏演员的帽子，来看看大家觉得坏人会做出什么坏事来，发现他们身上有什么缺点以及对产品可能产生什么意想不到的后果。

接下来蓝队要做的是，想尽一切办法阻止红队，想尽办法把对系统的破坏降到最低。作为设计师，责任就是确保会员和客户的安全。

LinkedIn不能为每个成员提供全球的工作机会，但是，我们一定要考虑我们的产品是否适合所有人，包括那些残障人士，这才是包容性设计。包容性设计意味着我们需要从一开始就要考虑到一切，要让尽可能多的人接触它，不论他们的年龄、语言、背景、社会地位、地理位置和能力如何。

就像微软的人性化表现为他们认为残疾不一定是永久性的，也可能是暂时的。例如，你可能这个周末打篮球伤到了手指，所以就不能在应用上打字了，你会怎么做？你设计的或者正在使用的产品，可以通过声音操控吗？或者还有其他情况，例如，在阳光下看手机屏幕很费劲，在这种情况下，你的产品是否具有足够的对比度和动态字体？这就是包容性设计！如果我们只把自己的能力作为底线，也许可以让一些人轻松使用产品，但并不能照顾到每一个人的感受，你们要记住这一点。

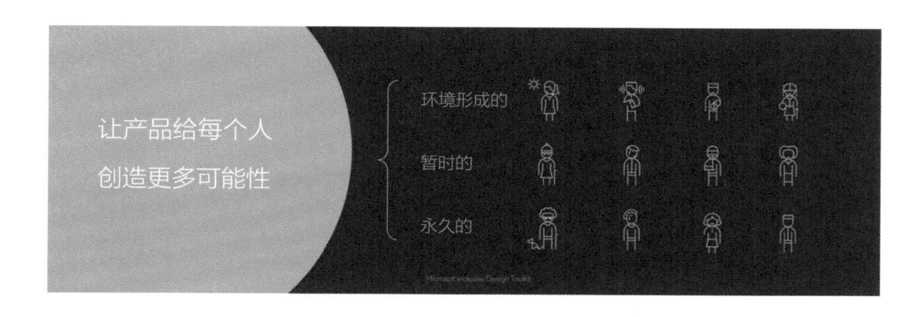

我真的非常喜欢下面这张照片，希望在你们回到工作岗位后（或者现在就照着做一下），遮住一只眼睛，通过另一只眼睛看一个小洞，你可能会有不一样的经历，产生新的观点。体会一次什么叫困难，你们就会明白易访问性对设计来说有多重要。

团队的重要性

我已经讨论了为什么、是什么，现在我们聊聊怎么做。怎样才能得到我刚才说的这些东西呢？我们需要一个非常厉害的团队，这意味着我们需要通过跨职能合作来避免冲突，需要一个良好的设计过程，并建立具有包容性的设计文化。

在LinkedIn，我们要么干脆不做，要么就合作和倾听。我们把所有不同的功能放到设计过程中来，以此带来了不同的视角、专业知识和深刻的领悟。我们通过团结合作为成员和客户寻找解决方案，这就要求我们做到诚实、坦率和富有建设性。我喜欢做跨功能设计评论，由此也诞生出许多有趣的事。

我们的设计过程包括发现、设计以及开发、部署，涵盖了产品整个生命周期。从概念到问题定义，再到解决方案定义，最后是成品启动。在整个过程中，我们列出了可以和跨职能团队一起做的所有事情，从了解用户需求到与用户体验和研究人员合作，了解我们的业务需求，配合业务运作。最后，再用工程知识来识别和修复漏洞，或者与数据科学家一起测算，评估项目的成功，这一切放在一起就像一段旅程。

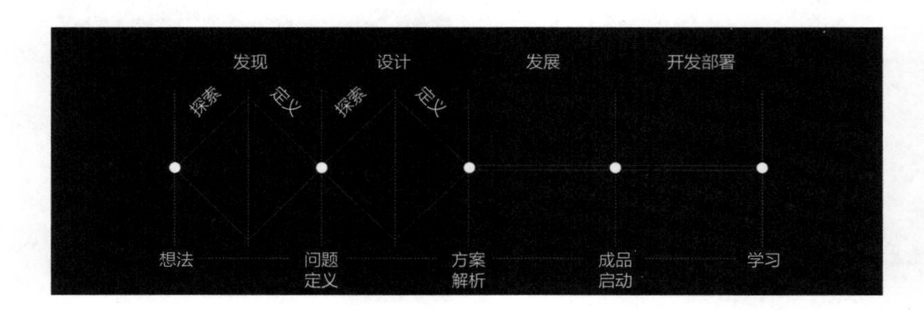

这段旅程中，我们都要对自己的工作质量负责，我们的命运掌握在自己手中，这也取决于我们雇佣什么样的人才，打造怎样一支团队。我要说的是，我们想拥有的是一支敢想敢干的团队，最重要的是知道如何从中获取乐趣，这才是成功的关键。记住，天赋只是一切事物的修饰语。我热爱我的团队，我为我的团队深感自豪！

Joann Wu

LinkedIn 高级产品设计总监

设计团队负责人，人力资源经理和产品策略师，致力于创新协作和创新产品解决方案，塑造企业凝聚力的视野。

通过各种行业经验以及多元文化背景的设计学习，积累了丰富的实践互动、产品设计的经验和成就。

注重培养创造力，建立并激励团队专注于质量和创新，努力追求卓越运营。

02 面向复杂利益链关系的共情设计思维
——企业级技术产品如何做好设计驱动

◎ 杨森森

本文重点剖析在企业级技术产品的设计领域，关于共创设计、共情思维以及体验驱动这些关键词的践行经验和心得思考，分为企业级技术产品设计现状和分布式整合共情设计案例分享两部分。

企业级技术产品设计现状

1）生存现状

在企业级技术产品中做设计是种怎样的体验？我们访谈了 9 位蚂蚁金服负责不同技术产品的设计师，他们给出了各种回复。

企业级技术产品中设计师现状访谈视频截图

他们的回复诸如：

- “设计师不懂业务”。
- “你就按我说的做就好了”。
- “来来来，帮忙把这几个页面美化一下”。

上述情况比比皆是，设计师只能从产品主管、技术人员那边获取需求，无法深入业务，了解用户，真正发挥设计价值。设计方案受限于技术底层架构，设计师对技术产品理解成本高，创意转化难。在企业级技术产品中，设计师的话语权、人与人之间基础的协作感和信任感非常薄弱。

2）破局思路

面对这种设计困境，设计师需要突破和改变，来发挥设计真正的价值。在做了大量的现状摸底和客户现场调研后，我们提出如下破局思路：

- **抓住时机，扩散设计的影响力。**背靠蚂蚁金融科技开放战略，以及商业化进程步伐加速的大背景，设计师大有可为。

- **打破常规，走出去。**作为设计师，我们需要深入了解用户，帮助服务提供者与用户建立连接。同时我们需要走近服务接受者，成为服务提供者和服务接受者的沟通桥梁，进而让服务提供者和服务接受者共同参与，创造体验，帮助整个生态得到更延续性的发展。
- **全局视角，打动关键角色。**我们会去重新审视整个生产流程中各角色的关系，关注利益链条上你重点需要打动的关键角色，有时候打动了关键角色会帮助推动设计方案高效落地。
- **扩大信息来源，做不同于C端的设计**。以往我们在 C 端或者传统的 B 端设计过程中，常见的场景就是产品主管或者业务方拿着一堆需求过来跟你沟通，然后设计师根据需求产出方案。在今天面对技术类产品的时候，我们需要转化一下思路：通过扩大信息来源，搜集更多信息帮助我们来做更加有效的判断和设计支撑。特别是在技术产品使用者往往不是决策购买者的常态下，我们应该提升管理者角色的信息渗透率，从上至下打通协作利益链。

3）业务特征分析

前面从宏观的战略方向以及关系利益链角度阐述了破局思路，下面我们回到微观的业务现状，看看我们支撑的业务现状该如何破局。目前我们团队支持的企业级技术产品达到 30种以上，涵盖5条业务线、8个事业部和1种新设计领域。

这些产品具有这4类差异化的特征：

- **领域专**，主要是 PaaS 类产品；
- **体系强**，产品与产品之间有强关联和协同；
- **角色多**，协作涉及业务、前端、文档等众多角色；
- **利益复杂**，组织结构关系、协作利益十分复杂。

这些差异化特征也带来更多挑战：

- **领域专，**同理心难建立，设计上手难；
- **体系强，**涉及面众多，知识背景差异大，改变认知难；
- **角色多，**利益复杂，组织结构变动频繁，建立领导力难；
- **利益复杂，**体系强的产品间缺少关联，导致产品体验割裂。

4）破局解题

企业级技术产品是一片用户体验的荒漠，要想在此之上让体验开花结果，需要通过治本之法，先改良土壤再播种。我们提出了面向复杂利益链关系的共情设计思维。

（1）共情定义。

首先需要去理解什么是共情。共情我们通常会称之为同理心、换位思考，是一种站在对方立场设身处地思考、认识到别人正在经历的情绪的能力[1]。它是一种给予、获取他人情感，产生共鸣和理解的重要工具。剑桥英语词典对empathy的定义是能够想象自己置身于对方处境，并体会对方感受的能力[2][3]。

结合当下业务场景，我们给出共情在企业级技术产品中运用的定义：在面对用户群体是知识结构差异大、领域专的产品设计中，设计师需要具备角色扮演的想象力，通过置身于目标群体熟悉的语境中，去触探其意图并将其转化为本位熟悉语境的能力。

（2）共情重要性。

开发团队和企业期望用户能以一种方式来使用产品，但是用户实际上却采用了另外一种交互方式。这样“没有正确打开”的产品和案例太多了。想要创造有意义的产品，你需要了解目标用户的生活，而这也是以人为中心（Human Centered Design，HCD）的设计流程的基础。这种 HCD 设计流程最终的目的，是让产品通过定制，匹配用户的显性或隐性需求，最终达到改善体验的目的。因此共情让设计师了解用户，并在此基础上进行后续设计工作。

对于设计师而言，借助共情，能够感受和发现人们的实际需求（包括显性的和隐性的），而这是帮助用户解决问题的基础[1]。设计师可以在观察、参与、体验的过程中发现用户最真实的需求。需要强调的是，共情是一种设计思维或意识，而不是指具体一种方法[4]。

对于共情我们要具备：

- **观察：**观察用户在自己熟悉的生活环境、工作场景下的系列习惯。
- **参与：**通过预约和追问一些小问题的方式，去创造和用户面对面交流互动的机会。
- **沉浸：**去体验你创造的用户体验。

（3）如何展开共情。

目前在设计中可以运用以下几种共情的方法[1]：

- **学会观察你的目标用户。**在与用户访谈的时候，用户所阐述的内容经常只是实际情况的一部分。这个时候，你可以通过观察来获得经验数据，加上直觉分析来补充缺失的部分。观察日常生活中的真实人物是非常有用的手段，了解你的用户在自然环境下（工作环境、家里或者其他地方）使用你的产品的时候，他们是如何交互、怎么操作，以及这么做的原因。尝试了解用户的困惑、喜好、憎恶，以及当前的产品和服务无法解决的问题。
- **在访谈沟通时与用户共鸣。**同用户交心沟通的时候，所能获得的有用信息是巨量的。
- **不断验证你的想法。**共情驱动下的设计是不断进化、调整的，这也意味着你需要不断地将想法提供给用户，获取反馈，保持开放的心态，让你的解决方案始终是最佳的状态。
- **创建共情图**。通过用户访谈，你可以捕捉到可见的产品体验反馈。完成访谈之后，团队应该创建一个直观的单页模板，将访谈中的关键点总结下来写在上面，这就是共情图。设计师能够借此更好地了解用户，有助于缩小值得关注的用户行为的范围。用户体验设计师可以将焦点更多地放在用户的情绪和关键体验上，从想、听、说、看四个维度去挖掘用户的想法、情感、行为，尽量用大家都易懂的语言去描述用户想要知道的问题、用户对使用不便之处的吐槽反馈以及用户的操作行为。通过直观的视线、语言反馈和潜在影响源等变量因素，去评估产品设计的效果，深度挖掘用户真实使用场景与产品目标场景之间的差距。配上真实用户图片，让整个共情图更有说服力。
- **让你的设计保持人性。**设计的时候，我们习惯于让设计工具化，而常常忘记了背后的开发者和前面的使用者都是真实的人类。创建一个用户形象，并且将他的特质都描述出来，让你的团队成员都能看到。其中的内容甚至可以是根据一些用户的访谈引用而来，总结用户的感受和想法。

- **使用故事板来了解用户如何使用产品。**故事板是用来探索和预测产品用户体验的一种实用工具。它涉及产品的思考，将用户的流程像电影一样展现出来，设计师和开发者可以了解用户随着时间的流逝会如何同产品进行交互。
- **人体风暴。**这可能是最有效的一种沉浸式共情研究方法，让设计团队直接体验用户周遭的环境。这种研究方法很有意思，让团队成员扮演用户、产品原型中的元素和用户周围的实体，随着用户的交互，团队成员之间发生互动，让他们和用户产生共情，帮助用户找到更合适的解决方案。

下面着重介绍在蚂蚁企业级产品业务中，我们如何进行共情设计。

（4）共情对象。

共情的对象是双向的，既有内部的服务提供者，也有外部的服务使用者。内部服务提供者有我们日常工作中经常接触的技术人员、产品主管等角色，也有不常接触的管理者、售后人员、商务拓展等角色。扩大信息来源，找到关键角色有利于帮助设计师进行更正确的判断和设计。服务使用者主要是用户角色，这里需要注意的是，对于企业级金融技术属性较重的产品设计中的服务使用者，共情门槛要远高于 C 端或者泛行业属性的 B 端，我们会通过一系列低打扰的手段和用户沟通访谈，建立共情。

企业级产品中的共情对象

（5）共情聚焦。

共情设计模式是以用户为中心设计的基础，聚焦在需求探索和设计验收阶段，深入挖掘需求并重点保障产品品质化输出，形成良好的体验闭环。

（6）共情设计生产流程。

我们通过共情研究和项目实践，重新定义共情思维下的设计生产流程。源起用户调研经典焦点小组和用户体验地图，同时受用户体验设计转型和钉钉共创产品设计概念的启发，覆盖探索、分析、生产、验证等核心环节，在共情思维的指引下做流程上的变形。例如在前期研究过程中，我们要重点补足组织视角的梳理，找到关键角色，以及在设计驱动的环节利用设计立项会。具体共情设计生产流程详见下图。

共情设计生产流程

（7）共情设计标准化产出。

在共情设计生产流程中我们需要产出一些什么具体内容呢?

企业级产品的设计首先要考虑组织结构的复杂度，所以第一步就是要梳理组织架构关系图。在梳理整个组织结构关系的过程中，我们找出重点需要打动的关键角色，这是设计驱动路上的第一步，只有找到利益共同体的联盟，才有可能往前走一步。如下图所示，共情设计标准化输出包括组织结构图，帮助梳理多角色组织关系。

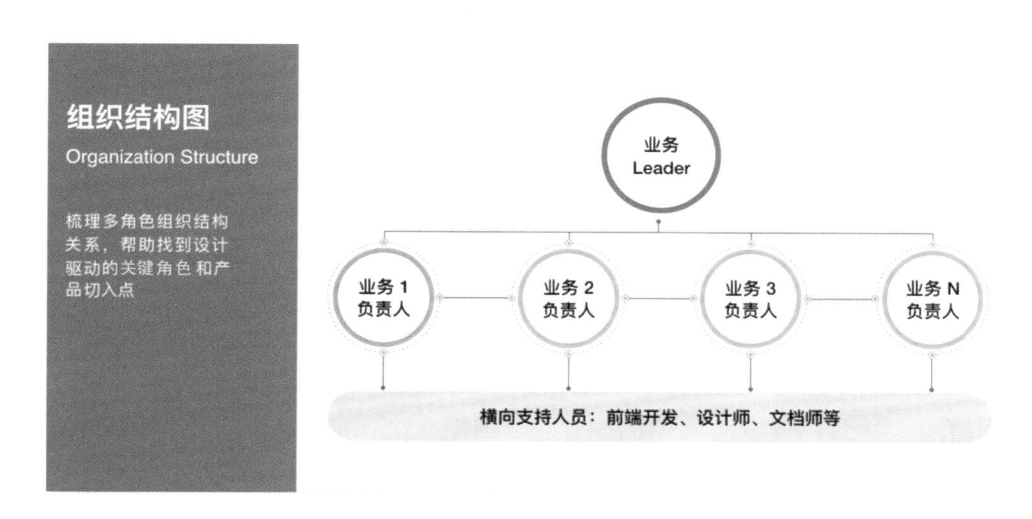

组织结构图

其次，从横向视角出发，梳理整个协作链路上各角色的利益交汇点，找到共通交集区域，争取更多“盟友”，加大驱动成型的可能性。如下图所示为多角色协作关系图，帮助梳理角色之间服务关系。

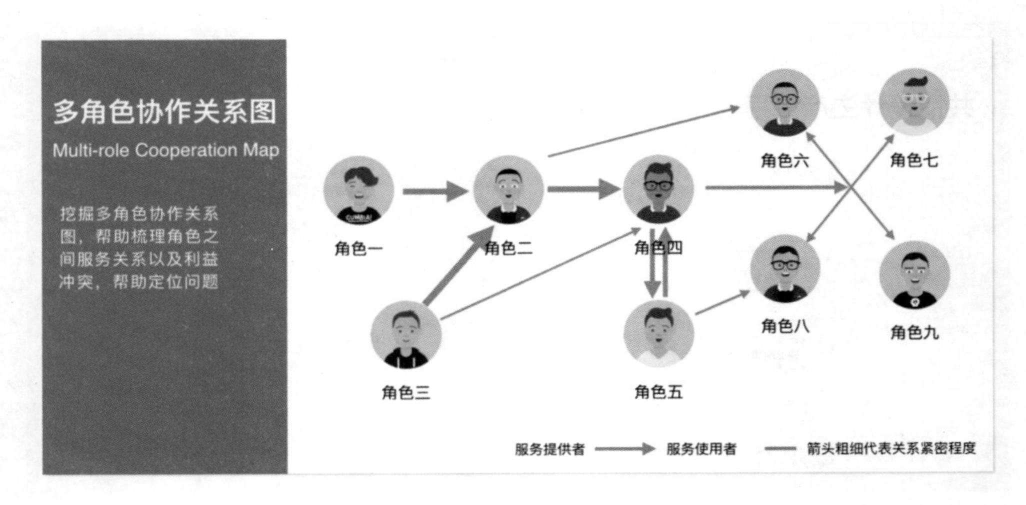

多角色协作关系图

同时，设计师要发挥自身的主观能动性，从我们擅长的用户视角出发。通过与业务方搭建共创场景，将具体的场景、用户路径、产品设定流程共同梳理，加深自身对业务的理解。同时，再结合我们之前的客户现场、用户访谈等信息，抽离出真实的用户路径，找出设定路径与真实用户路径的差距，这些差距有可能会成为我们驱动产品成型的有力抓手。如下图所示，用户体验地图与共情思维相通的点就是对情景、情绪、场景的观察和辨别，不要忽略用户的每一个面部表情，它都有可能会牵扯出一个重大的机会点。

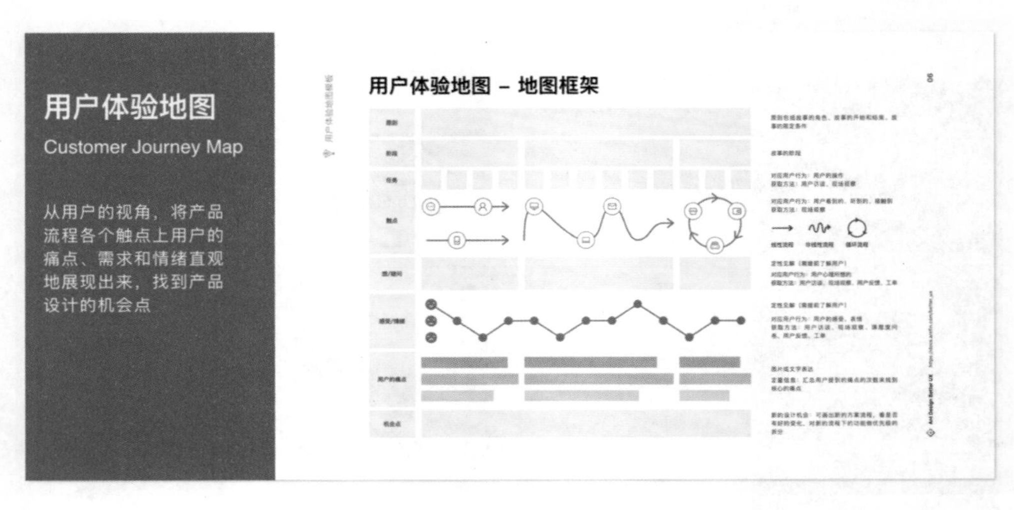

用户体验地图

最后，结合蚂蚁金融科技产品业务场景的特色，我们引入服务蓝图，帮助梳理全链路中线上、线下的各个服务场景，将洞察落实得更加全面，甚至挖掘一些系统性的机会点，增强设计师提出的设计提案的论据体系化。在企业级项目中，会涉及平时用户感知不到的后台服务，但这是设计师在做企业级产品时需要关注的，所以可以借助服务蓝图帮助梳理整个服务的前台、后台和机会点。

服务蓝图

案例分享

前面重点介绍共情设计思维的定义和标准化产出内容。下面和大家分享一下我们在分布式整合项目中践行这种思维模式的案例。这里就不具体解释什么是分布式架构，大家可以理解为是一个比较庞大的产品家族群。

1）初心源起

项目起源于全链路视角的业务摸底，通过客户现场的大量调研和走访，挖掘出当下蚂蚁金融科技产品SOFAStack中体验割裂的用户痛点。我们利用“体验一起造”的形式，在关键角色的助力下搭建共通体验情感的场景，让管理者感同身受调动其情绪。

2）体验一起造

“体验一起造”活动是蚂蚁金服体验技术部通过2年多的时间打造的体验品牌。这次活动邀请到的是蚂蚁金服CTO、分布式架构产品技术负责人、技术风险部负责人以及体验技术部负责人，力图让管理者真实地体验产品流程，感受用户使用产品的感受。通过这种形式感强烈的活动，调动管理者的体验情绪，为体验驱动助力。

“体验一起造”现场图

3）项目成型

从客户视角、商业化视角、组织视角以及生产协作等多维视角取证，通过“体验一起造”的形式唤起服务提供者感同身受的体验情绪，在关键角色助力下驱动分布式架构产品整合项目成型，设计师担任分布式整合体验 1 号位。

4）设计生产过程

针对分布式整合项目，设计师也面临着设计上手难、产品体验割裂等问题，我们制定了共情策略，以帮助推动项目。下面就从下图所示的策略点逐步展开讲解。

分布式整合项目共情策略

（1）共情研究。

首先，需要对产品所属的组织关系进行梳理，找出设计驱动的关键角色和产品切入点。其次，深入客户现场进行共情式研究，收集用户素材，深挖用户需求。在客户现场，我们会关注用户角色、使用产品原因、工作机制、用户任务等内容，挖掘出客户角色类型多、利益链交错复杂等特征。对于我们的目标用户，我们通过分析他们的故事，探索用户的深层想法，将想法与产品操作路径对应，通过比对产品设定路径和用户原生路径，挖掘用户痛点，找到设计切入的机会点，践行设计驱动。最后，对用户痛点进行归类，如用户经常找不到想要的产品或功能、对于功能和任务流程看不懂，以及因为产品功能、体验等原因，导致产品使用不便等。

（2）业务现状分析。

接着我们进行业务现状分析，通过在线走查等多种方法，对业务现状进行分析，寻找设计机会点。

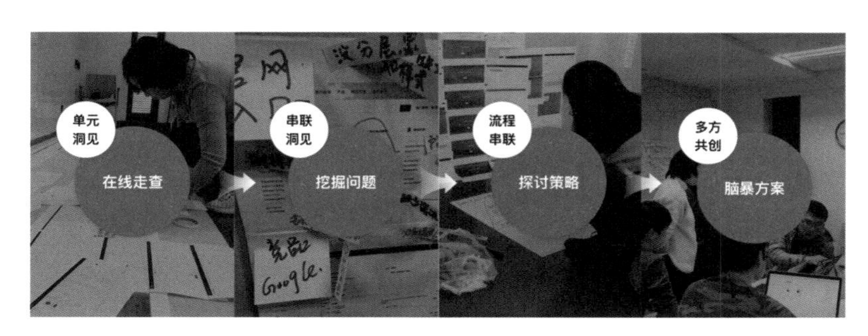

业务现状分析流程图

在设计阶段，注重设计推导过程，采用单元、交叉、串联的方式组织各方一同进行问题洞见，做到设计方案有理有据，提高产品落地的可行性。

除了和客户进行共情，在生产过程中我们也会和产品经理、技术研发人员进行共情，共同制定体验流程、协调资源、评估技术可行性，最大程度保障最后设计方案能落地。

（3）设计产出。

在设计产出时，我们设置"分层分级式"目标，主导设计师发力，于设计专业之外，关注项目整体目标和团队协作，充分发挥主人精神，驱动项目落地。

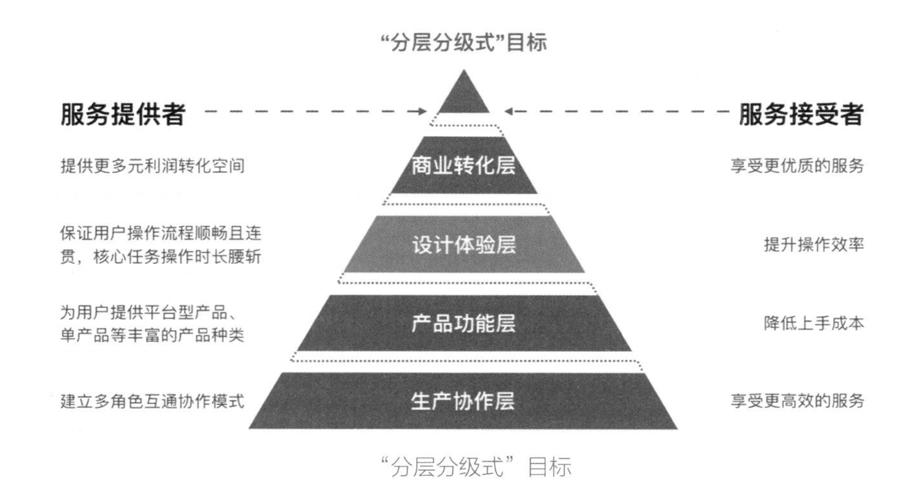

"分层分级式"目标

对于这种大型的平台整合型项目，更适合找准切入点拎起全局。所以，我们本着横向打通产品链解决体验割裂的初心，沿着全链路视角的用户路径确定核心场景，找到3大核心设计抓手，进而推导出设计策略，从多方视角看产品，避免专业局限性，保证方案高质量落地。

（4）研发上线。

在产品验收阶段，因为项目的复杂性和涉及多方角色，我们需要进行共创验收，关注页面还原度、功能点完整度、性能稳定性、前后端联调、体验流畅度等，不同角色成员也可以从不同视角补全问题。

共创验收流程图

改版后的产品经过用户可用性测试，满意度和任务流畅度得到很大提升，获得了管理者和真实用户的高度认可。

结语

设计师在整个事件中，需要从传统设计生产者角色转变为设计事件运营者。在生产过程中，不再只看到眼前局部的场景，而是作为设计驱动者，成为技术产品的共情角色，主动积极关注全链路场景。这种由被动变主动的转变，使设计师获得更多的信任和支持，驱动技术型产品优化，从而提升用户体验。

参考资料

扫码查看

杨森森

蚂蚁金服体验技术部，体验设计师

2011年加入支付宝，先后主导过移动快捷支付的产品设计、飞猪的内容型产品设计，以及现在的蚂蚁金融科技云计算、中间件产品设计，获得过支付宝无线事业部最佳新人奖、未来支付宝App设计三等奖、飞猪事业群1号项目创新奖、阿里巴巴经济体最佳设计师提名等。

03 打造一个情感驱动的创新会员体系

◎ 丁光正

随着互联网人口红利减少，流量思维在向超级用户思维转变。以感性诉求为轴心的创新会员体系，不仅极大增强用户对企业品牌及服务的感知价值，同时，还让用户愿意支付超越使用产品本身的代价，并增加忠诚度。本文主要围绕如何打造一个情感驱动的创新会员体系，从权益体系构建、任务体系设计、成长形式规划和成本核算四个阶段进行说明。

过去是流量的时代，圈多大的地就有多少用户。但随着人口红利减少、流量逐渐枯竭，获客的成本越来越高，多数企业面临到增长难题，如何留客、黏客成为当今最重要的议题。一个超级用户除了平均客单价更高之外，还有回购、口碑传播带来的额外收益，他们更加愿意推荐公司/品牌给亲朋好友，甚至不需要多余的维护及营销成本。比起消费完就走、没有忠诚的流量用户，超级用户更可以为企业带来长期的利润增长。

用会员体系推动AARRR增长

在超级用户思维的指导下，“会员体系”扮演着用户生命周期推进的桥梁，只是目标将从引流、获客扩大到留客、黏客阶段，与近年兴起的用户体验管理（CEM）概念有异曲同工之妙。

用户体验管理（CEM）的核心在于自用户全旅程中，找到关键的体验要素及触点进行用户关系管理。自此概念延伸，创新的会员体系关注完整的用户生命周期，包含从潜在会员吸引到既有会员维护的各阶段。规划上，不同于传统会员体系强调以让利、好处作为诱因，创新会员体系“从感性层面出发”制定激励因子，让用户在理性价值之上获得超乎期待的感动和惊喜体验，并自发性地留在体系内。

如何打造以情感驱动的创新会员体系

客户对会员体系的感知价值是理性价值与感性价值的综合。有别于传统会员体系，一个情感驱动的会员体系在设计权益时，必须极大化客户对该权益的情绪价值，进行“情感套利”。传统会员体系给到的多是理性的回馈及优惠，客户很容易计算这些优惠（如用信用卡点数换手机充值券、3个月视频会员等），而情感驱动的会员体系针对人的情感给予回馈，客户无法计算出价值（如一张手写的卡片、支付宝付款码不同等级呈现不同颜色等）。企业可以使用情感驱动的会员体系，综合理性和感性的客户需求，进行“情感套利”。

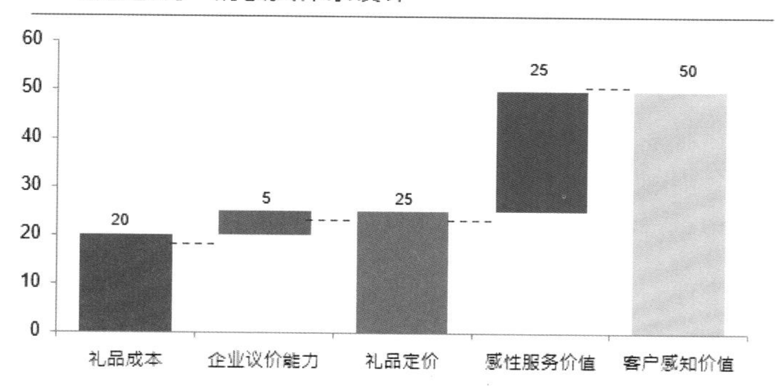

"情感套利"的会员体系设计：

- 依照分群及Persona 设计能够触发客户的感性价值的回馈，极大化整体感知价值，让企业可以在感性价值及付出成本中做"情感套利"
- 这些权益包括：SPG moment, 机场贵宾室, 手写的生日卡片，支付宝付款码等级颜色

以感性价值驱动用户成长的关键在于深入理解用户，此外，应同时考虑企业的商业需求，才能确保用户与企业互利，达到长久发展的目的。

以下将分成4个阶段具体说明创新会员体系规划。

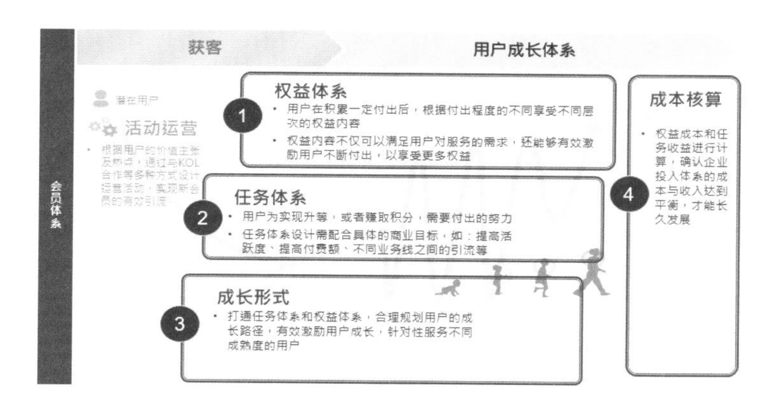

阶段1：构建权益体系

当用户积累一定付出后，应该享受到相应价值的服务及体验，才会愿意留在体系中持续付出，这就是权益的概念。根据用户的核心需求制定权益内容，才能有效驱动用户。因此设计权益内容时，首先必须"彻底地理解用户想要什么、期待什么"。

我们发现用户的欲望和需求其实分很多种，从用户嘴巴听到的通常会是比较浅层的，因为用户说得出口的需求或痛点，一般是从过去既有的经验中产生、累积而来的。然而，倘若停留在这一层次，我们只能够做出让用户基本满意却不是惊艳的服务，这当然不是我们要的。

如何让用户感到惊艳呢？我们可以审视企业提供的核心价值，从定义企业提供的核心价值出发，在情感价值上重新思考我们可以给用户什么惊喜体验及增值服务。同时，从体验蓝图（Experience Blueprint）的绘制着手，挖掘用户在各场景下可能产生的不同级别的需求，再通过协作设计的方式，设计相应的服务体验作为权益内容，让用户感觉到被懂、被重视，这样才能创造出用户对品牌的认同及归属。

以下将从三个方面进行分析。

1）产品核心价值

如同前面所提到的，创新会员体系侧重在感性层面出发制定激励因子，而这个抽象的感情必须是从用户核心需求展开的，而需求基于产品的核心价值。

在经典的麦当劳奶昔的故事中，哈佛教授Clay Christensen和团队进行调查发现，麦当劳四成的奶昔都是在早上10点前卖出的，买的顾客都有20分钟以上的通勤时间，这些人喜欢买了奶昔在车上喝，奶昔慢慢融化，口感好，并且还能单手食用，让无趣的通勤时间变得“有趣”。有了这个洞察，麦当劳最后对奶昔的定义不是“甜品”，或者“开车易食用的食物”，而是“让通勤更有趣的早餐”。因此，麦当劳提升了奶昔的黏稠度，加入了果粒或饼干，增加有趣程度，同时缩短了早晨单买奶昔用户的等待时间，结果奶昔销量大幅提升。所以，利用定性、定量调研深入理解“用户核心需求”，正确定义自己“产品的核心价值"，才能取得成功。

2）理性需求与感性需求

我们发现，用户对于企业的感知价值为理性价值和感性价值的综合，因此在设计权益内容的过程中，除了实际能计算出利益回报的理性价值，如礼品兑换、折价券等，更应该活用“情感套利的方法”，藉由满足用户的感性要求，扩大用户对于企业的感知价值。

依照Persona设计能够触发客户感性价值的回馈，极大化整体感知价值，让企业可以借助一定感性价值及付出成本做“情感套利”。这些“情感”权益包括：SPG moment、机场贵宾室、手写的生日卡片、支付宝付款码等级颜色等。

案例分享

2016年，倍比拓协助一家互联网车险公司进行用户体验转型，导入期间发现只要有过事故（道路救援、理赔等）的用户都对这家公司赞不绝口，用户说：“出了事，他们处理的方式让我觉得被保护，让我有安全感，他们不是只要我的钱。”

当时倍比拓针对提供“安全感”这件事，重新回顾了用户旅程，模拟不同的场景，试图在旅程上适合的触点展现我们要给到安全感的决心。其中设计了天灾提醒，譬如在暴风雪来之前，我们推送短信提醒该地区用户务必将自己的车子停到地库，若无地库应该停到有遮蔽物的停车位，若是找不到合适的停车位，第二天一定记得刮雪，避免车漆受伤。在暴风雪过后，推送关心短信并再引导理赔申请流程，这样的方式大幅提升了该地区用户的净推荐值，建立起了感情，用户觉得这不是一家只想赚他们钱的保险公司，而是一家真正关心并能给到他们“安全感”的企业。

3）需求分级：基础型、期望型、兴奋型

除了理性与感性以外，我们经常使用Kano模型将权益内容分成“基础型、期望型、兴奋型”。在会员体系的成长路径中，分别引入不同层级的权益内容，才能让用户从满意到喜爱，一步一步成为品牌的忠诚粉丝。

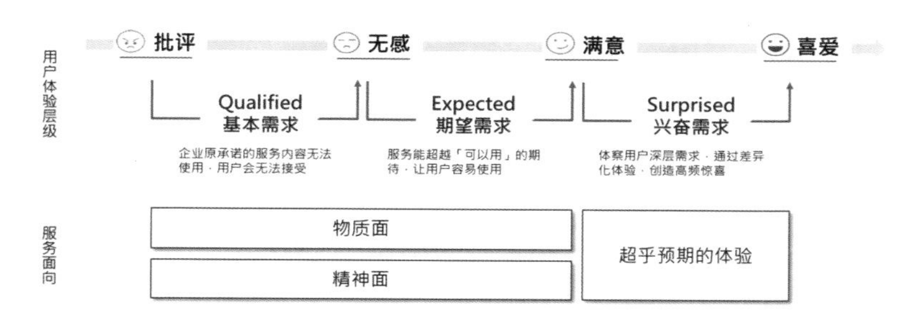

2018年，倍比拓和一家造车新势力合作，重新定义会员体系。其中，倍比拓回到体验旅程，根据Kano分析结果，保留期望型、兴奋型服务体验用于构建权益体系。将服务往前延伸到用户未购车前的社区互动，以及在用户购车后结合汽车的功能模块及出行生态圈，设计满足用户出行各个场景可能需要的增值服务。

针对买车和维修保养这样的刚需服务，基础层面即便再怎么优化或创新都远远不够，更重要的是以人为核心，结合生活场景设计，才能创造出高黏性和活跃的用户。

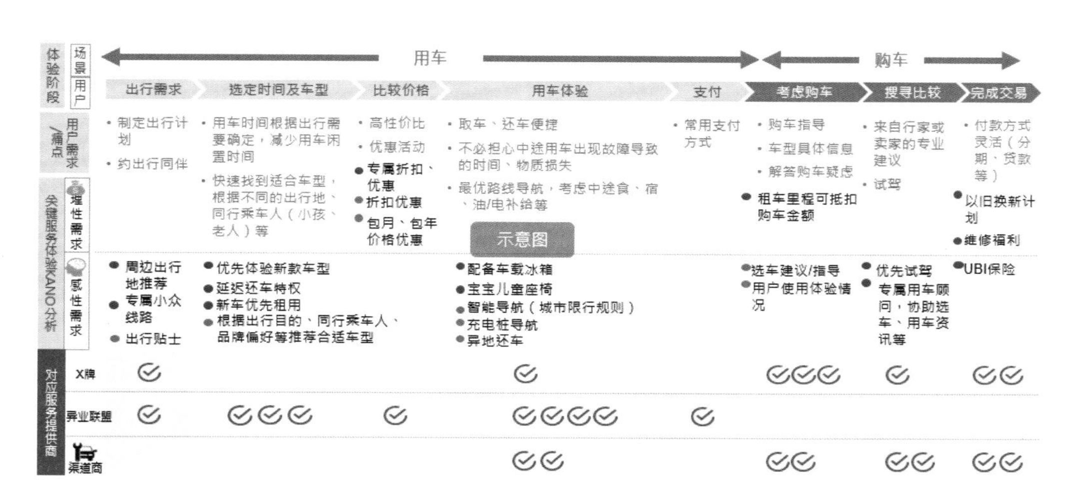

阶段2：任务体系设计

用户为了实现升级或者赚取积分必须付出努力，这些努力我们称为“任务”，可以为企业带来直接或间接的商业效益。与上一阶段的权益体系结合，才能够创造企业与用户双赢的局面。

因此，任务体系的设计从“企业的商业目标”出发定义任务内容。企业在各阶段的商业目标可能有所不同，以用户生命周期来看，包含从扩大会员数、提高活跃度到提升客单价，甚至是生态圈之间的引流，每一个商业目标都会与用户行为产生连接。以扩大会员数为例，为快速吸引会员加入，企业仰赖用户转发、推荐或邀请朋友，或是参与互动，此类行为体现在会员成长体系中即为任务内容。

除了自商业目标出发思考，设计任务内容时可加入“游戏化元素”进行包装，让用户沉浸于游戏中，更主动、愉悦地完成任务。例如，支付宝的蚂蚁森林应用，借由激发用户的使命感、社交影响等驱动因子，有效鼓励用户使用支付宝进行消费，收集绿色能量来“种树”，以引导用户消费习惯的养成。

阶段3：设计成长形式

为了最大化用户对企业的感知价值，会员成长体系应确保用户以渐进性的方式完成任务并获得权益，因此好的会员成长体系必须具备成长路径，让会员在不同场景及触点中感觉到价值，愿意持续投入向上爬升，一步一步成为忠诚用户。

成长路径的核心在于会员等级划分，常见有四种形式，分别是等级、积分、VIP、排行/勋章，一般会根据企业的商业目标、产品/服务属性，选择一种或多种进行规划。

	等级	积分	VIP（付费）	排行/勋章
商业目标	• 培养用户黏性（提升使用频率） • 培育用户忠诚度 • 既有用户留存 • 促进平台业务再次销售	• 客制化权益 • 培育用户黏性（提升使用频率） • 促进平台业务销售 • 应用引流	• 获客手段 • 服务高价值用户，优化效率 • 提高付费率 • 培育用户粘性（提升使用频率）	• 维护忠诚用户 • 推动口碑传播
典型案例			amazon.com Prime	
权益性质	• 突出尊贵感 • 精神权益为主，彰显会员关怀 • 物质权益为辅，包含平台内业务及第三方业务优惠	• 突出实质利益 • 物质权益为主，包含平台内业务及第三方业务优惠	• 突出实质利益 • 权益设计满足高价值用户高频需求	• 突出用户的荣耀感和成就感，成为用户在社区内话语权的一种背书
成长路径建立	• 成长值模型建立：包括成长值来源、消耗、计算周期等 • 会员等级划分	• 积分来源、消耗、抵现、有效期设计	• 付费金额 • 付费周期体系设计	• 勋章等级体系建立 • 勋章获得、维护体系等
		• 不同成长形式之间的结合（如消耗积分可以换取等级提升） • 不同场景旅程会员体系之间的串联（如用车场景和购车场景的串联）		

1）等级

强调以等级区分会员，藉由突显尊贵感，保持高端会员的忠诚。权益性质以感性为主，如SPG moment、手写的生日卡片、机场贵宾室等，常见于酒店、航空及精品业。

2）积分

强调以实质利益驱动会员，藉由积分的累积、消耗及折抵，让会员时时感受到消费带来的好处，提高使用频率。权益性质以理性为主，常见于信用卡业务、零售业。

3）VIP制

VIP须付费，但可享受特定权益及优惠，藉由满足高价值会员的高频需求，优化服务效率并创造收益，权益性质以理性为主。常见于餐饮、互联网科技业，如滴滴出行、饿了么等。研究发现，付费会员已是大势所趋，超7成年轻人可以接受付费以享受更优质的会员服务。

Costco（开市客）是比较著名的“完全会员制度”，即只有交付一定费用的会员才有资格进入购物，将部分顾客堵在门外。在某种程度上，Costco从商品销售渠道商转变为全能“零售服务提供商”，精选有限品类（低 SKU）的高性价比的商品，然后通过会员费的形式向顾客收取零售服务提供费。

这样做的好处，首先是缩小了目标客户范围，将目标客户锁定在中产阶级家庭。“是否愿意支出会员费”成为区分受众购买力最简单的标准，进而更容易提供针对性服务。其次，因为已经锁定目标客群，对会员的数据监测更简单。会员制也便于提升用户的忠诚度，在同等价格和质量水平下，消费者往往会因前期的会费成本而优先考虑在Costco消费，这样才能让自己的会员资格物有所值。在不断的良性循环中，消费者更加认可已选择的品牌，并保持着较高的黏性。

4）排行/勋章

强调用户的荣耀和成就感，通过给予勋章或提高排行，让会员在社区内拥有更高的话语权及地位，从而激发他们的使用动机及频率。这种方式一般常见于具备社群性质的互联网平台，如百度知道、新浪微博等。

等级划分确立后，应该对接权益及任务体系。为了确保会员愿意付出代价和努力以进到下个等级，匹配过程中应注意权益的吸引力、任务的复杂度以及执行的意愿程度三大要素，一般来说，等级越高的会员应享有更多兴奋型权益。

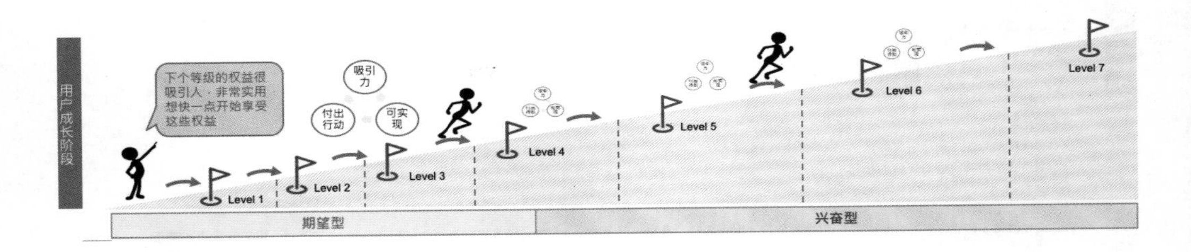

阶段4：成本核算

在权益体系、任务体系及成长形式完成之后，建议设置量化模型，将每个级别的“权益成本及任务收益”进行计算，确定企业投入体系的成本与收入达到平衡，如此才能够确保会员成长体系的长久发展。

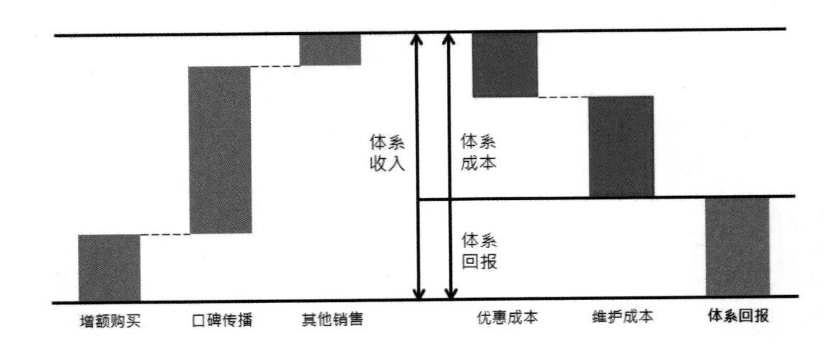

创新会员体系是消费升级下的产物，在国内整体市场以消费升级为大趋势的前提下，企业必须创造更精致的体验，才能留住用户。

对于企业来说，比起产品，服务更是提供精致体验中不可或缺的一环，通过权益内容及成长形式的设计，以感性诉求为轴心的创新会员体系可以极大化用户对企业品牌及服务的感知价值，让用户愿意支付超越使用产品本身的代价，并产生忠诚度。

丁光正

倍比拓（beBit）上海办公室合伙人

资深用户体验咨询顾问，曾服务于麦肯锡咨询公司及汇丰银行，毕业于耶鲁大学商学院。

beBit是目前日本最大的用户体验咨询公司，致力于推动用户体验与NPS（净推荐值）的结合来架构整体的体验战略，目前在东京、台北、上海、旧金山成立办公室。丁光正帮助不同的亚洲企业导入NPS，并以NPS为基础打造创新服务设计及流程优化。

04 打造会员体系新体验

◎ 刘醒骅

流量红利消失，消费升级，我们所处的社会，人们的生活正在发生变化。作为设计师，我们的关注点也在不断发生着变化。本文旨在总结 ETU 在近几年观察到的市场上出现的现象，提炼实践案例中的经验，向大家分享一些最新洞察以及最新方法论——如何打造会员体系新体验。

最近这几年的一些项目里，说到新零售、全链路的一些设计，其实很多时候作为设计师，我们还是在思考的是在所有这些链条上面，怎么去设计客户产品或是服务的交互入口。例如，我们会考虑他们用到的 App ，以及 App 背后整个使用流程相关的一些效能性的工具。当然，这依旧是非常重要的。

但是，越来越多的客户找到 ETU 的时候，他们会提到一个问题：他们觉得用户体验的驱动，除了交互的入口以外，背后还有很多逻辑也是非常重要的，例如，运营体系、会员管理体系以及这些体系支撑的产品的内容，都会直接影响到最终的整个客户体验。所以，作为用户体验设计师，我们除了把焦点放在产品体验上，我们还应该思考怎么从更多的维度切入到整个用户体验相关的领域。

"商业框架"中的体验：体验的纵向发展

客户交互入口
顾客前台 网站、APP、社交、客服
合作伙伴前台 供应商、第三方平台、商户
员工前台 企业门户、移动办公

运营及服务平台
会员管理中心
会员准入管理 忠诚度管理
会员积分体系管理 会员等级体系管理
增值服务管理 会员联盟管理
积分管理
客户管理
营销运营中心
营销预算管理 计划管理
规划管理 营销分析
营销计算 广告管理
业绩监控 第三方合作
电子券管理
商品管理 商品信息 价格管理
金融管理 账户管理 信用管理
资金管理 供应链管理
销售管理 订单管理 退换货管理
配送管理
仓储管理 仓储 物流 配送
服务管理 服务受理 呼叫中心
统计分析
体验管理中心
用户研究 人因研究
视觉设计 交互设计
产品体验度量 产品体验检测
品牌设计

体系支撑
决策支持 市场分析 渠道分析 客户分析 产品分析 财务分析
管理支持 财务管理 风险管理 HR 管理 系统管理

以前我会觉得体验设计师的工作很简单，去设计一套服务或者一个 App 给用户用，其实整个交互模式就已经完成了。但现在我们面临的问题是，这些产品和服务的替代品会越来越多。

举个例子，有一次我跟我同事出去吃饭，我们要打车，我同事就问我："你用什么软件打车？"我说："滴滴。"后来我问他："你呢？"他说："我不用任何打车软件，我用一个银行 App 里面的生活频道来打车。因为在银行 App 的生活频道里面，能够同时预约各种打车平台的车，哪一家的车先来，我就选择哪一辆车。”

从中我们看到的是，消费者对于服务本身没有任何的忠诚度，我们前端的服务再怎么做，其实对于消费者来说，他们的替代成本非常低。所以，从这个角度我们就开始思考，在整个零售服务的可替代性越来越高的语境下，我们不仅要思考用户跟服务本身之间的关系要怎么去建立，更多要思考的是，用户跟服务背后的供应商之间怎么去建立一个更长久的关系。这是我们最近在做服务项目时的一个新的思考点。

用户对产品以及服务内容产生“钝感”

与服务背后的供应商建立长久的关系，这一点会越来越重要。再举一个例子，我们在接触很多零售客户的时候，他们会说我们一起去做一些规划、营销或者说是促销，来更好地接触到更多的客户。但是，在整个过程中我们发现，越来越多的消费者呈现出来的是一种钝感。

什么叫钝感？钝感指的是用户对于产品和内容变得越来越迟钝，没有特别明显的偏好。对于一个服务来说，用户选这个也行，选那个也行，反正只要满足最基本的需求就行了。最后用户唯一敏感的因素就只剩下价格了，所以我们会看到涌现出很多类似的促销零售平台，并且每年都会创下交易额的高峰。

但是，我们又从另外的数据看到一个现象，我觉得也是值得大家去思考的一个点。下图中黄色部分指的是，所有参加2018年零售促销活动的商家中，大概只有24%是在盈利的。这是来自尼尔森的数据，基于差不多3000个商家样本。在这个数据背后，我们看到很多消费者完全是由价格所驱动，他们对于平台、对于服务本身没有特别大的偏好或者黏性。

结合 ETU 一手的数据，我们也发现了类似的现象。我们调研了3500多个样本，其中有一个客户是做零售服务平台的，我们找到平台的流失用户进行访谈，问道：“你们为什么一开始用了这个零售平台，但是后来又不用了？”除了最重要的价格因素以外，休眠用户（用了大概1个月之后就没有再用的用户）认为在这个平台上，看不到所获得的优惠券的使用办法，他们觉得优惠券的使用非常不便。然后有一些低活跃度用户，大概每个月只会打开一次平台去消耗一下他自己的平台积分，他们说：“我认为在这个平台上面，积分的权益不够吸引人。”还有28.4%的低活跃度用户跟我们说，不知道怎么去使用这些零售平台提供的积分和权益。

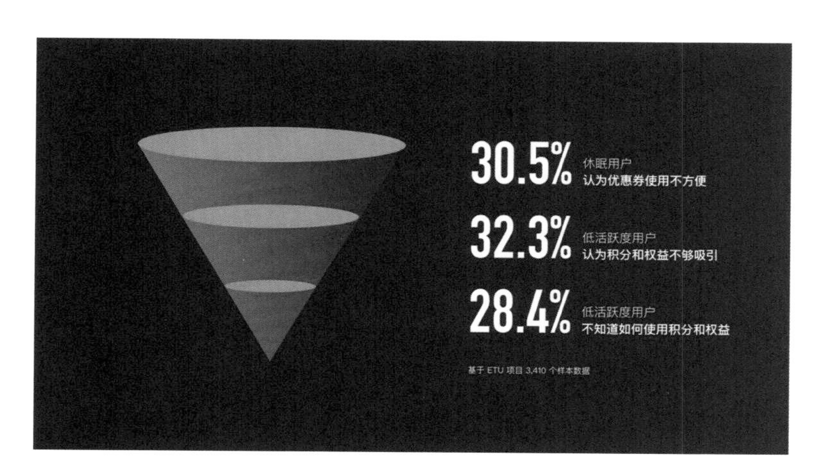

体验解决“钝感”——打造会员体系新模式

我们看到以上数据的时候觉得非常惊讶，居然不是产品的可用性、服务的独特性促使他们不离开这个平台。因为在他们看来，点外卖或者买东西，其实在哪个平台都差不多。

客户了解到这些数据的时候，会觉得非常委屈。他花了非常大的预算去做这些平台的用户权益，想要留住他们的存量客户，但最终的结果居然是得到这样一个评价。这促使我们去重新思考，这中间出了什么问题？到底是什么因素导致这些零售平台在花了那么多的预算之后，用户还是非常钝感，觉得对他来说没有什么刺激？重新观察市场上很多零售促销平台的会员体系后，我们发现，其实有几个常见的很典型的问题。

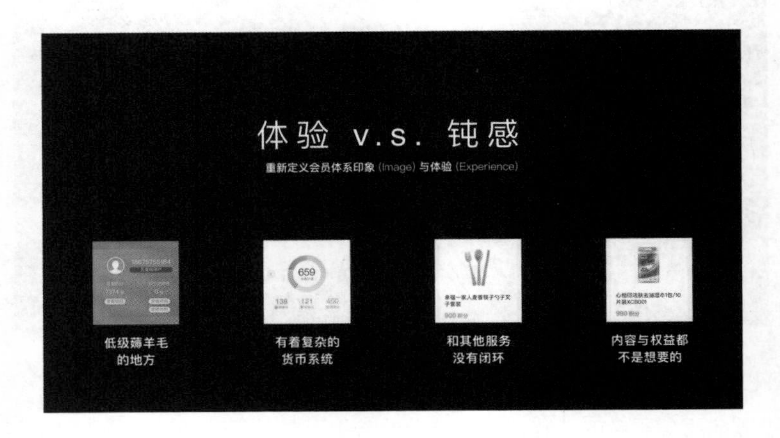

第一，通常在客户的认知里，所谓的会员体系提供的是非常低级的“薅羊毛”方式。从我们的客户数据来看，经常会使用会员体系的用户，都是那些他们认为复购率很低的，跟他们的目标客群画像偏离很远的，每一次来就是为了把积分消耗掉的用户。

第二，它通常都有一个非常复杂的积分系统。像我们曾经接触过的一个客户，他说，原来他的积分系统还蛮复杂的，除了有常规的积分以外，他们还提供了靠谱值、开心值、钻石积分等。而所有这些积分都是每一次运营活动产生出来的新货币系统，所有这些货币系统彼此之间都打不通。所以，对于使用这些会员体系的用户来说，他根本不知道这些东西如何使用，拿到这些积分对他们来说也没有很大的价值感。

第三，通常这些会员体系提供的所有服务内容都没有和产品本身的核心服务打通。用户兑换完了之后就离开，你根本不知道怎么再把他留在你的整个服务体系里面。

最后，通常来说他们提供的会员体系的内容和权益，都不是用户想要的。举个例子，我的手机运营商给我提供的永远是纸巾，我也不知道为什么。我明明是想充点流量，然后打开一看，我的积分兑换的物品是纸巾。大概无视三次，我就永远会把这个东西忘掉。

其实总结下来很简单，都是通过用户使用产品的服务，之后产生了一些积分，用这些积分去权益池兑换相应产品的模式。总的来说，整个交互模型就是这样，非常简单直接。

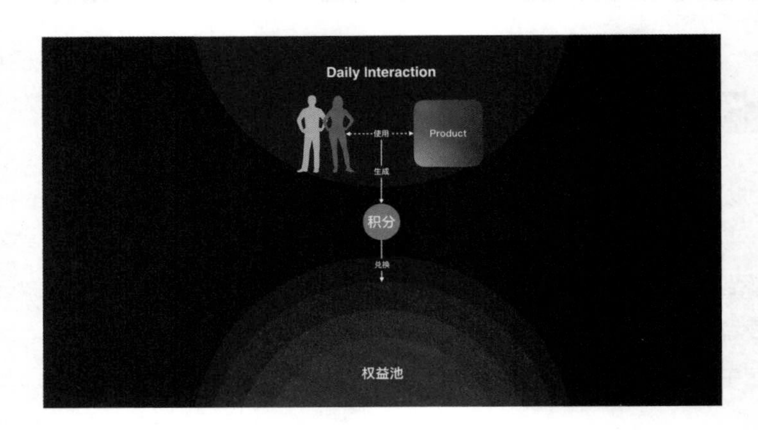

但正因为简单直接，我们也看到中间的问题之所在。在整个交互模型的设计中，主要有三个问题。

第一个问题是用户的参与方式非常受限于整个产品的功能。例如，很多银行客户产品的核心功能通常就是查询和转账，更多是转账。如果你需要用户用你的产品才能够获得积分的话，这意味着他没办法很好地参与到你的会员体系里面。因为，用户不可能每天都转账，尤其是银行转账。银行转账通常都是大额一点的，而且我们发现现在有很多90后的朋友通常每个月只有一次的银行转账行为，就是在发工资那一天。在发工资那一天，许多人就会把工资卡里的钱转到支付宝或者说是微信钱包里面去。所以这样就会非常限制用户参与到会员体系中。

第二个问题：一旦用户的参与方式受限，他的积分规模就是受限的，那么他的权益也是受到限制的。因为我参与得少了，我能够累积的积分肯定就变少；我累积的积分变少，我能够接触到的权益肯定也是少的。

最后一个问题：整个权益池没有思考怎么去跟产品的使用场景或者说核心功能结合。所以总的来说，在这样的一个模型里，最核心的问题是孤立。它跟整个产品的使用是完全拉开的。我们要去思考如何更好地把整个会员体系的交互模式重新设计，能够让它发展为一个新的会员体系，更好地服务整个零售领域。

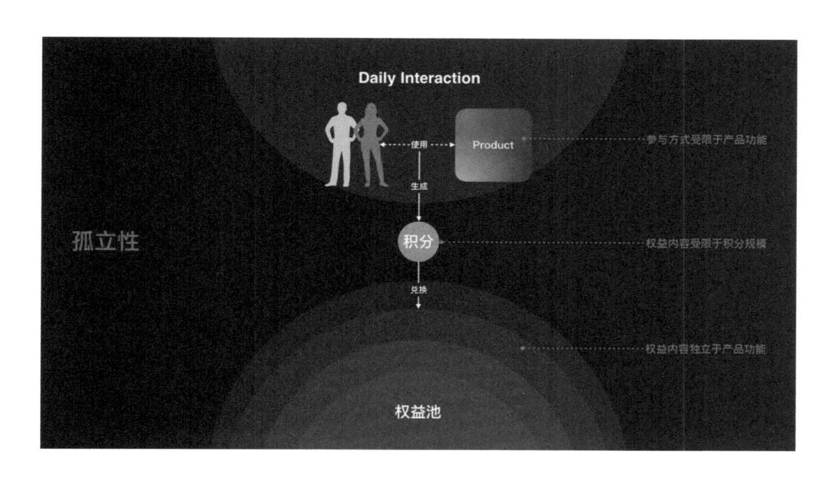

优秀案例分享

现在我们看到越来越多好的会员体系，它们会通过一些游戏任务的方式来扩展用户的参与程度，以及通过会员成长的模式拉开权益之间的差异，而不是完全受限于它的积分规模。或者是通过权益订阅的方式，来反哺到整个核心的业务。例如，把核心的业务通过权益订阅的方式给到消费者和客户，而不是只给他们一包纸巾。

有一些很好的例子值得大家去参考。现在咖啡店越来越多，但我最后都是去 Starbucks 买咖啡，那并不是因为他们的咖啡特别好喝，更多是因为我被他们的那些星级，那些 Star Points 给绑住了。通过买咖啡的行为能换到 Star Points，通过 Star Points 又能重新兑换我想要的那一杯咖啡。这是一个非常值得参考的模式。

又例如，我们最近在研究支付宝的会员体系，它也给了我们很好的启示。它通过很多游戏化的方式把你的积分融入产品里面，像种树、养小鸡，这都是除了每天转账之外很日常的一些行为，能够很好地把用户拉到整个会员体系活动里面去。而且支付宝以它的体量来说做得非常好的是，它没有非常复杂的积分体系，所以在这一点上是一个非常好的启示。

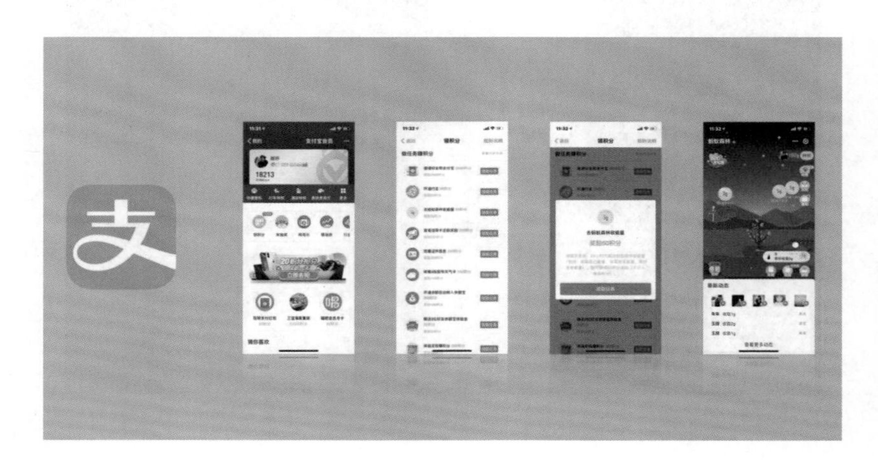

好的会员体系应该拥有哪些条件

综上所述，我们觉得一个好的会员体系应该有什么样的条件呢？首先需要一个好的货币系统以及一个好的权益系统，这非常直接。但除此以外我们还要去思考的是，在新会员体系的模式下面，我们要怎么像 Star Points 那样给到用户一个成长的系统，把他们留在里面。通过任务系统把用户引导进来，进而通过用户的成长系统和货币消费系统来辅助用户成长，最后以权益系统来奖励用户。

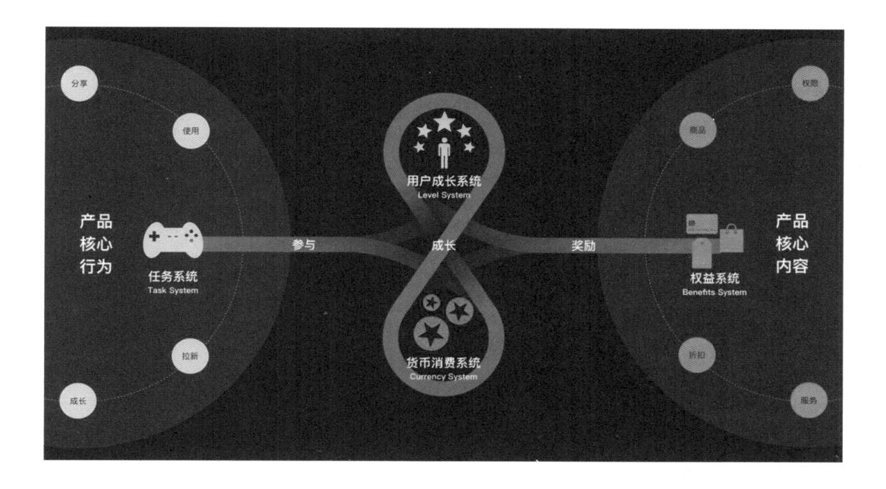

我们把这一套东西想象成是一个角色扮演的游戏，奖励和成长的感觉是非常重要的。通过将产品的核心行为，如使用、分享、拉新、成长等融入到任务系统里面，通过产品本身附带的权益以及商品折扣服务把用户带到权益系统里面，而不是给用户提供一些完全不相关的东西。

在这样一个体系下面，其实不同的用户类型会受不同的因素驱动参与到这一套系统里面。针对不同的用户类型，再继续思考怎么促成该类用户在这个系统里面更好地玩下去。

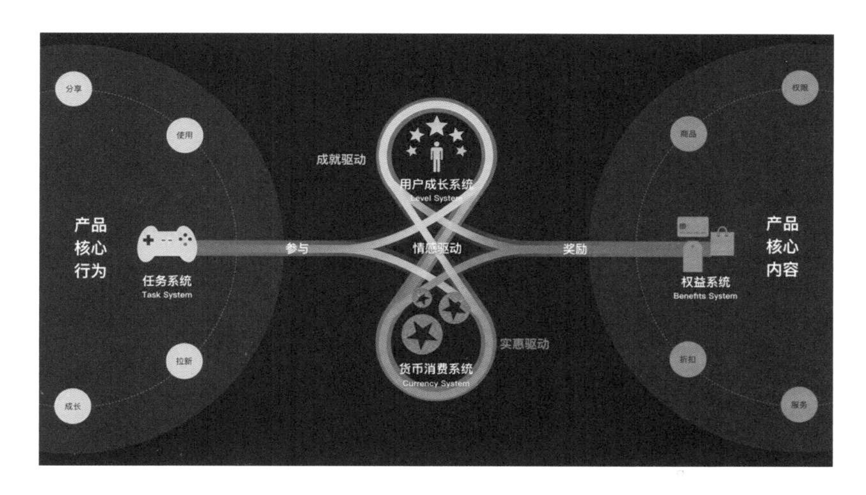

例如，有一类是成就驱动型用户，主要是那些刚进到会员体系的用户，他们的会员等级不是很高，因此没办法得到一些很高的奖励。但是，他们会看重在会员体系里能获得什么样的成就感，就像大家去打手游一样，在开始的时候就能很快得到成长的感觉，这是非常重要的。

而另外一些用户是实惠驱动型，他可能更希望看到权益系统里有吸引他的商品或服务。还有一些用户就有点像我跟 Starbucks 这样的关系，更像是情感驱动，我拥有很多星星卡，其实它能够给我提供多大的奖励不太重要，但是我希望有个系统知道我想要什么，通过这种微妙的情感连接把我留了下来。

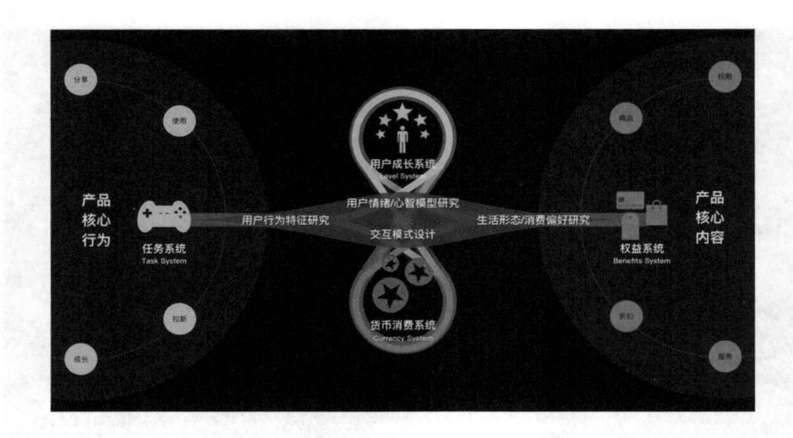

但是，作为设计师不能完全去主导设计这样一个模型，这样一个模型的运作需要更多部门的协同思考，里面到底应该放什么样的内容能够让系统跑起来。像在具体的案例里面，跟我们对接最多的永远都不会是产品设计部门，而是市场部门和运营部门。所以当设计师思考怎么去做会员体系的时候，可能更多的不是把自己放在产品设计师的身份去做这些事情，而是说我要设计这样一个交互模式，能够让它变成辅助产品，变成一个留住客户的机制。

需求洞察到规则设计——平衡成本与体验收益

在这样的模型下面，我们在做一些项目的时候有了自己的一些经验和思考，能够跟大家去具体地分享。而最重要的一点其实是我们不把自己当成是交互设计师。所以我们要去思考的是，从需求洞察到规则设计，怎么去平衡成本和体验收益。

我常常接触一些设计师，都会想要把自己设计的作品做到最好，但是在这过程中，我们往往忽略的是，会员体系它的本质是什么？其实通俗地说，就是企业放钱进去，把客户变成你的会员，使他们产生更多的复购，或者更高的忠诚度，所以其实是一个蛮大投入的事情。设计师参与到这个过程中，我们就得去思考要给它规划什么样的体验收益和成本，二者最好能够达到平衡的状态。

举个例子，我们设计会员成长系统里面的成长曲线时，在这个曲线里面会思考怎么去平衡一个品牌前期投入的成本跟体验收益之间的问题。

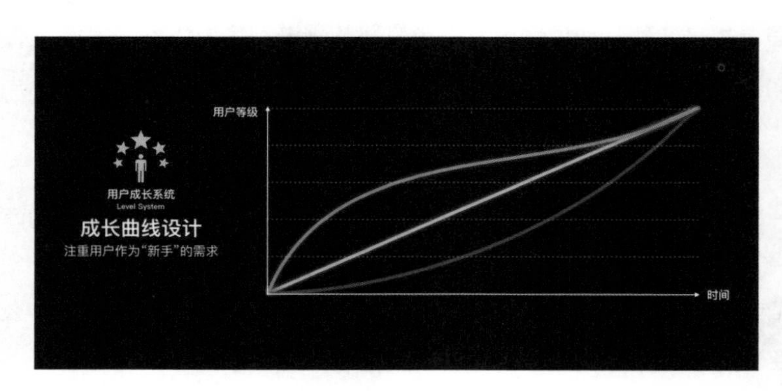

用户成长曲线其实是用户跟品牌通过时间去建立关系的问题，常规来说，时间越久交互越多，所以用户就有一个更高的等级，用户跟品牌的密切程度就会更高，这是一个理想的状态。但通常情况下都不是这样的，有一些用户在前期会成长得慢一些，有一些用户在前期会成长得快一些。但是通常来说，我们会发现如果一个用户刚跟零售的平台建立一种关系，如果在一个半月之内他没有一个明显的体验升级的话，他很有可能就会流失掉，就不会依托于会员体系继续留在这个平台。所以我们要思考的是，怎么能够帮助那些成长慢的用户很快地度过整个用户等级成长前期门槛较高的过程。

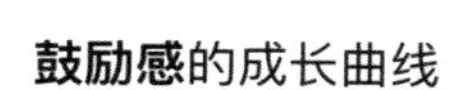

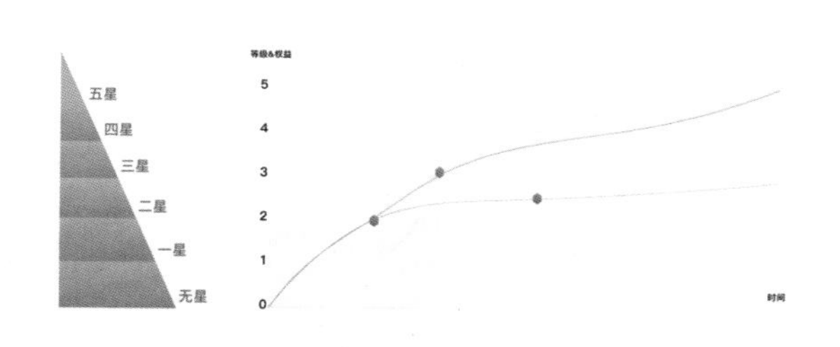

我们曾经接触过一个零售平台的客户，他跟我们说自己平台的成长体验有很大的上升空间。首先，我们分析了该平台的整个成长曲线到底是怎样的。通过分析之后发现，用户刚进入平台成为会员之后，要从无星一直升到三星是一个非常漫长的过程，而且在这个过程里面平台因为成本的考虑，提供了非常少的积极反馈，例如奖励。所以，大部分的用户在成为一星级用户之前就会离开，因为他认为在会员体系里得到的正向反馈体验很少。所以平台的整个成长曲线中，其实很多人还没到三星级就一直停滞，很难能突破三星级。而我们要去思考的就是怎么突破三星级，让用户更快地进入三星级后面那些能够得到更多正向反馈的阶段里面。

我们在分析平台的整个反馈系统时发现，原来在三星级之前出现了一个权益提供的断崖式的落差。用户在三星级之前，权益的反馈是很少的，得到奖励的体验也非常少，而背后的原因是商家认为三星级以前的用户都是消费比较少的用户，所以他们的价值不及三星级以上的那些用户高，所以不愿意把更多的成本放在三星级以前的用户上。但是这就导致了一个非常严重的用户体验的问题，就是整个会员体系都达不到三星，用户没有任何体验。

价值感的规划

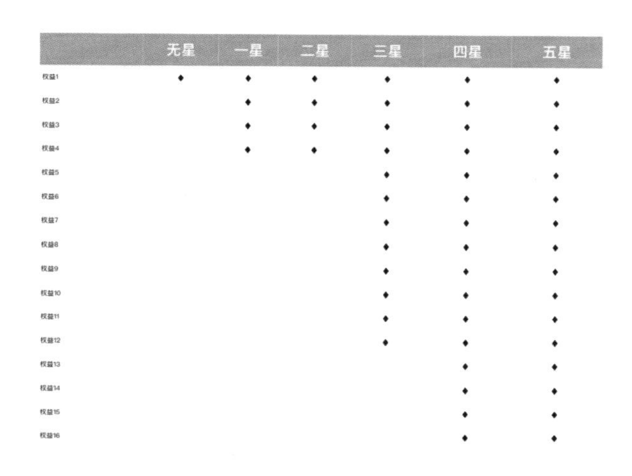

	无星	一星	二星	三星	四星	五星
权益1	◆	◆	◆	◆	◆	◆
权益2		◆	◆	◆	◆	◆
权益3		◆	◆	◆	◆	◆
权益4		◆	◆	◆	◆	◆
权益5				◆	◆	◆
权益6				◆	◆	◆
权益7				◆	◆	◆
权益8				◆	◆	◆
权益9				◆	◆	◆
权益10				◆	◆	◆
权益11				◆	◆	◆
权益12				◆	◆	◆
权益13					◆	◆
权益14					◆	◆
权益15					◆	◆
权益16					◆	◆

所以，我们通过用户研究重新洞察他们的目标客群时才发现，到底我能够提供什么样的反馈机制来弥补。所以在这个部分我们思考的是，如何去填平这样的一个鸿沟、一个落差。而方法更多的是通过一些情感性的反馈，为用户提供等级成长的体验，而不是依托于整个所谓权益的反馈。譬如说，用户参加了一个分享的活动，这时我们会给他一些相应的虚拟的权益，如新的玩法的打开，而不是给他一个实物反馈，通过玩法的反馈去平衡整个投入的成本，通过这样的方式去弥补落差。

在这样的新的反馈体系里面，我们首先要去看的其实是这些具体的规则，它们给用户体验带来了一些问题、冲击和影响；其次，再去思考怎么用运营和市场的方式解决一些用户体验层面的问题。

在整个成长路径的设计上，也要考虑到不同的用户类型。

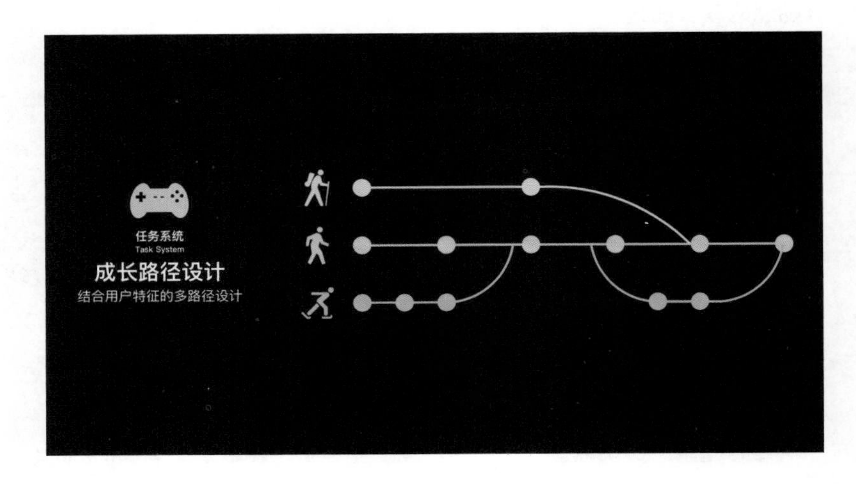

通常我们在思考整个会员成长体系的时候，会设计一些有任务的步骤，让用户做完前三个任务就会变成下一个等级的用户，给用户设计一个线性的成长路径。但人是没那么线性的，用户是千差万别的。有一些用户更喜欢在这个平台上做很多分享，但是他的消费可能不一定会很高；有一些用户，在一个消费平台上面消费次数较少，但是他每一次的客单价都会非常高。所以用户的行为都有差异，而我们要去思考的是怎么去设计不同的路径，帮助他们参与到会员体系的活动里面去。

在这样的一个过程中，其实更重要的是去明确在整个会员体系里面，不同的用户等级下面设定的产品目标是什么？为什么需要这个用户停留在这个等级里面？用户到底跟产品有什么样的关系？

例如，对于零星级的用户，我们更希望他去做的是注册和首次触发消费行为，这是在产品目标之上很重要的商业目标。基于这样的一个目标，我们才去设计到底在这个等级下面用户应该有什么样的行为，既能够参与到这些活动，同时也能够满足产品的目标。不同的等级可能目标都不一样，设定了目标之后，再去区分不同的用户类型以及去设计他们的路径。

设定不同用户的成长目标与路径

例如喜欢去做一些拉新行为的用户，这样的人我们要给他提供更多的分享成长路径，让他能够在成长的过程中体验很多社交型的任务。但对于“土豪级”的用户，我们会给他设计一些便捷的交互模式，一次客单价达到某个设置的金额，他就能够跨过前三个等级，直接进入后面的用户等级。所以，在整个成长的路径上要做相应的规划，来应对这些不同的用户类型。

会员体系的真正目标——从流量到留量

以上是我们在与零售平台的合作中，思考、总结的如何通过打造新的会员体系模式，进而留住客户的一些设计经验。

总的来说，作为体验设计师，我们不要只是把自己当成产品本身的设计师，还要去设计整个企业跟用户交互的体验。通过设计一个规则和玩法，有利于企业跟客户进行更紧密的互动。同时，也希望在流量红利逐渐消失的情况下，会员体系能够更好地把用户留住，实现用户价值的深度挖掘以及平台商业目标的达成。

刘醒骅

ETU（上海艺土界面设计）首席设计官，服务设计业十大杰出青年，
香港理工大学交互设计硕士

拥有十余年企业项目经验，曾主刀招商银行手机银行摩羯智投体验设计、招商银行VTM用户体验创新设计、国泰君安App体验改版设计、招商银行ATM渠道体验改版设计、顺丰全电子渠道用户体验规划设计、中国移动手机支付等项目。

对移动互联网的设计具有独特的见解，对行业的观察和看法具有前瞻性和敏锐性，能够充分觉察行业趋势并付诸于设计执行。具备视觉、交互、营销设计等的多项能力，追求专业研究与设计策略的实现。

05 多纬度梳理用户体验地图，发现产品创新机会

◎ 仉菲

每日全球数以万计的消费者涌入亚马逊购物网站，浏览、选择他们喜爱的商品。在无数的商品、卖家、品牌、促销、主题、来源国家、会员服务、体验流程中，如何准确地拿捏消费者心理，有效传达信息，使他们高效地读取，从而轻松地做出消费决策，享受便捷的购物体验和惊喜，是我们一直努力探索的方向。

以下我们通过一些成功案例，来梳理用户体验过程中的问题，发现体验提升的契机。

1. 整体观察，发现可能，制造创新

公元491年北魏时期悬空寺的建筑方案，是一个有趣的例子。我们可以把它当作一个产品迭代上的创新案例，来观摩体会。在悬崖峭壁上，当右侧山体的第一座建筑A完工后，左侧第二座建筑B的建筑规划做了改良性设计，从而在有限的空间里对整个建筑群的功能进行了拓展和升级，具备多种可能性和可用性。

改良性设计有：

（1）拉高层高，减缓与建筑A的落差，使中间搭起连接的走廊变得可能；

（2）搭建走廊，坡度变缓后，更接近平地的移动体验，增加了人在两座建筑物间的流动，也促使他们可以更好地做差异化定位，扩展功能；

（3）因为建筑A内部无法增容，为了支持流动，同时保护建筑物内功能区不受打扰，做了非传统的室外楼梯和观景平台，做到人群在建筑物外部移动时有动有静，友好和谐；

（4）在悬空走廊上建立更多房间，拓展空间和使用功能。

从这个案例中，我们可以体会，体验的提升和创新需要从整体角度去观察两座主体建筑的关系，通过连接两者，发现契机，制造更多可能和创新。

2.利用好心智模型，梳理体验漏洞

我们熟知的标准购物流程如下：浏览>查看详情>加入购物车，如果借助购物决策心智模型来体察梳理，就不难看出，这种流程步骤中依旧有摩擦力和不足之处，不能恰如其分地贴合人们实际购物决策流程中的心理阶段性任务和变化。

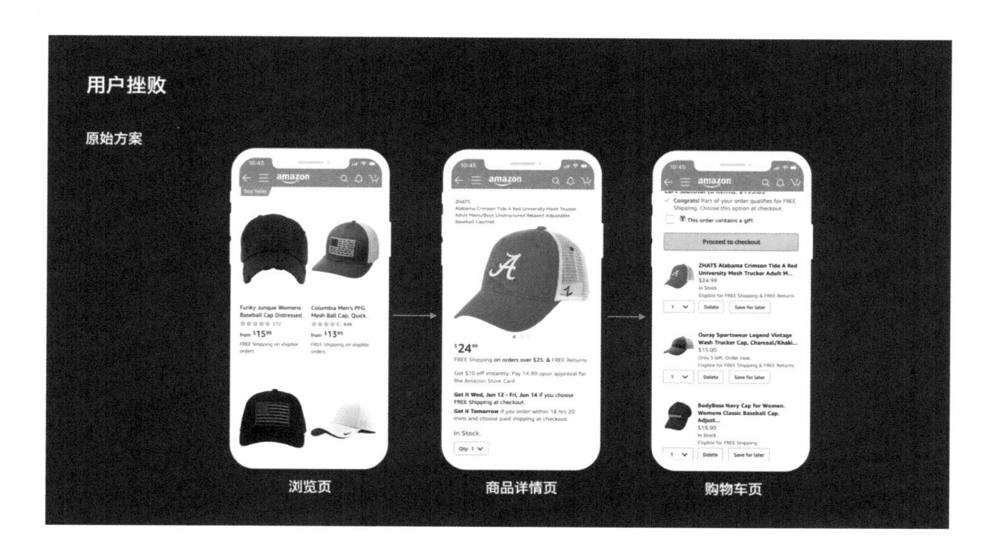

让我们来了解一下心智模型。

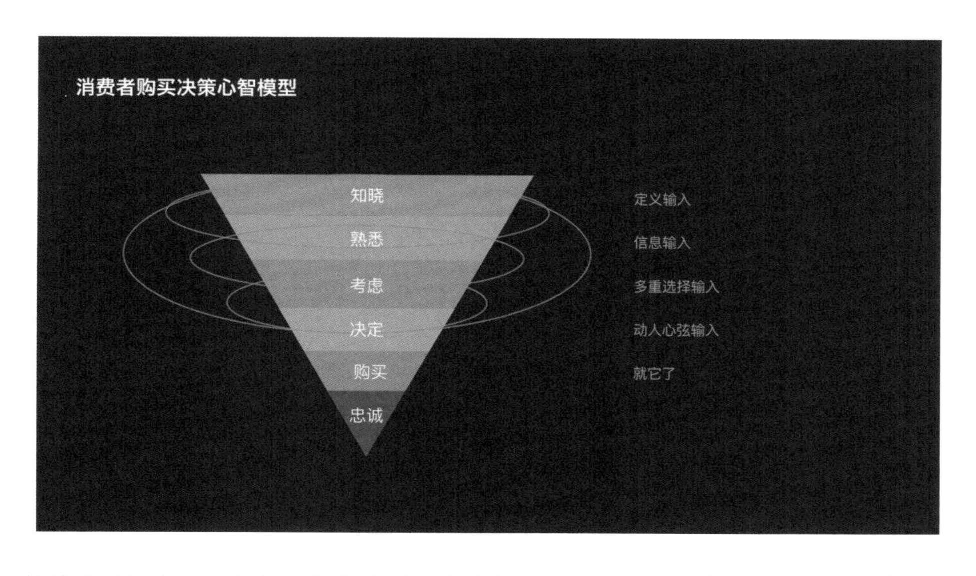

从这个流程中，可以看到自上而下是流动的、反复的、知识扩充增长的、关注点时时变

化的。知识点反复连接构建认知，直到锁定目标甄别入选对象，最终敲定目标。这个过程的特征是：

（1）重复；

（2）变化；

（3）不稳定；

（4）非一成不变。

常用路径下痛点是，对商品的了解浅尝辄止，往往觉得可以就直接扔到购物车里去，留到后面再进行深入细致的排查。这会造成两个问题：

（1）打断了一个连贯思考的过程。从知晓、熟悉到考虑，多次中断，无法在脑海中短时间内建立透彻的认知。当不断有新的知识点、兴趣点在浏览货品上发生时，这些层出不穷的点，例如对质地、款式、功能、使用场景的构建和再定义，会连锁导致决断上的迟疑和摩擦力，整体上降效。

（2）用户进入“购物车”页面，需要处理海量的信息，每屏看到的商品展示数量有限，在跨屏的状态下，进行相似商品的比较，只能依托记忆和上下滚动浏览。虽然处理数目少于前期海量浏览，但是对于从考虑到决定的步骤来说，依旧平行摆列了多个兴趣点。这其中没有锁定抉择，仍需再次深入详情页，反复观测甄别。

简而言之，前期浏览时，深入认知流程被迫中断，后期甄别时信息量负载。只有通过这个心理模型，才能跳出我们习以为常的工作流程。

那么我们是如何改进的呢？我们将收集、比较的步骤前置到早期的浏览筛选，以适应用户自然状态下的心智操作。

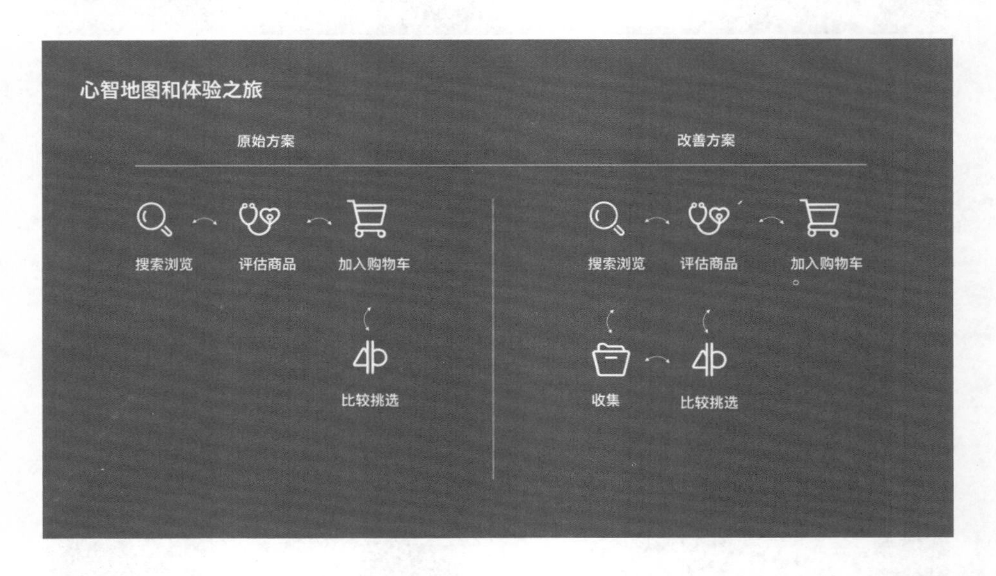

由此，解决方案就变成了在购物车往前的所有页面上的商品，都可以通过长按拖动商品图片丢进当前页面下的浮动面板。这样在浏览过程中始终可以看到最新兴趣点下的商品，使兴趣点的呈现可以很好地随心智流动演化，快速完成知晓>熟悉>考虑>决定的路径。

3. 解决方案的再发展和再创造

当一种解决方案的形式被赋予后，怎样可以在既有形式上发展更多的使用方式，挖掘更多的显性需求和隐形需求，也是创新的一种思路。依托设计思维的方法论5W1H，我们以攀爬梳理的方式去探索用户需求的不同维度和深度。

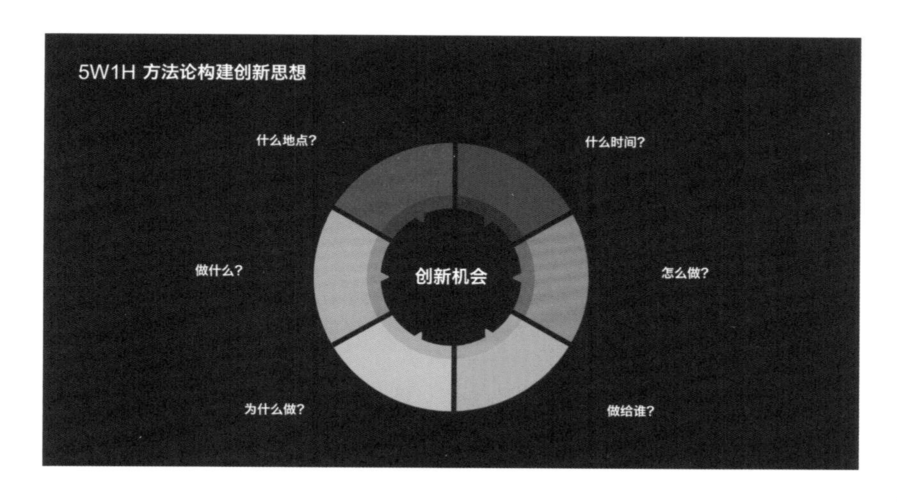

1）发散

关于底部悬浮窗口的功能，通过做什么、做给谁、为什么做、怎么做、什么时间、什么地点这六个角度继续深挖。在每一个问题上自问自答，尽可能多地记录下你所能想到的维度和答案。例如，悬浮窗可以展示什么？可以是商品、商品组、浏览链接、搜索使用的关键字、KOL广告等。又如，展示给谁？可以是僵尸用户，可以是有或无清晰目标的用户，可以是某一品类下的专注用户等。过程中可以通过创建思维导图来记录梳理思维亮点。

最后观察哪里的发现最多、最有感受，把六个分支上的点进行相互关联，检验使用需求是否成立，从而确认用户体验提升的机会点。要牢记形式永远为需求服务，始终要回到人和商业。

2）聚合

想法构思的探索不是发展出来就好，还需确认需求的真伪性，以及解决方案的适应性和可拓展性。

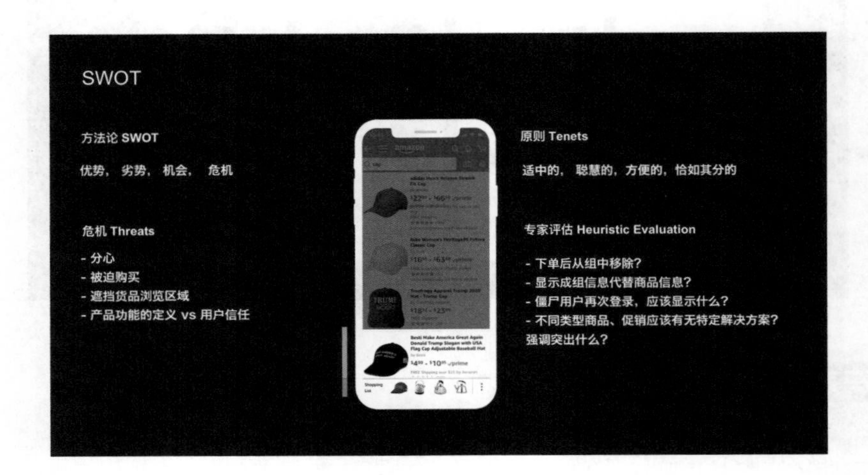

我们用SWOT里面的劣势和危机来诊断解决方案提议中的薄弱点，从而判断其负面可能导致的危机程度。我们也可以邀请专家评估方案，在方案的精确度上加以审核和弹劾。同时始终需要确立设计原则，从方向上来校准、把握方案提议中未被加以深度思考的点，从而做出决策取舍。

4.产品构思的方法

产品体验的构思方法，既不是步骤固定、投入即可产出的菜谱，也不是灵机一动的天降好运。它更像是一座枝干伸展的脚手架，顺应探索者的需求，作为基本路径帮助探索者向所需方向进行理性且具有弹性的探索。通过逻辑的过滤和细节模糊点上的提问，打磨推敲，一点点形成假设和可能性方案提议。

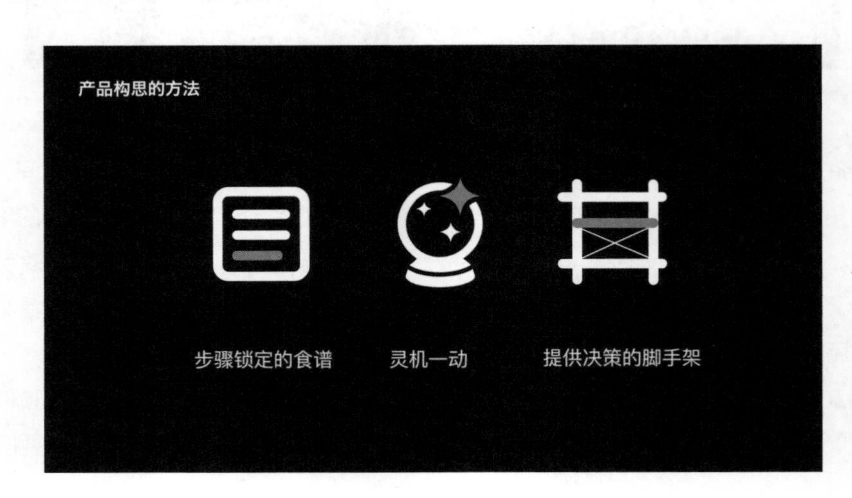

仉菲

Amazon资深体验设计师

现就职于Amazon，负责海外购及Prime会员的产品策略和体验设计。14年时间专注于产品创新和设计管理。加入Amazon前，曾在Nokia、Sap、Microsoft先后参与全球智能机和功能机的创新、全球中小型企业软件解决方案、BI数据分析工具设计、Windows数字媒体娱乐和企业功能设计、脸部识别搜索、社交游戏模型研究等工作。多次获得国内外设计奖项和设计专利。毕业于皇家墨尔本理工大学设计学院。

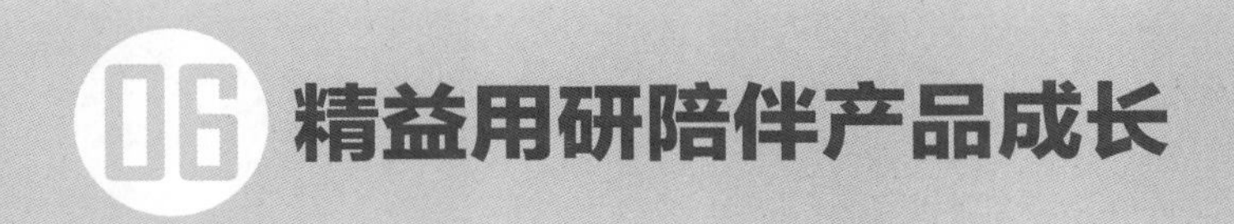

◎ 段灵华

当我们在用户体验行业工作一定年限后，困扰我们的可能已经不单单是选用什么方法解决什么问题，如何做出专业、系统的研究报告和设计方案，而发展成设计和研究如何跟上产品研发迭代的速度，如何利用研究经验和设计思维去驱动产品发展，如何在支持部门的定位下最大化发挥自身价值等。本文将分享自己在移动互联领域讲速度、拼效率的大背景下，如何拥抱变化，积极转变思路，践行“精益思维”开展小而美的研究陪伴产品成长的经验。

1. 重新定义用研的职业价值

精益用研的关键出发点是价值，先明确自己的职业价值，确认工作的方向。个人不建议局限于从职能范围来定义，而是倡导从产品体验全局定义价值。因为从传统职能范围角度的定义（理解用户，发现问题、挖掘需求，为产品与设计部门提供用户洞察），容易让用研这个职能处于支持者、思想者、旁观者的位置，看起来只负责利用专业技能提供用户洞察，推动落地的事就直接交到其他部门。想要跳出这个定位，发挥更多影响力，需要更全局地去定义价值：以用户为中心驱动产品运营策略，成为对产品有直接影响力的角色。这时候的用研除了具备用户洞察能力，还需要理解业务和市场，主动寻找用户洞察的结果在商业中的运用，跟产品运营同步，为产品的用户体验持续负责。这个时候研究员应该承担的角色是参与者、探路人和驱动者。主动参与到产品全流程，做一些探索性研究，树立“我为用户体验着想，陪伴产品成长”的目标。

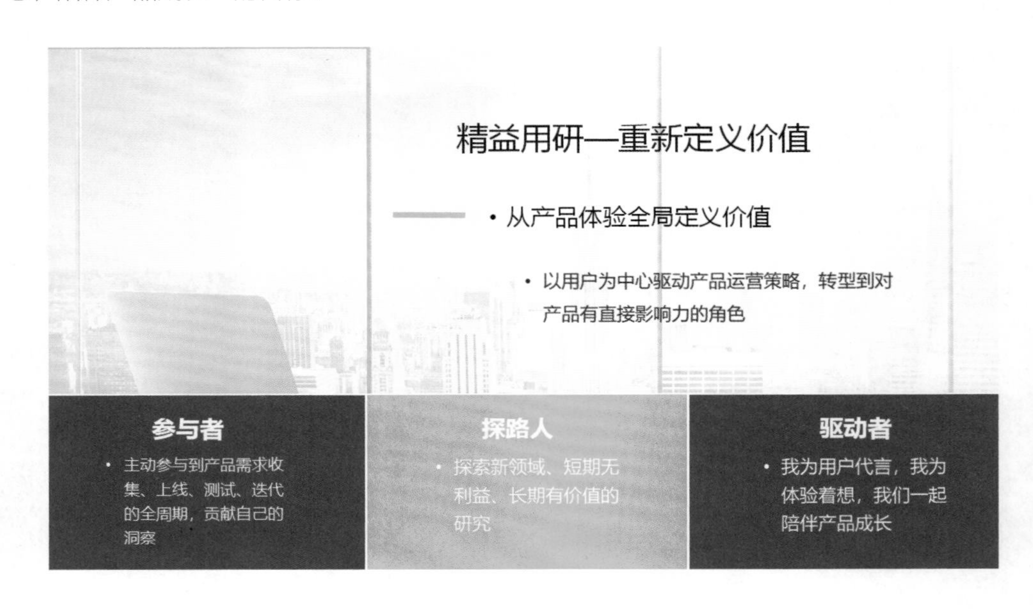

2. 学习观察需求方的真实需要

价值最终是由客户来决定，所以我们要先学习观察用研的需求方的真实需要，只有切实解决了他们的痛点，切实地为用户体验提升贡献了技能、经验、洞见，才能切实地感受到价值。用研的需求方包括所在的组织、自己的领导、提研究需求的业务方，为了理解他们的真实需要，建议运用需求挖掘的方法进行沟通。

如果要了解自己的组织与领导对用研职能的真实需要，可以结合多维的观察视角，包括但不限于商业模式、组织架构、产品周期等。例如，一家电商相对于一家提供企业员工后管平台的企业，前者对用户研究的定位可能更偏消费者视角，需要研究这些消费者的行为、态度、兴趣；而企业后管平台更关注企业业务需求，以及平台使用者的操作体验、操作效率。一家新型的创业公司可能更希望用研做一些市场调研与分析，了解用户对产品的接受度等。

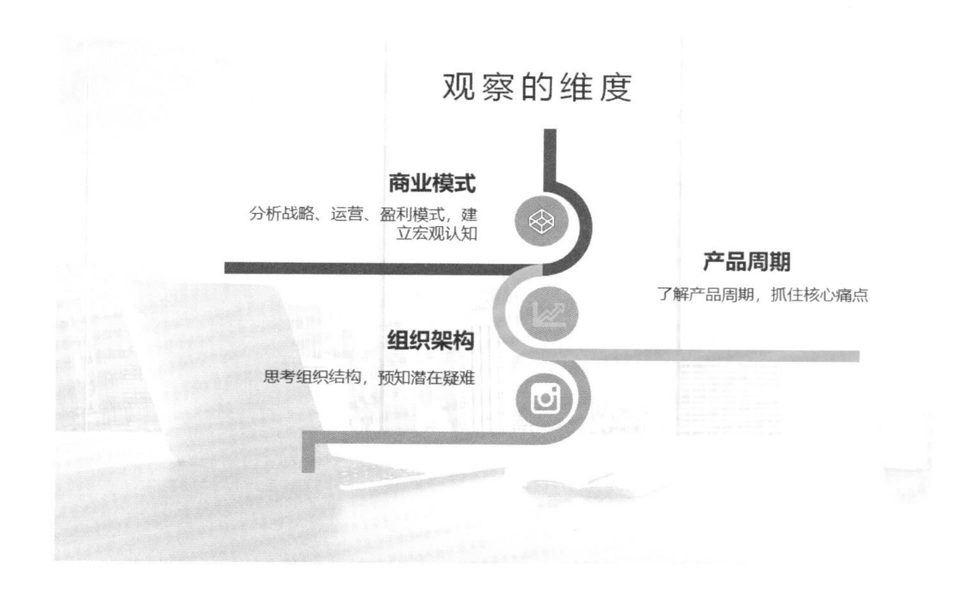

要了解提研究需求的业务方的真实需要，建议运用需求挖掘的方法做深入沟通，包括了解业务现状、当下困惑、策略方向、用户认知、部门合作情况等。一方面是更全方位地理解他的痛点与需要，另一方面也是让自己知道研究的核心目标是什么，是不是存在影响用研发挥价值的不利因素，包括目的不明确、方向不一致、孤立无援等。需求沟通的关键内容如下图所示。

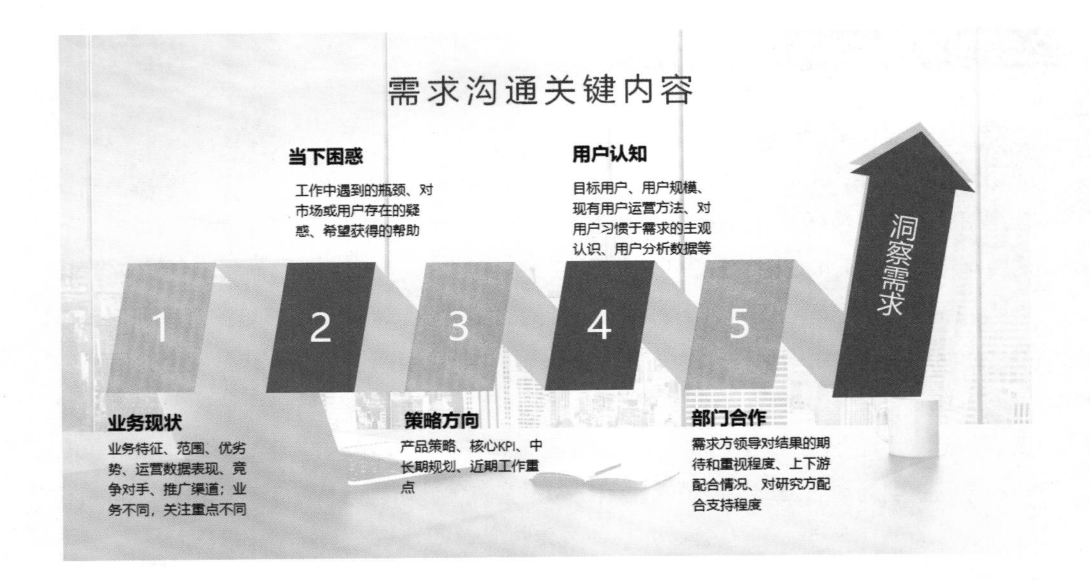

拿到信息，如何去分析也是要做的功课。例如问到业务现状，需求方对很多内容不了解，很可能只是传达老板的意思，或者他是个业务小白，很可能自己都目的不明确。你要做的不是急于跟着他去做研究，而是帮他梳理到底想要做什么，是否需要做用户研究去实现目标，以及自己要花多少时间、精力去做这个研究。如果需求方在谈当下困惑时，暴露出的是跟其他部门合作不畅、方案得不到决策层认可、方向策略不明等问题，那他的真实需要可能是研究人员从第三方中立的角度去帮他发声，和他一起说服决策层或者合作部门。这个时候用研先要做的是判断是否值得去做这杆枪，如果要做，怎么样不违背为用户体验负责的初心。以上几个关键内容都可以帮助判断这个需求的方向，需要抽丝剥茧去看。

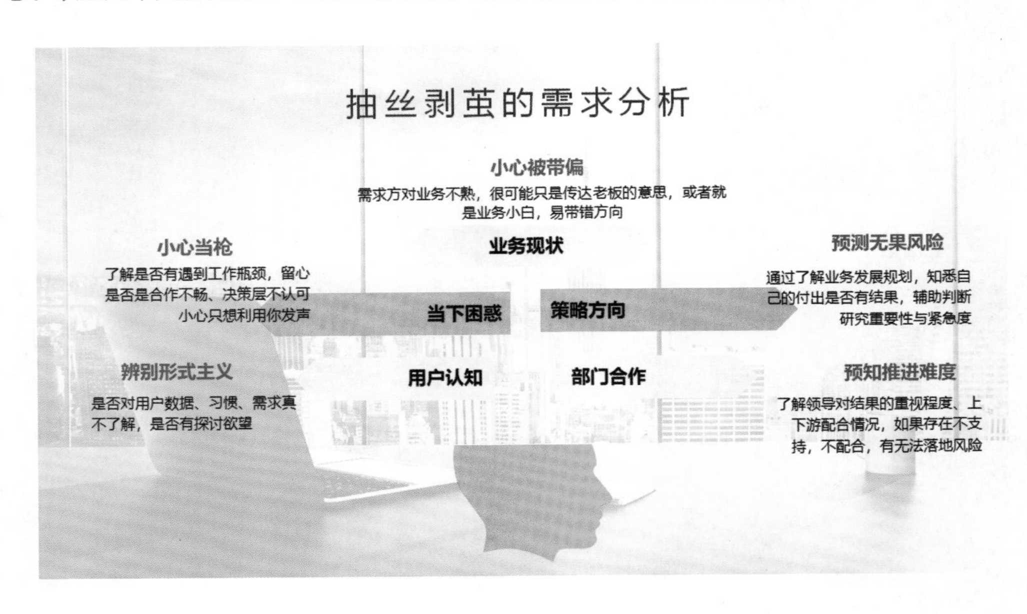

3. 识别浪费，转型精益用研

研究的执行与推进过程，是实现精益转型的关键。通过观察、沟通、分析了解需求方的真实需求后，就能明确研究的核心目标。让创造价值的步骤系统运作，集中资源创造核心价值。把握以下关键点，让研究能贴合业务实际，能跟产品运营等保持同步，从更全局的视角去提供体验优化的洞察并推进落地。

1）平衡研究质量与效率，精简不产生价值的工作，以低成本提供最需要的解决方案

用户研究常被诟病的是周期长，很多的需求方等不及研究结果。平衡研究质量与效率，精简不产生价值的工作，以低成本提供解决方案，避免研究拖需求方后腿。不同的研究类型，结合重要性、紧急度、复杂度、合作沟通、洞察储备5个维度，可以有不同的缩短周期的方法。例如需求紧急，任务简单，研究部门跟需求方沟通顺畅的需要做可用性测试的项目，为缩短周期可以邀约内部用户测试，并邀请需求方旁听测试，直接在测试后沟通碰撞结果，迭代优化，省去写报告和汇报环节。其他的研究类型缩短周期判断规则与方法如下图所示。

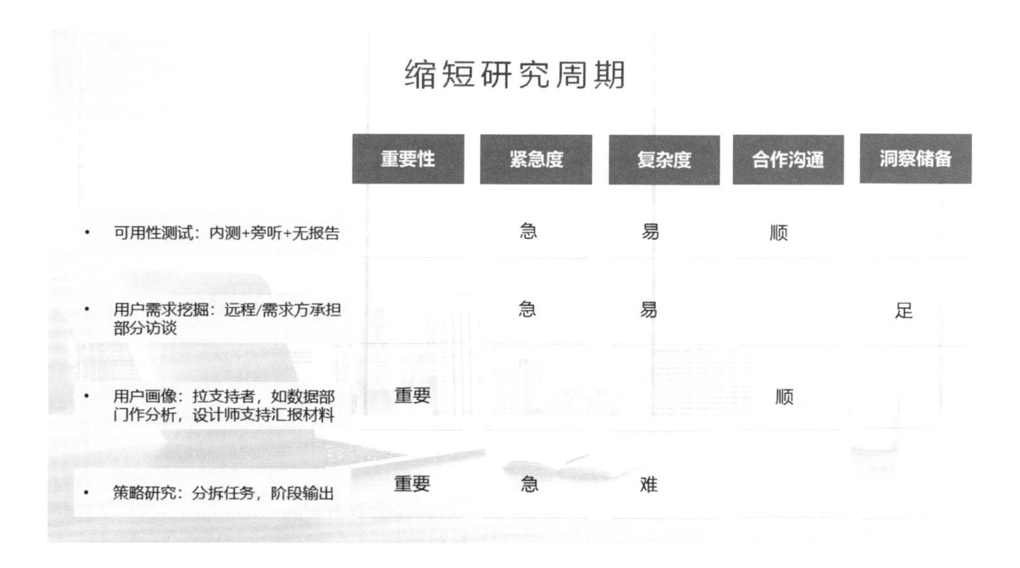

缩短研究周期

	重要性	紧急度	复杂度	合作沟通	洞察储备
• 可用性测试：内测+旁听+无报告		急	易	顺	
• 用户需求挖掘：远程/需求方承担部分访谈		急	易		足
• 用户画像：拉支持者，如数据部门作分析，设计师支持汇报材料	重要			顺	
• 策略研究：分拆任务，阶段输出	重要	急	难		

2）邀请需求方参与其中，反馈互动，及时总结复盘，在需要的时候快速补“货”

想要能理解需求方，同步前进，除了主动去拥抱业务，拥抱需求方，也需要提供机会，让需求方了解和参与研究过程，及时沟通洞察与灵感，共同探讨深入研究和落实的方向。让需求方主动参与研究的方法包括：正式的立项会议、让需求方确认研究方案并提建议、建立需求方参与访谈的机制。遇到问题时主动寻求需求方的支持，实时复盘碰撞想法。当需求方有了参与感，有了投入，有了用户反馈或数据积累，他才可能更好地理解研究结果，更好地让研究结果运用于业务提升。

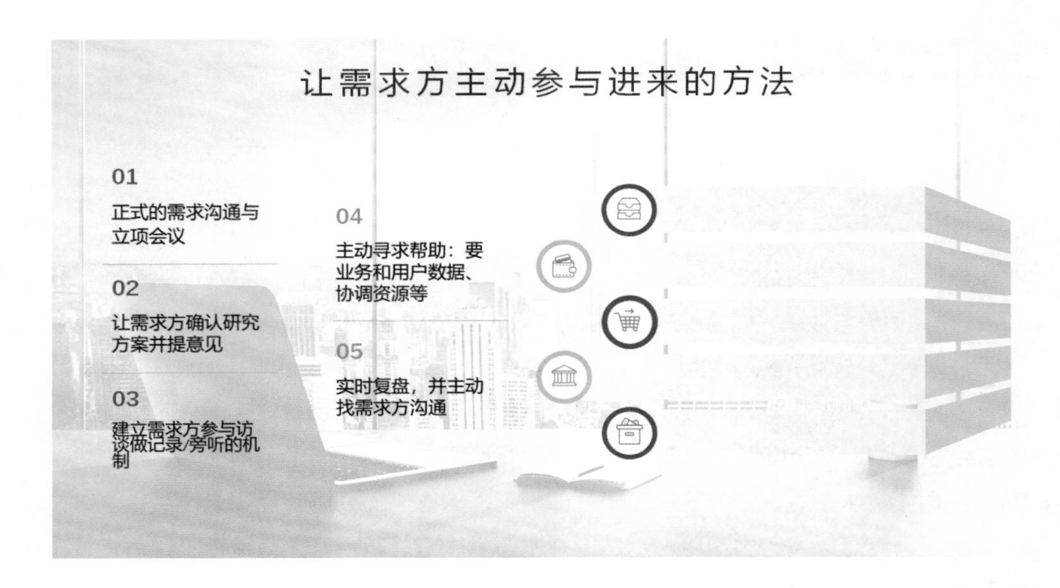

在研究执行方案中，最好留有复盘调整的时间。因为研究方案永远不可能是完美的，所以需要通过试访、当日复盘总结、中间跟需求方沟通等方式，检视是否有遗漏或需要深入分析的内容。复盘调整看似是增加额外的时间，但实际是在将研究的时间最大化利用，让研究朝着业务目标顺利推进。

3）在需求方需要的时机提供价值，在必要时，帮助需求方啃难啃的骨头

产品和运营人员对于自己的孩子，想要亲自教育和引导成长，不会平白无故让外人插手。所以研究员需要建立陪伴意识，陪伴产品运营一起成长，建立起信任与连接。这种信任一定是基于研究员真心关心产品的发展、数据表现、体验问题，并且在需要的时候，主动贡献自己的经验和洞见，帮助产品体验提升。例如，贡献自己收集到的用户反馈或者别的业务线上的体验经验，或者快速支持用户调研或数据分析。研究员能够给产品或运营贡献一些力量的时候，才有可能谈信任和影响。有些时候想要有影响力，还需要在工作之外建立一定友谊。

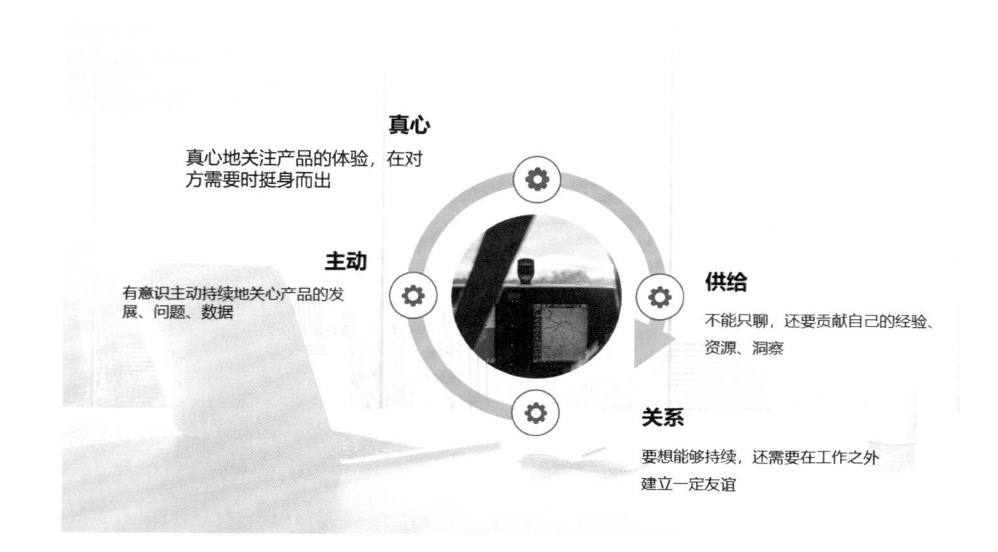

我们公司在做会员服务时，因为考虑到是行业首创、方向不明确，而且需要协调多方资源，而自己对业务的理解、在公司的影响力也有限。所以并未选择研究先行，做一个系统、全面的研究，而是选择了将研究融入产品设计全流程，在需求方需要时，及时响应，提供用户洞察。例如在产品需求阶段，不仅分享曾经参与过的用户激励体系的经验，还引荐参与过会员服务的朋友给产品经理，交流能让用户付费的卖点；在产品设计阶段的时候，关注当下痛点，发现产品经理对于用户需要什么样的权益体系感兴趣，便快速召集用户调研，提供用户反馈；上线后分析数据，并配合用户调研寻找数据表现的原因。虽然看似都是一些比较基础的研究工作，但是因为是从“孩子”出生就一直关注，并且是实时地提供支持，所以研究的价值是最大化的。而且因为对业务了解比较深入，自己的很多意见、建议也会被充分尊重和吸收，有一个良性互动。

4. 打破界限，驱动体验提升

要做有用的、有影响力的用研，还需要突破职能的界限，主动去驱动产品经理与运营人员提升用户体验。可以将用户原声反馈里面发现的体验问题、可用性问题跟踪解决进程、用户体验评测中发现的弱势体验环节作为切入点，去驱动产品和运营关注用户端的反馈，关注体验侧需要提升的点。当然如果能有人响应，能真的帮到体验提升，还需要研究员自己的专业能力过关，跟产品与运营人员有一定的信任关系。如果有重视用户体验的文化则更有效果。

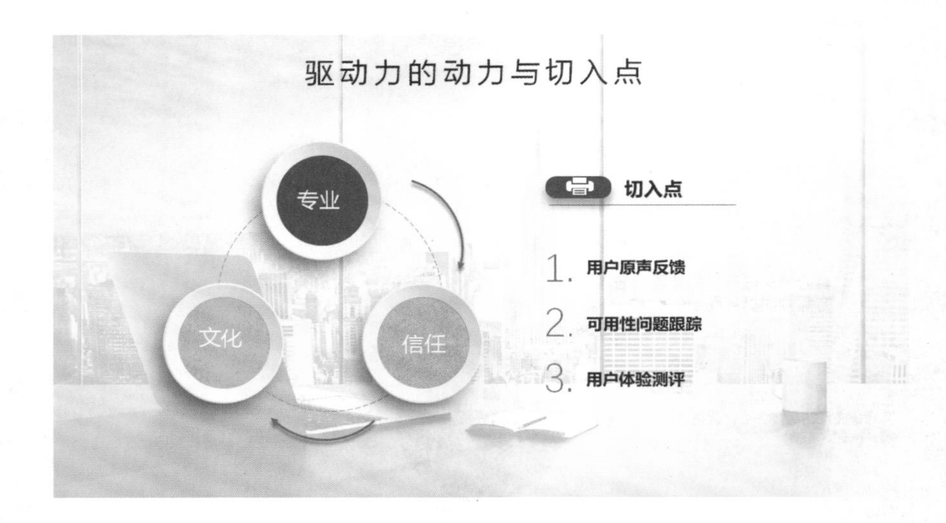

精益用研的思路说起来简单，但是到实际应用，还要面对很多挑战，包括从传统到精益思维的突破，从领悟到行动的转变，固有流程、关系的阻碍等。笔者也只是有了这种意识，在逐渐朝这个方向努力，还没有达到最理想的效果。但是走过来的体验是“想都是问题，做才是答案”，所以行动起来，一个坎一个坎去跨，才能期待某天达到内心最理想的状态。

段灵华
平安证券高级用户研究员

拥有8年用户研究经验，曾就职于携程。从0到1搭建起平安证券用研机制，包括：①建立用户声音闭环管理机制，多渠道收集–集约分析–定向解决–持续跟踪体验反馈；②协同产品经理建立长效的竞品分析机制，通过专题分析与专人一对一跟踪相结合的方式，及时共享新动态、新成果；③开展多项专项研究支持业务发展，包括社区用户使用场景调研、基金用户行为分析、会员体系用户研究等项目。

通过以人为中心的体验创新与设计，构建智慧企业

◎ 汪雪

我想跟大家分享的是结合体验创新和智能技术，在构建智慧企业上面的一些思考。我来自于SAP中国研究院，SAP为System Applications and Products的简称，是公司的产品——企业管理解决方案的软件名称。公司成立于1972年，目前全球有9万多名员工，分布在154个国家。

我们提供从企业后台到公司决策层、从工厂仓库到商铺店面、从财务管理到人力资源及采购销售、从计算机桌面到移动终端的策略，助力用户和企业高效协作，获取商业洞见，并从竞争中脱颖而出。

引言

2019年是IXDC的10周年，我们在展望未来的时候，也应该回顾一下历史，继往开来。在本世纪初，索尼当时拥有着先进的技术，也预见到了未来，为什么索尼这家公司最后没有发明iPod？大家有没有思考过呢？大家都知道苹果公司最后发明了iPod，也让这家公司从只生产计算机，转变成了一家主导消费类电子产品的公司。

让我们回到2010年前后，那时在我们的生活中出现了很多新兴的产品和服务，例如我们生活中必不可少的支付宝、共享单车、共享住宿，后者让我们这些出行的人们多了一个选择，可以去住城堡，去住公寓，也可以去住树屋，它颠覆了酒店行业。所以说，无论是过去还是现在，都带给我们一个思考，思考这样一个名词：创新。

企业以及企业的产品和服务，提供独特的商业模式，以及超级的端到端的用户体验。这样，我们才能更好地去面对我们面前的一场雪崩，那就是智慧企业的到来。我接下来想以我所在的公司对于面向客户的创新项目的一些经验，把我们的一些思考和反思跟大家来分享。

期待给予你以更广阔的视角来面对智慧企业的到来。

本文主要分为以下几个部分：我们的策略、以用户为中心的创新方法以及我们是如何打造智慧企业的。

我们的策略

首先在构建智慧企业的趋势下，2018年SAP制定了一个公司策略：交付智慧企业，以期与我们的企业客户一起成为智慧企业。其中有三个重要的组成部分：智慧套件、数字化平台以及智慧技术。

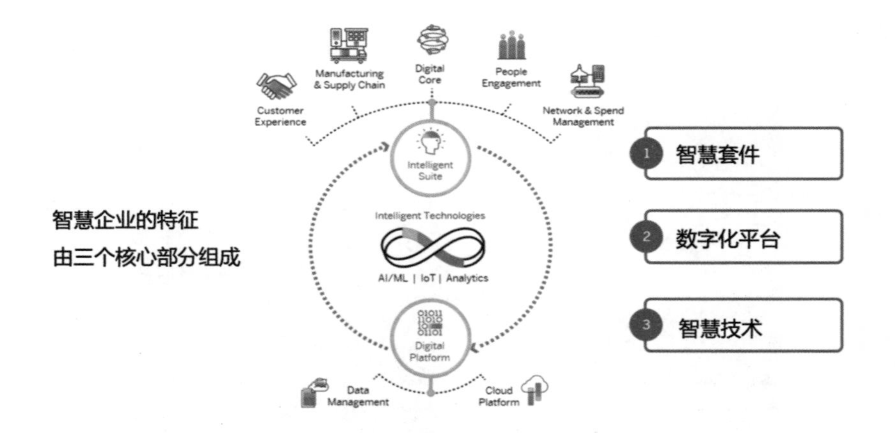

企业用户在使用智慧套件的时候，可以直接去使用已经嵌入了智能技术的企业解决方案，可以更加智能地关注每天的商业流程和商业活动。

数字化平台可以依据云平台以及数据管理系统，更好地连接企业内部的数据，继而也可以极大地实现在此基础之上，对于应用软件和系统集成以及对于不断更新的商业流程的扩展。

最后一部分是智慧技术，我们希望结合创新设计，和企业用户共同完成项目的落地，能够帮助他们关注产出更多价值的商业活动。

什么是创造力?

说到创新，很多人好像都觉得很难定义，也没有绝对的定义。正如我们所理解的设计，它也没有一个绝对的定义，看起来有一些虚幻，让我们无从下手。基于我们的经验积累，这里给出我们自己关于创新的定义，供大家来参考。我们认为创新是创造力和执行力的结合，二者缺一不可。

后面的执行力部分，我相信各位都非常擅长，执行力可以理解为是解决问题的一个阶段，它经常会带领我们走进增量式的创新过程。

前面的创造力，怎么理解呢? 什么是创造力?

创造力是发现问题、定义问题的阶段，定义那些有价值、值得我们去解决的问题。而往往这些问题，将带领企业、带领我们的团队进入到突破式的创新，刺激新兴的商业模式出现。正如Airbnb最终创造了共享住宿这样一个新兴的商业模式，所以，创造力将是企业最强大的工具之一。

我们的创新方法

接下来，想跟大家分享我们的创新方法，供各位借鉴。

以用户为中心是最新的关于创新的方法。与此同时，要关注商业价值和技术可行性的共创，基于用户创新项目的不同阶段而灵活开展共创，以创新设计项目落地为最终目标。在创新设计项目中，我们逐渐总结了如下的项目协作的模式。

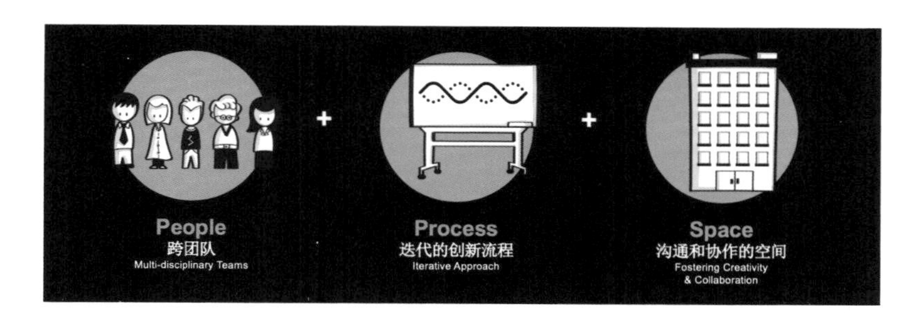

- 跨团队：团队中不仅仅有技术专家，还有设计师、设计思维教练、商业领域的专家、客户服务团队，我们组成团队跟用户一起开展创新项目；
- 迭代的创新流程：关注创新的所有环节，自始至终以用户为中心，运用良好的项目管理流程，降低人力和物力的损耗，交付最佳的产出；
- 沟通和协作的空间：SAP在各个城市的办公地点都有创新空间，在用户的公司，我们也在致力打造创新空间，帮助其运用SAP的创新设计方法，并得到SAP的持续服务支持。

最终，我们期望可以为企业用户打造创新的文化。

在创新项目中，运用创新的方法是如何开展的？这是一套端到端的和用户共创的创新流程，可以在所有的项目中运用。

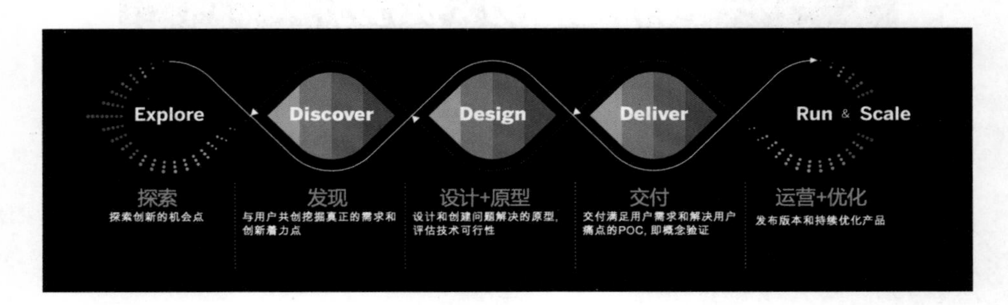

在用户进行创新项目的初始阶段，协助用户定义和探索商业流程中重要的1~2个用户场境，作为开始共创的基础，同时让企业用户对SAP的创新团队和创新方法以及创新流程有初步认识；而产出的商业场景，是蕴含真实的商业活动上下文的，兼具可视化和高效，便于团队和各级利益关系人分享产出；在创新项目的尾声，进入发布阶段，要持续提供项目支持和产品优化，让企业用户可以继续得到SAP的服务支持。

主体部分的发现、设计+原型、交付是不断迭代与用户共创的过程，具体过程如下：

- 在发现阶段，通过实地的用户研究，和用户共同梳理商业流程，一起定义商业流程和核心的创新着力点，完成发现阶段的产出；
- 在设计和原型阶段，创建基于创新构想着力点的原型，高效评估技术的可行性，收集产品原型阶段的用户反馈，不断改进；
- 在交付阶段，实现概念验证，即包含用户数据的可运行的交付物，为真正进入项目研发阶段打下坚实的基础。

以上是我们提供的面向用户的端到端的创新历程。

设计语言

基于SAP的商业设计语言SAP Fiori，和基于企业用户需求的灵活界面组件，保障了设计师能快速高效地完成设计交付。

SAP Fiori目前是我们所有软件和解决方案的设计语言，提供一致的、简洁的、直观的、全面的用户体验。它以用户为中心，考虑不同企业用户在使用软件和模块的过程中进行商业活动的情境，考虑以设计为主导的开发流程。同时它也关注技术的实现和商业价值，特别是智慧系统和基于云平台的设计能力。

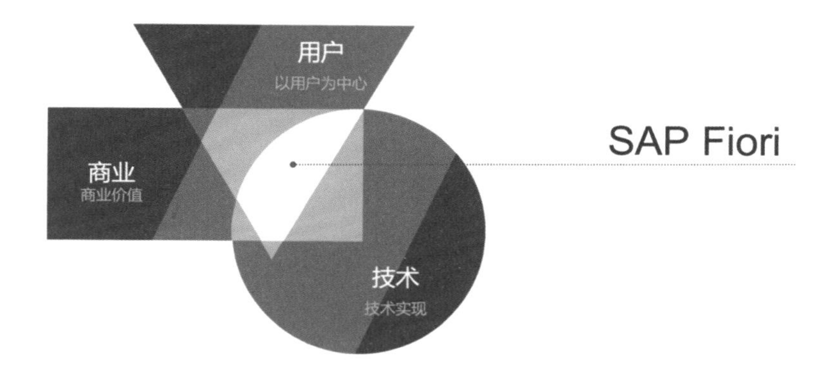

SAP Fiori设计语言不是一蹴而就的。从2013年SAP Fiori 问世，一直到2.0版本的时候，才逐渐完成了在商业项目中从关注功能性转为关注用户的商业活动和用户体验、以设计为主导的开发模式。伴随技术的革新，SAP UI5 支持着不断进化中的所有商业套件。到今天Fiori 3开始研究对话式交互、超越界面的交互方式，以提供一致性、智能的、集成的设计语言，支持所有产品的设计并完成智慧企业的转型。同时，我们也开始思考为超越界面的产品而设计，在企业管理软件的界面进化中，结合对话式AI技术，从GUI转型到CUI的设计和研发。

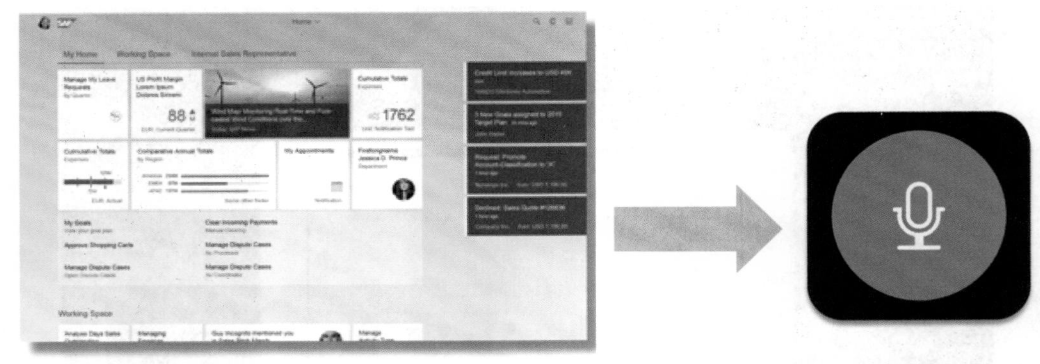

图形化用户界面（GUIs）　　对话式用户界面（CUIs）

在设计智能系统时，我们的设计法则如下：

- 人类仍然主导商业行为。

在此前提下，智能系统将更加开放、友好，让用户感觉是在安全舒适的环境下使用企业管理软件。以此为基础，用户才愿意分享业务数据。很多算法衍生的数据模型背后需要用户数据的训练，蕴含了用户反馈流程的数据建模，通过用户数据的持续反馈，智能系统会越来越强壮和智能。

- 提升信息的透明度，继而能够增强用户的决策。

我们希望智能企业管理系统中提供的结果是可解释的。即提供足够信息、足够数据支撑结果的呈现，解释在智能技术的算法背后为什么提供这样的分析结果。企业用户能够基于可解释的结果，做出最佳的决策。

- 遵循道德的法则。

以不带偏见、不带任何评判的理念，去设计、呈现信息和数据。

- 根据商业用户场景，设计高效的自动化商业活动。

不是为了设计智能化而智能化，学习并研究不断迭代的用户行为和用户需求，辅助用户高效地完成商业活动，做出相应的智能化反馈。

体验经济

我们越来越感受到企业和用户在关注体验，怎样通过更好的体验让用户喜爱使用产品和服务？怎样让企业的员工成为企业品牌的外交官？怎样让体验链接商业价值，驱动商业增长？

目前的问题是，80%的CEO认为已经给用户提供了很好的产品体验，但是只有8%的用户这样认为。这之间存在着很大的体验差距。我们缺失用户体验数据支持的对产品体验的判断，在用户体验旅程中，某些环节和触点出现了断裂；一些平庸的产品和服务也充斥在其中。在智慧企业的趋势下，我们关注到体验经济即将到来。

体验经济将重塑CEO和公司的产品及设计团队。通过来自不同渠道的用户反馈，由更具洞察点的发现来驱动商业模式创新，以及商业流程优化。

我们将企业用户的X数据和O数据结合起来。在SAP的解决方案中，尝试结合机器学习和AI智能技术，收集来自众多可信数据源的用户数据、用户反馈，甚至情感化的信息作为X数据；再将商业活动中的业务数据的操作作为O数据，打造体验管理系统，帮助企业了解什么是用户和员工关注的部分。在客户体验历程中，在每个阶段、每个触点获取用户体验信息，挖掘问题真正的原因。

X数据的呈现将是基于角色的，在不同用户、角色和团队提供不同的研究数据反馈。我们结合AI技术，帮助用户阅读来自不同数据源的用户反馈，并给予快速的数据分析反馈。大家都知道用户研究和市场调研花费了很多人力、物力，未来在系统里结合了机器学习，可以帮助企业用户找到最佳方法创建专家级别的用户调研问卷，提升用户反馈的回复率。通过AI技术，可以提供可阅读的数据分析报告，提供针对问题更加准确的解决方案。而客户不用担心对用户研究无从下手的困境，系统将提供全流程的用户研究历程的指导。

最终，体验管理系统将连接SAP的战略体系，提供全方位的、优化的体验流程，为SAP和企业用户带来全新的体验、流程和商业模式。

我们正在面临一场前所未有的雪崩，那就是智慧企业的到来。让我们以此为契机，完成设计师2.0的转变。

汪雪

SAP全球智慧企业中国区创新设计负责人

拥有12年用户体验设计行业经验，善于在快速迭代的产品研发中，高效组织跨团队和跨地域的设计创新。深度洞悉用户需求，运用移情和项目团队成员共同创造用户喜爱的产品。拥有多年在全球500强公司工作的经验，积累了丰富的跨文化背景合作及用户体验经验。在IXDC 2018、IXDC 2017、UXPA 2018等大会担任分享嘉宾，IXDC 2019峰会主讲人。

08 如何用设计冲刺法解决实际问题

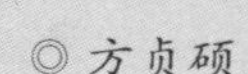

设计冲刺法（Design Sprint）是目前在硅谷的科技公司内非常流行的一种设计方法。它是由谷歌投资（Google Venture）的Jake Knapp建立的一套如何带领团队在短时间内快速做出创新设计并进行验证的设计方法。本文旨在介绍设计冲刺法的基本理念、框架、流程和一些简单的使用技巧。针对设计冲刺法的六个基本环节，本文将介绍每个环节的目标和1~2个活动，使读者能了解硅谷的最新设计流程，了解冲刺设计法的基本框架，并实践如何带领团队在5天甚至更短的时间内提出设计创新并测试创新是否奏效，最终将设计冲刺法融入到自己的工作和生活中。

设计冲刺法的运用非常广泛，它可以解决小到产品功能、大到社会问题的各式各样的问题。该设计流程经过了多年的实践检验，曾助推过Uber、Nest Lab、Medium、Gmail等很多知名产品的设计创新，在谷歌内部也被广泛使用于建立团队契合度和研发新产品。Jake Knapp也将他运用设计冲刺法的心得和经验写成了*Design Sprint*（《设计冲刺：谷歌风投如何5天完成产品迭代》）这本书，推荐所有从事产品设计和开发工作的人阅读。

设计冲刺法的起源

设计思维（Design Thinking）的概念起源于IDEO，设计思维是一个从收集启发，到头脑风暴，再到创造实现的设计过程。之后斯坦福大学的设计学院据此建立了一套完整的问题解决流程，包括共情（Empathize）、决定（Define）、创意（Ideate）、建模（Prototype）和测试（Test）这五个基本设计流程。

自此以后，很多公司都根据这个设计流程演化出了自己的设计思维模型，例如IBM的Loop，以及谷歌的Design Sprint。这些设计流程有很多共同点，例如都以用户为中心，都要经历从发散到集中的思维过程，并且都重视测试和设计的迭代和改进。这些设计流程各有特点，但是理念都相对统一，并没有哪一个是最好的，掌握了整体理念和一种方法，就可以进行灵活的应用。

下面我们就来介绍谷歌的设计冲刺法。

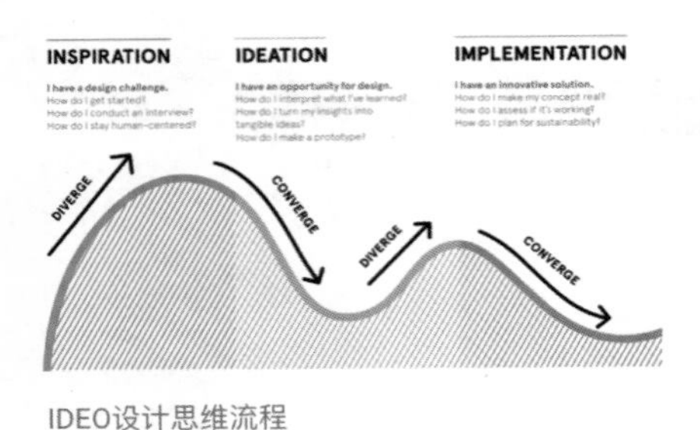

IDEO设计思维流程

EMPATHIZE
DEFINE
IDEATE
PROTOTYPE
TEST

斯坦福设计院设计思维流程

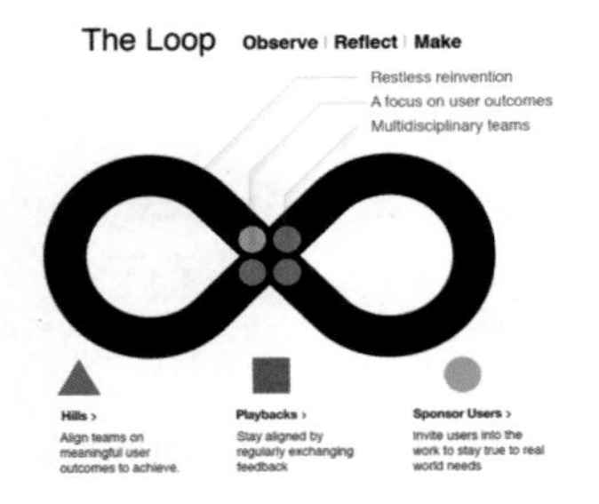

IBM设计思维流程

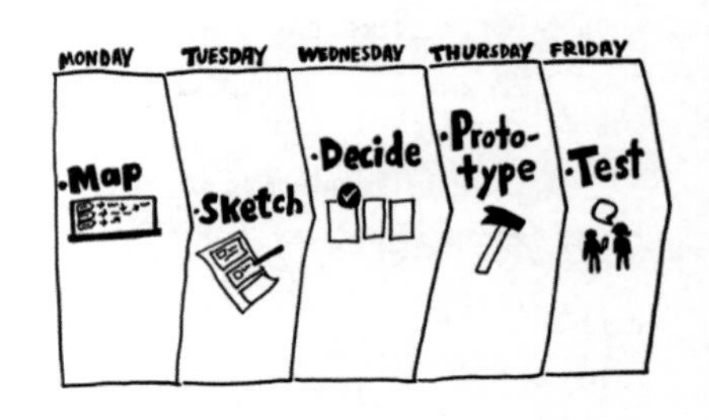

Google设计思维流程

Jake Knapp发现很多谷歌投资的小型创业公司都没有设计团队，然而传统的产品上线流程，从设计、开发到测试往往需要几个月或是几个季度的过程，完全不适用于小型的创业项目。于是他根据自己的经验和设计思维模型，创造并完善了为期五天的设计冲刺法。

谷歌对设计冲刺法的定义如下：A five-day process for taking a product or feature from design through prototyping and testing. We call it a product design sprint. 简单翻译就是：设计冲刺法是一个为期五天的，将产品或功能设计建模并测试的过程。

如果说传统的产品设计和开发过程是一个马拉松的话，那么设计冲刺法就是在短时间内进行的短跑冲刺。它把传统的4~6周的产品开发时间缩短到一周，迫使团队在一周内做出决定，设计并测试产品收集反馈，是一个越过开发、目的是收集反馈的捷径。

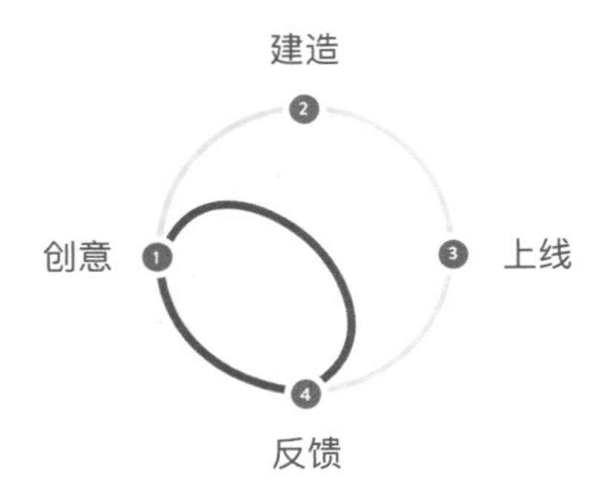

A shortcut to **learning** without building and launching.

越过开发、收集反馈的捷径。

设计冲刺法的核心

设计冲刺法的活动有很多，但只要理解了以下六个核心，就可以灵活应用：

- 以用户为中心（User centered）；
- 所有成员参与（Utilizes all team members）；
- 限定时间快速决定（Time constrained to force decisions）；
- 发散和集中的思维方式（Divergent & convergent thinking）；
- 重视建模（Strong on prototyping ideas）；
- 重视测试和反馈（Strong on testing ideas）。

设计冲刺法之所以流传广泛，也正是因为这六个核心可以帮助团队快速创新并得到反馈。以用户为中心，保证了方案注重用户需求，解决实际问题；所有成员参与，保证了不同职能部门的合作，帮助团队建立共同的目标和词汇（vocabulary）；限定时间快速决定，确保了速度，同时也减少了来来回回绕圈子的开会；发散和集中的思维方式是设计思维的核心，推动了产品的创新；而重视建模、测试和反馈，保证了快速的测试周期，以尽快得到用户反馈进行改进，不浪费资源。

“设计冲刺法”基于“设计思维”，是帮助思考和解决问题的框架。理解了这六个核心，不管你是不是设计师，都可以用这个方法思考并解决自己、团队或者公司的问题。

如何选择合适的设计挑战

在开始设计冲刺之前，非常重要的一个前期准备是选择合适的设计挑战（Design challenge）。设计挑战是设计冲刺法要解决问题的高度概括总结，选择好设计挑战能为团队提供一个好的开始和侧重点。那什么是好的设计挑战呢?

设计冲刺法强调，一个好的设计挑战要具备以下特征：

- 和团队工作的重点或OKR相关；
- 简明扼要并鼓舞人心；
- 包括目标人群；
- 最好有时间线。

举个例子，“为儿童设计一个平板电脑App”就不是一个很好的设计挑战。如果改成“为4~7岁儿童，设计一个在平板电脑上的直观的‘第一次上网’的体验，目标在2014年第四季度发布”则更能强调重点并且激发团队的创造力。

设计冲刺法固然很好，然而不是所有的问题都需要用设计冲刺法解决。我认为，有四种情况不适合使用设计冲刺法：

- 当你明确知道解决方案时；
- 当你并不了解问题或者用户时；
- 当你没有适合的团队时；

- 当你没有决策者支持时。

设计冲刺法的基本流程

设计冲刺法包含六个基本阶段：**理解、定义、草图、决策、建模和验证。**下面我们将介绍每个阶段的目标和一些相应的活动。

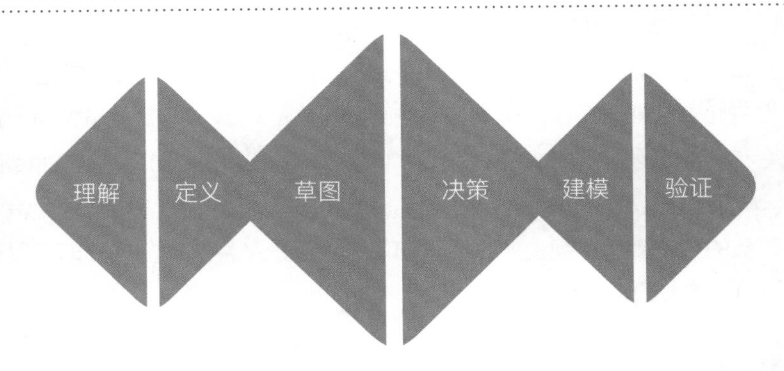

1. 理解

设计冲刺法的第一阶段是理解，这个阶段的目标是理解问题背景，并且使团队建立一个共享知识库和词汇库，让大家知道彼此在说什么，并建立共同的目标。

理解阶段常用的活动有：闪电式演讲、商业目标、技术前沿、用户采访、利益相关者分析地图、竞争者分析、“我们如何才能”需求分析（How Might We ，HMW）等。我们在此着重介绍闪电式演讲和“我们如何才能”需求分析。

1）闪电式演讲

闪电式演讲是指在特定时间内由多位演讲者进行简短分享，每个演讲只持续几分钟。这个方法用时短、涉及广，可以让冲刺团队从商业、科技、用户等多个角度快速了解问题背景。

在设计冲刺开始之前，团队就应该着手规划安排闪电演讲。每个演讲最好控制在10~15分钟，这也是名字叫作“闪电”的原因。演讲的主题以商业、科技和用户为主（如下图所示），涵盖商业目标、KPI、成功标准、技术挑战和机遇，以及以往的用户研究等和设计挑战相关的方面。

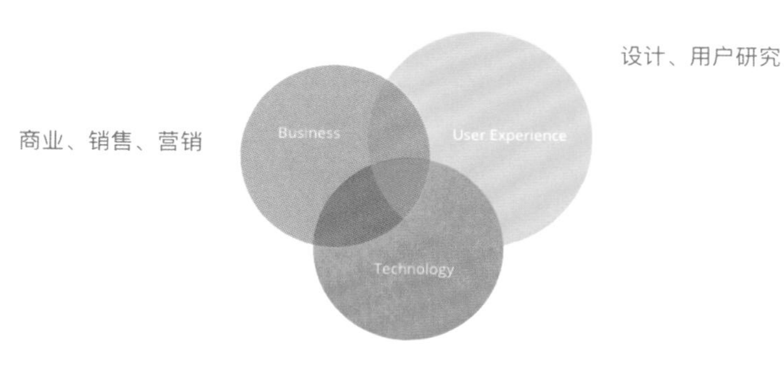

2）“我们如何才能”需求分析

“我们如何才能”需求分析是理解阶段非常常用的基本方法。在闪电演讲和整个理解阶段，我们会让参与者用“我们如何才能”的句式捕捉痛点，并将痛点转化成机会点。例如，如果从用户研究中我们了解到用户的一大痛点是产品很难上手使用，那么我们就可以将痛点转化为如下机会点：“我们如何才能帮助用户更好地学习新产品？”

使用指南：

- 参与者每人用一支粗马克笔在便签纸上写HMW陈述；
- 在听到痛点时，把它们重构成机会点；
- 每张便签上只写一个HMW。

在写“我们如何才能”需求时尽量实现以下几个重点：

- 要回答开放式问题；
- 要使用标题；
- 不下评判；
- 数量重于质量；
- 追求大的创意。

在这个发散的过程中，所有参与者都将自己听到的知识和痛点转化成HMW陈述，在下一阶段分享给团队，有助于建立共同的知识库并进一步确定解决哪些问题。

2. 定义

设计冲刺法的第二个阶段是定义。在经过理解阶段大量的背景信息冲洗以后，定义阶段团队的目的是确定问题范围，找出需要解决的重点。在这一阶段常用的方式是对HMW问题进行亲和分类和投票。

定义阶段的其他活动还包括：用户旅程图（User journey map）、敏捷用户故事（Agile story）、设计准则（Design principles）、成功标准（Success metrics）、商业模式画布（Business model canvas）、一页执行摘要（One page executive summary）、未来新闻稿（Future press release）等其他活动，在此列出供大家自行查找学习。

1）HMW亲和分类

亲和分类法（Affinity Mapping）是一种对HMW便签按主题进行分类的方法，它能帮助团队将相关联的机会点组合，并给每个分组主题命名，常在闪电演讲之后使用。这个方法能帮助团队分享机会点，建立共享知识库，并将知识库分类。

使用指南：

- 团队成员逐个读出自己的HMW，并将便签贴到白板上；
- 第3个人完成HMW陈述之后启动分类，给每个类别命名；
- 在此之后，每个人陈述时将便签归类；
- 时长30分钟。

2）HMW投票

HMW投票（HMW voting）是一个用来排序机会点优先级的设计冲刺方法。这项活动通常在亲和分类之后进行。

当团队完成亲和分类，并定义出有用的分类，就可以对重要的机会点进行投票。投票的主要目的是理解团队共享大脑里的决定，快速缩小整个冲刺的重点。团队要做的是在所有机会点中建立优先级，而非尝试缩小到某一个方向上。

使用指南：

- 每个团队成员有3票，用贴纸来代表；
- 成员之间不要交流，沉默地把票贴在他们认为团队应该关注解决的HMW机会点上；
- 获得最多贴纸的HMW陈述，需要团队最多的关注，以此类推；
- 时长10分钟。

3. 草图

草图阶段的目的是探索多种方案，进行头脑风暴。团队中的每个成员都要产出并分享解决问题的想法。

草图阶段最常用的方法是“疯狂8分钟”。疯狂8分钟是一种快速的草图练习，旨在挑战团员在8分钟内勾勒出8个不同的解决方案。草图不需要完美，只需要沟通基本想法。一些没有设计背景的团队成员一开始可能会望而生畏，如果有必要，也可以在这个练习开始之前简单练习如何画草图。完成“疯狂8分钟”的练习之后，团队的每个成员要分享他们产生的想法并进行讨论，每个人有大约5分钟的展示时间。

使用指南:

- 拿出一张纸，将其折叠出8块矩形（如下图所示）;
- 设置8分钟倒计时;
- 每个团队成员在每个矩形中勾勒出一个想法;
- 8分钟结束后，将每个成员的草图依次地贴在墙上;
- 每个人有5分钟时间来表述他们的想法并回答其他人的提问。

4. 决策

决策阶段的目标是确定最终要建模的创意。在分享了大家的草图之后，团队需要在某个独立的想法上达成共识，或将每个人的想法聚焦为单一且清晰的解决方案，敲定最终要进入建模阶段的概念。

“热点投票法”是决策阶段常用的方法，主要用来确定团队认为有影响力的细节特征或想法。在此方法中，团队成员会得到不限量的投票小圆点贴纸，对于自己喜欢的所有方案草图中的细节，都可以投票，而不是投票给整个方案。在草图上创建热点图的目的，就是为了给整个团队展示哪些方案和细节值得被建模并且进行验证。通常接下来就是深入讨论具体的细节，并且最终确定建模方案的优先级。

使用指南:

- 给每个团队成员分发选票，一般用小圆点贴纸;
- 团队成员可以不受限使给特定的草图功能投票;
- 对具体草图细节（而不是整个方案）进行投票;
- 时长10分钟。

投票结束后，团队就能根据投票的热点共同选出下一步将要建模的方案。

5. 建模

设计冲刺法的第五个环节是建模，这个阶段的目标是快速模拟体验（real enough to feel）。这里的模型指的是在头脑风暴阶段中所构想的产品创意体验的具象化。

建模的方法有很多，根据产品和团队的特性可以选择各种复杂度的建模，例如，实体建模（Physical prototype）、交互模型（Interactive prototype）、故事板（Storyboard）、愿景视频（Vision video）、愿景展示（Vision deck）、风投展示（VC pitch），甚至是以话剧或者海报的形式模拟产品体验。

在建模阶段，建出的模型只要足够模拟体验并能使用户给出反馈就可以，不需要使用很复杂的技术。相反，建模的重点就是用最少的技术和时间，快速模拟体验。团队可以先梳理出整个体验的流程，然后只为想要测试的那些环节制作模型，没有必要去做一个完整的后台，也没必要一次性测试产品的所有流程。

我们可以把模型看作是为了验证某个假设而做的实验。所以在建模之前团队必须想清楚，要做怎样的模型才能验证假设，获得所需要的反馈。只要重点清晰明确，任何体验都可以在一天内被原型化。

6. 验证

设计冲刺法最后也是最重要的一个步骤，就是验证。这个阶段的目标是快速获取用户反馈，验证假设。获取用户反馈可以通过传统的用户访谈形式，给用户呈现建模阶段的产品体验，获得反馈。也可以在内部进行技术可行性和商业目标的反馈，或者进行利益相关者展示（Stakeholder Reviews）。

完成验证环节以后，冲刺团队要再次集合在一起来审视这一阶段的发现，共同复盘验证结果，并从中吸取教训。团队还需要讨论项目下一步的计划，并为验证环节或整个设计冲刺法制作可视化的汇报材料，以方便和团队或决策者分享。在结束设计冲刺后，团队将得到经过验证的方案，或者方案需要改进的部分。无论最终结果如何，设计冲刺团队都已经取得了进步！

下图总结了设计冲刺法六个阶段主要的活动列表，本文没有介绍到的活动大家可以自行上网查阅，或参阅文章最后给出的参考资料。

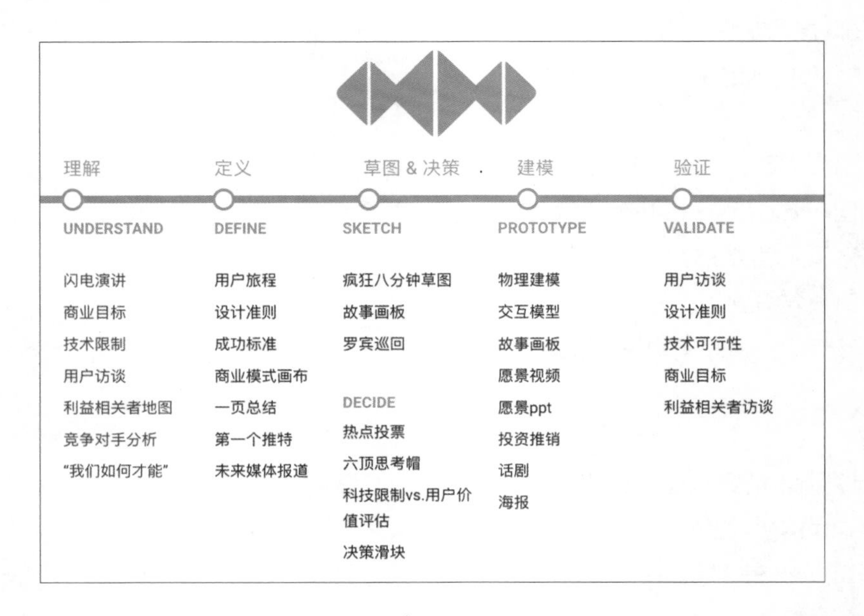

设计冲刺法的几点应用建议

在了解了设计冲刺法的基本流程以后，最后再给大家几点使用时的建议：

首先，确定设计团队非常重要，一定要确保有各个职能的成员参与冲刺，才能保证问题背景的全面和结束后方案实施的顺畅。

其次，选择设计挑战非常重要，如果一开始选择了错误的问题来解决，那么即使有再好的方案也无济于事。

最后，如果团队不熟悉设计冲刺法，那么可以尝试在产品设计环节中逐渐引入设计冲刺法某个阶段的一个活动，没有必要一上来就用5天的冲刺模型。设计冲刺法的长度其实非常灵活，针对不同的问题可以选择不同的时间长度。例如，4~5天可以用来设计一个全新的用户体验，创建一个产品愿景；2~3天可以设计几个新功能；1~2天可以用于设计一个简单功能。而每个阶段的活动都可以在产品研发不同阶段分别使用，可以是几个小时甚至是几十分钟。

希望大家充分理解设计冲刺法的核心，灵活运用设计冲刺法各个阶段的活动，根据自己团队的实际情况更好地将设计思维运用到实际的产品开发过程中去。

参考资料及推荐阅读：

扫 码 查 看

方贞硕

Google（谷歌）纽约办公室高级交互设计师

毕业于清华大学车身工程系，Carnegie Mellon University（卡内基梅隆大学）Human-Computer Interaction（人机交互）专业硕士学位。在硅谷和纽约从事产品设计工作多年，不仅在谷歌内部教授用户体验相关的课程和工作坊，业余时间也在线上、线下演讲并宣传设计思维。相信设计无处不在，致力于将设计思维和以人为本的理念融入产品和生活中。

09 从产品到服务

◎ 胡鹿

服务设计作为一种创新思维方式或者创新方法论，已不再为大家所陌生。但业界也常困惑于服务设计的应用，尤其是对较传统产业上的应用感到疑惑。

纯米作为一家专注于软硬件结合创新的物联网公司，使用服务设计的方法和思维，使创新不再局限于围绕产品为中心，而更多从所提供的服务来考虑。纯米不再满足于“爆品”，而只是将产品视作“单触点”，以“总体体验”为核心，基于流动的场景，再搭配其他业界合作，扭转硬件制造的思维，深刻理解“体验”的时间性，并创造新的创新机会点，创造更适合这代人的生活方式。

利用这套方法和思维，不仅仅使研发设计人员（设计师、产品经理）参与创新，甚至使运营、市场、售后等利益相关方，以及用户都能够参与到整个体验过程的创新中，实现共创，并最终带来价值创新。

这个边界越发模糊的世界

我的背景是产品设计，从业的初衷便是为每个普通人每日的生活提供更美好的产品，及更动人的体验。我曾带领产品设计师团队为消费类电子和家用电器产品行业巨头提供服务，也曾探索过人与家居产品的新交互体验。作为一个目睹网络时代从无到有，从少数人接触到渗透至我们每时每刻生活的亲历者，一个议题也一直让我感兴趣：虚拟世界与“物”的世界的关系。

在后来的工作中，我刻意不去拘泥自己，并参与到一些不完全是以产品为核心的工作。例如，提升医疗服务能效、协助青少年健康等社会服务类项目的设计，基于用户中心的方法，为奥迪汽车探索可穿戴设备与未来出行场景之间的关系。直到我现在加入纯米，开始在物联网的领域去进一步找到答案。

在一开始，我们针对硬件与软件结合的特色业务，提出了五大IOT爆品打造战略。这些指导方针有效地帮助我们不断推出让用户喜爱的产品。

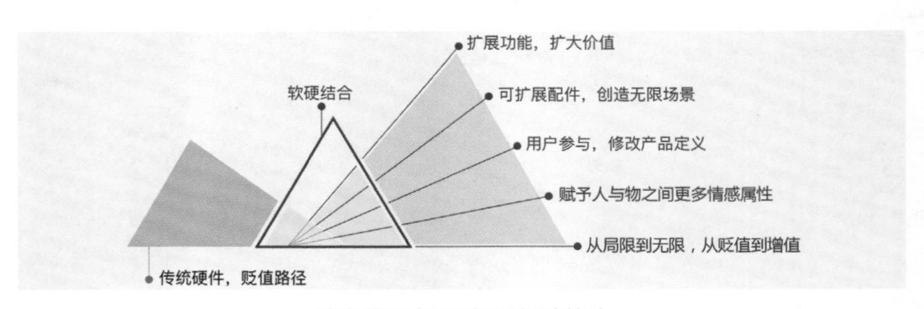

纯米的五大IOT爆品打造战略

然而，并不满足于此的我们，开始尝试将服务的概念引入产品，这帮助我们扭转思维——从向用户提供更好的产品，到向用户提供更好的服务。

为什么我们需要服务设计

我们发现，有了互联网参与的“物”的世界，过去的固有的行为被信息化，而信息化的另一种解读，便是服务化。由此，过去以产品为核心的思维方式，就体现出一些局限性。在实际工作中我们发现，一些显而易见的问题正因此而发生，而服务设计思维能够对应地给问题的解决提供一些理论支持，尤其体现在以下三个方面：

（1）关注产品时，我们常常关注需求方，而忽略相关方。我们通常从需求出发进行设计，然而往往需求的各方有其各自的利益诉求，这便让我们的产品创新过程充满了无休止的争论，有时候妥协出一个各方都不甚满意的平庸方案。而通过服务设计的理念和方法，我们将各个需求方都转化为相关方，使他们都成为服务的参与者，并通过特定组织手段进行共同创造。

（2）有时候我们还会沉迷单一痛点，而忽略了整体场景和全局。我们通常能看到某个功能在对应场景里的模样，但却难以看到它在全局中的模样；如果要从单一小功能反推全局，是牵一发而动全身的。所以在一开始，我们便需要服务设计的思维和方法，指导我们理解产品或某个对应功能在全局体验中的位置和作用。

（3）从功能满足掉进功能陷阱。在以产品为核心的公司，当我们开始讨论商业模式或依托于网络的服务时，背后必需的支撑资源时常在讨论功能时被忽略。待到产品设计几近成型，却发现没有足够服务资源的情况不鲜见。服务设计帮助我们整体地理解前后台关系，不仅仅着眼于传统“用户端”，而是进行全方面的改进，以支撑最终的服务及产品体验。

将服务设计放到企业语境下

当明白了服务设计在理论上可以帮助我们工作后，进一步的挑战是，在企业环境下，它不能仅仅作为方法论存在，而应该找到其在每一个特定组织及其业务语境下，如何作为工作方法和流程存在。

我们的做法并无特殊，而是朴素地将服务设计的五要素与纯米的核心业务结合思考，得出了能够自洽的一套基础工作指导方针：

（1）使用者中心——树立、明确服务对象，共同认知，运用并迭代。

（2）整体性——明确各项目商业目标，确保从全局理解项目。

（3）共同创造——理清服务框架，找到共同讨论的服务提供人，与之共创。

（4）按顺序执行——建立、梳理服务场景，使共创者能够基于共同认知讨论并执行。

（5）实体化的物品与证据——回到产品，使之落地，进行最小化测试。

同时，这五点要素，也被放进一个基本的工作流程中，让指导方针能够在流程中被执行。五要素与流程的结合，让我们在讨论新功能、新产品时，按照“提供新服务”来进行理解，以组织、创新来审视服务及产品。

你可以看到，这个工作流程总是以一个商业需求的提出为起始点，并要明确提出一个好的、值得解决的问题，这样能够让我们的讨论不至于失焦；接着，我们开始找到与该问题相关的、各方临时组成的讨论组或工作团队，采用各种方法推进对问题的分析和解决方案；最后，我们将围绕商业目标和问题的解决，得出服务愿景并将之落实为最小化产品进行发布。

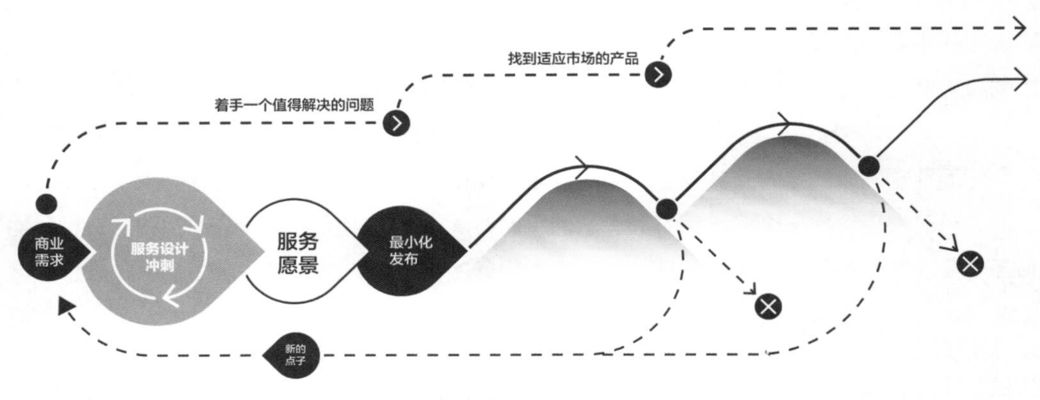

纯米的服务设计流程

纯米的服务设计流程与五大要素的解读

那么，有了指导方针，有了承载指导方针的工作流程，下面会与大家分享几个我们近期的一些项目，来具体看看我们是如何在产品创新中运用服务设计思维和设计方法，来促成产品和服务的创新。

实例1：带给用户产品增值服务的触点

如何去定义TOKIT的App？

在纯米，我们有一个共识：物联网产品与传统产品最大的不同并不是有了App，而是在购买后，对用户的服务才开始进行，并且不断积累。

那么，明确服务对象是我们所做的第一步——也就是用户画像的使用。这是很多机构都会采纳的重要设计方法之一，它的窘境在于常常被作为摆设或者与消费者画像混为一谈，并且被质疑其可靠度。在纯米，我们深刻理解用户画像对用户价值的描述，并在各工作流程中灵活使用——尤其是当团队间产生分歧时，用户画像或者其代表的用户价值是一个第三方中立角色，随时对讨论和共创进行纠偏，在创新过程中作为测试主体。

接着，我们工作流程的一个核心要点就是，在一开始需要一个为之服务的商业目标。任何公司、组织，要做一件事，都需要一个商业目标。当我们在设计纯米的新品牌TOKIT旗下的智能厨电的App时，曾有很多目标备选，最终还是达成了一个共识。在初期，TOKIT App是作为智能厨电设备一个不可拆分的部分，其商业目标就是“促进智能设备贩售”，即其定义应该是作为设备卖点的一部分。

之后，为了了解目标用户可能会为什么买单，我们开始将用户烹饪（并不仅仅是使用设备）的行为过程进行了较为细致的拆解和分析。在这个阶段，用户旅程地图（customer journey）是我们常常用到的工具。基于该工具，大量的想法和创新会基于对目标用户的研究和分析提出。那么，如何进行筛选呢？

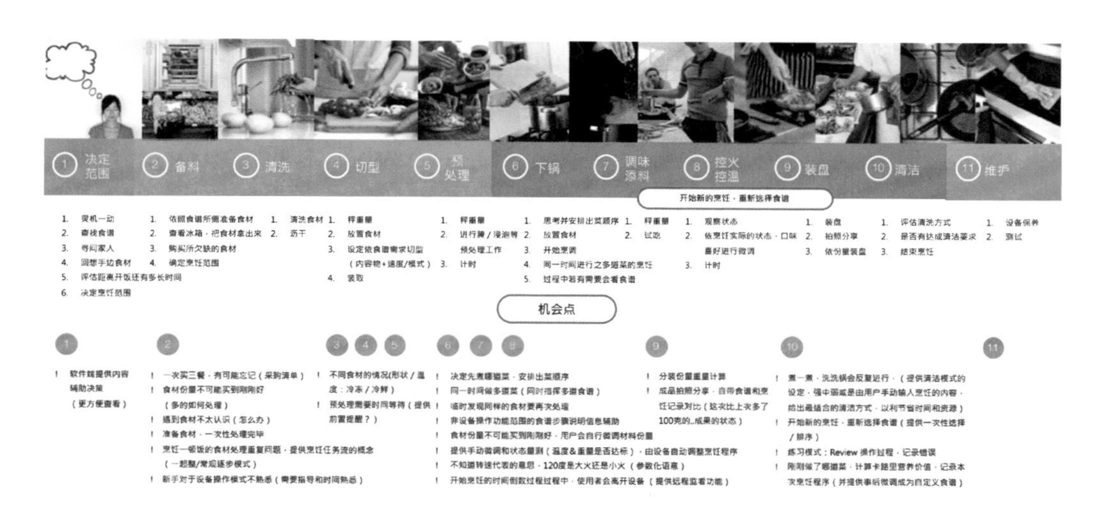

这个时候，除了一些需要测试的想法外，大量的想法会通过用户价值主张图进行匹配，更契合用户行为模式的功能会被进一步保留或优化。而用户画像在此过程中当然是作为中立评判方出现。比方说，菜谱对用户进行指导，可能是一个人人都需要的功能，但不同用户对于烹饪的认知程度有差异，对于烹饪结果的期待有差异，烹饪对其的意义是日常裹腹还是成就感实现，不同的群体会对产品有不同的要求与期待。

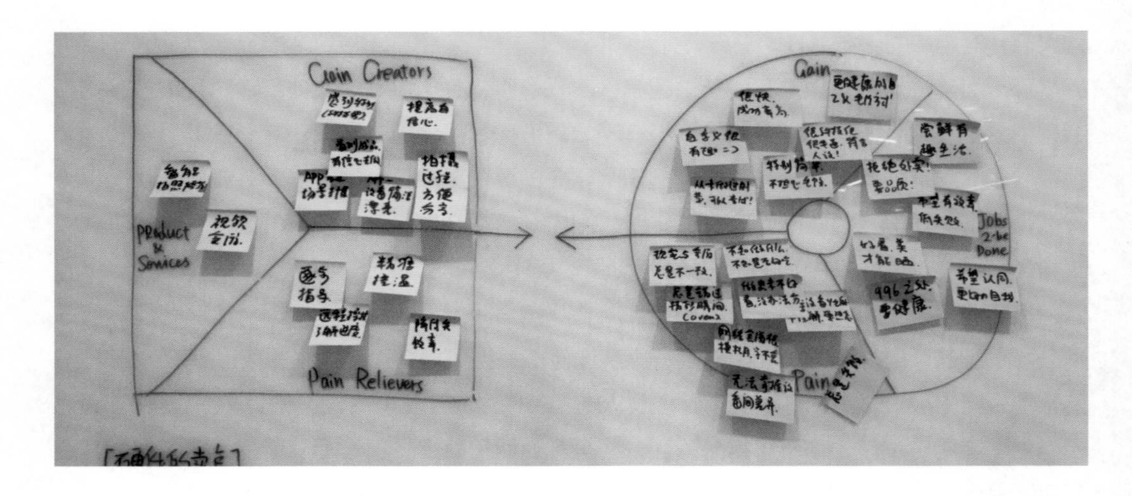

最终我们做出了一个远不同于市场已有电子菜谱的产品，它并不影响一个烹饪老手的使用，但最重要的是对我们目标用户——那些从未下过厨的年轻用户们的帮助，他们在使用过程中几乎没有遇到什么困难，在首次尝试一个食谱就大获成功时，他们的兴奋是显而易见的。

实例2：用服务视角来弥补产品视角的局限性

TOKIT智能菜谱如我们所愿地成为TOKIT品牌在推广初期的重要卖点，用户反馈的信息也表达了对其的喜爱，这件事如果在产品层面，我们已经可以感到高兴了。

然而，这个时候我们收到了来自市场部门的新问题："你们可不可以设计一个让普通用户也可以上传智能食谱的功能？或者，我们再搞一个购买食谱的功能怎么样？"

突如其来的需求并未让设计师们立即投入去设计，而是去调查——究竟出了什么问题？

从服务的角度审视，问题变得非常显而易见：如果将智能食谱的功能视作我们透过TOKIT App提供给用户的服务，那么，随着这个服务提供得越多，就会产生越多的支出。

新的问题带来的是新的商业目标的审视，于是，设计师们与所有的相关方们再一次坐到一起，根据提出的这个问题，进一步利用工具，试图再塑TOKIT App的服务愿景。

这一轮的工作集中在探讨围绕智能食谱提供方与用户间的关系，我们使用利益相关者分析，来理清了以下问题：为什么不可以取消由TOKIT品牌方提供智能食谱（但也许可以控制数量）？谁愿意免费为用户产出食谱？用户愿意为谁的或者说什么质量的食谱买单？……视觉化的工具，可以让原本在讨论中一片混沌的各方迅速地看到多种业态，并选出要优先支持的服务模式。

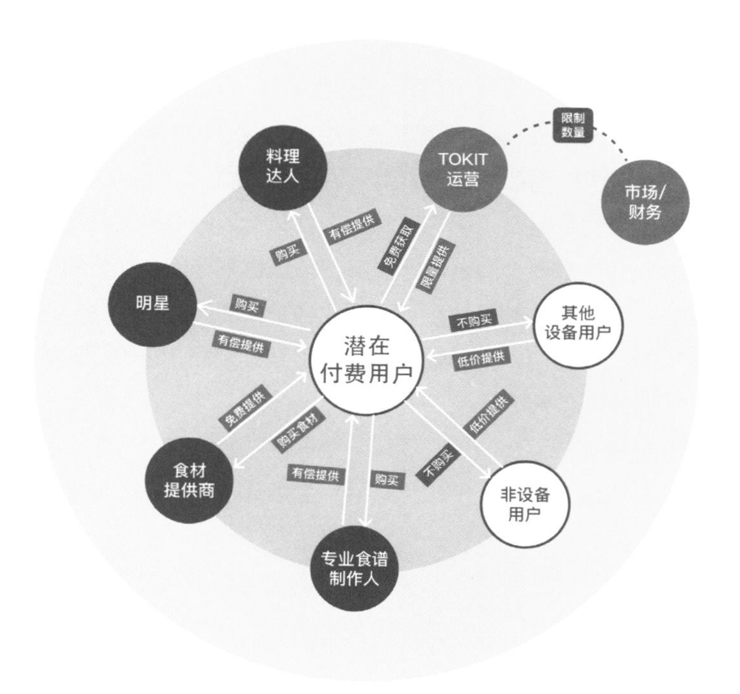

接着，使用服务蓝图来梳理所选出的服务模式（即让意见领袖和食材供应商来提供食谱）。我们将用户旅程地图中的一部分转化为服务蓝图中用户所接触到的服务触点，并开始分析该服务的后台支持是否足够。随即，我们便发现了现有后台对服务提供方支持的严重欠缺——现有的后台复杂、难懂，给智能食谱创作者带来了很大的门槛，降低了服务提供效率。由此，一个全新的、对美食意见领袖和食材供应商更加友好的新后台开始策划。

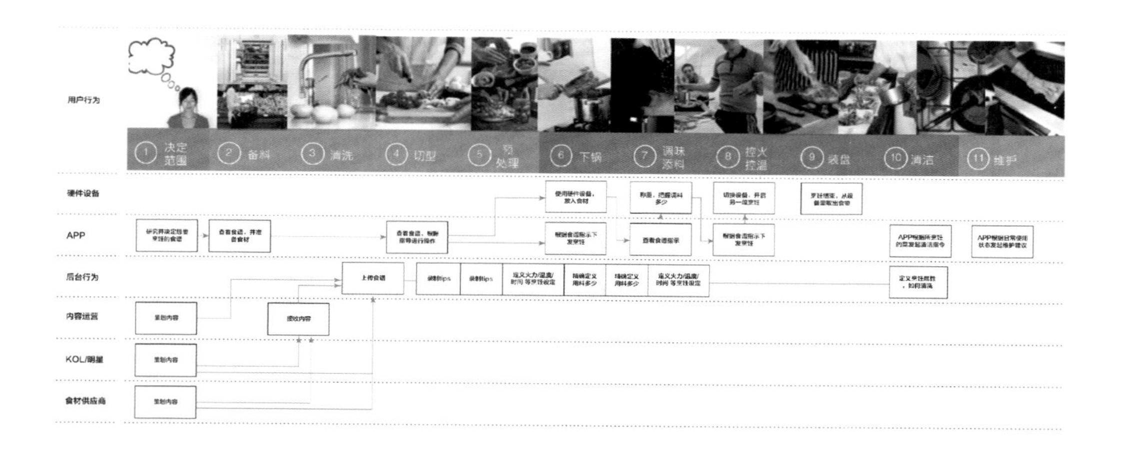

实例3：最小化服务原型

从上一段案例中，我们发现了食材供应商与用户之间可以建立良性的供需关系。

在用户的烹饪场景中，我们的目标用户不常做菜，却仍旧有烹饪的需求。于是，备料尤其是需要繁多备料的“大菜”就成了十足的痛点；而另一方面，食材供应商为了让食材能够顺利贩售，而乐意参与智能食谱研发，甚至免费提供。

于是，一个由“食材包供应-智能食谱研发-用户购买-用户使用智能食谱&智能设备-用户再次购买”的新服务形态自然而然地被提出。但我们又面临很多难以解答的问题，例如：

我们要找什么样的食材供应商？用户喜欢什么食材？用户真的会购买吗？我们的物流能够支撑吗？我们要在App搭建一个商城吗？事实上，这也并非什么新奇的商业模式，市场上也已存在类似的服务，而且非常成熟。我们要做到类似的规模吗？

然而，我们最需要的，是用一个最轻量级的完整服务流程，来验证这样一个想法与我们智能设备业务结合后的效果究竟如何。

最终，我们通过微信现成平台快速搭建了一个购买路径，在App端，我们仅仅添加了一个扫码的功能，用户在扫取食材包上的二维码后，会唤起App内的对应智能食谱，下发烹饪程序进行烹饪。

这个轻量级的流程并非终点，在该服务中，我们会进一步验证用户喜欢什么食材、用户是否能够获得足够好的物流体验、用户是否会复购等我们在会议室中无法通过讨论来得到的答案。

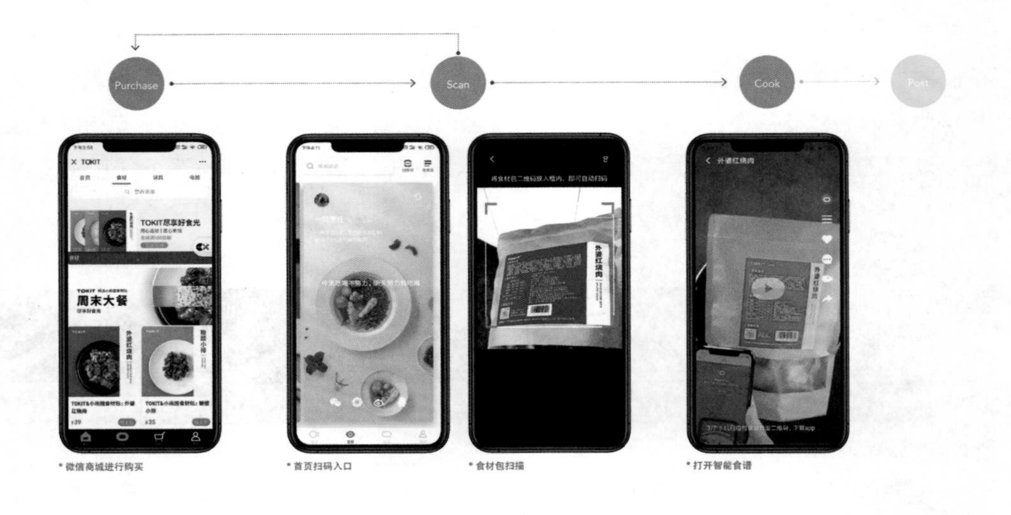

* 微信商城进行购买　* 首页扫码入口　* 食材包扫描　* 打开智能食谱

胡鹿

小米生态链-纯米服务设计经理

曾就职于和硕联合科技，带领设计团队为世界一流品牌提供设计咨询服务。涉及且不仅限于工业设计、体验设计及策略设计。主导的设计获得IF、G-mark、Golden Pin等多个国内外奖项。对物联网应、软件与硬件结合的场景有着深刻的见解，对智能家庭与智能出行场景有丰富经验。

现任职于纯米科技，以用户为驱动，使用服务设计的方法论及创新方式，为万物互联的世界提供真正贴近使用者的解决方案。

第3章

智 能 交 互

共同构建万物互联的智能世界的美好体验

◎ 赵业

华为的UCD中心是华为集团的一个体验设计中心，为华为的各事业部提供体验设计服务。我们涵盖的产品非常多，包括华为传统的通信运营商业务领域、消费者终端领域、云计算、智能计算，还有未来的车业务。

今天能在这里分享，刚好赶上IXDC的十周年。这十年，也是用户体验行业从无到有发展的十年。我们可以感受到十年间用户体验的设计对象、设计方法都在飞速变化，所以我们也在思考未来用户体验的工作应该如何布局？体验设计师的能力应该如何发展？

1. 智能时代的演化过程

今天我给大家分享一下我们的展望——畅想未来，我们先回顾一下过去，过去30年，我们能看到有两个技术对人们的工作和生活产生了非常深刻的影响，一个是网络技术，另外一个就是智能技术（计算技术）。

大家可以看一下，在20世纪90年代的时候，无线网络还是2G，大家的手机可能主要就用于打电话、发短信，谈不上计算。那时候的计算技术更多指的是个人计算机。

随着个人计算机和拨号网络的普及，人类就进入了互联网时代。那时我们提出了可用性设计，设计方法就是以用户为中心的设计，但是那时还没有用户体验设计的概念。

随着网络技术的进一步发展，在2000年年末进入了3G时代，3G技术推动了智能终端的发展。在2000年年末，我们进入了移动互联网时代，在那时业界出现了一个概念——用户体验。直到2010年的时候，国际标准里才正式有了“用户体验”的概念定义。

未来的十年中，网络和通信技术将进入5G时代，而计算技术将进入人工智能时代。

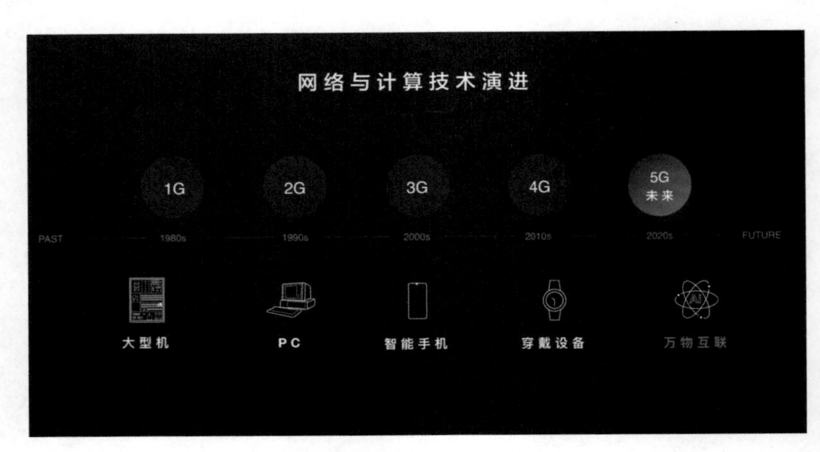

网络与计算机技术演进

2018年可以说是人工智能的元年，2019年则是5G技术应用的元年，未来的时代一定是5G+智能的时代。

2. 5G时代对社会的影响

5G有三个非常关键的特性，这三个关键特性会对我们未来的工作和生活，乃至设计产生非常重要的影响。这三个特性分别是更高的带宽、更多的连接数量、更低的时延。

1）更高的带宽

更高的带宽意味着什么？更高的网络速率。5G的速率比4G要再快几十倍，这意味着更高的带宽能使我们的智能技术进行云化。

智能终端随着摩尔定律逐渐接近物理极限，其算力不可能无限发展，未来一定要依靠在线的云计算能力。

所以那时大家可以想象一下，一个小小的终端，例如一个电饭煲，它也有可能具备人工智能能力。它依赖的人工智能能力不仅在电饭煲本身，还可能分布在云上面，甚至分布在网络上面。

2）更多的连接数量

5G时代的整体接入数量将产生一个倍增，将是4G的十倍，可以达到每平方千米有100万个接入量。大家可以想象一下，除了我们每个人的手机可以联网之外，更多的设备也有机会联网，包括我手里拿的翻译器甚至话筒，那时我们可以称为进入了万物互联的时代。

3）更低的时延

另外一个非常重要的特点，就是5G的低时延。5G的时延最低可以到一毫秒，所以将来很多应用，如智能驾驶、远程医疗就逐渐成为可能。

总结几点，未来的5G再加上AI技术可以逐渐实现什么？我们将会进入万物智能、万物互联的智能世界。这也是华为的愿景——致力于把数字世界带入每个人、每个家庭、每个组织，构建万物互联的智能世界。

万物互联的智能世界

3. 万物互联时代下的用户体验设计

在这个世界里面，我们认为用户体验设计将有两个非常重要的命题需要解决：一个是全场景体验，另外一个就是智慧体验。

1）全场景体验

全场景体验基于万物互联，我们体验设计将从单个物理设备向跨终端、跨物理设备进行转变。

那时设计师将不仅仅只关注单个设备的一个体验，还需要去打破物理边界，去思考多个终端之间的关联和应用。包括我们的用户研究，也不仅仅只研究单个终端上面的用户任务，而是去思考整个以人为本的用户场景的意图到底是什么。

还涉及设计工程方法、设计系统的升级，我们在这方面也做了很多相关的探索。未来用户和终端的交互行为将发生明显的改变，不仅是人和机器之间的交互，还包括机器和机器之间的交互。我们使用信息、分享信息的行为模式将发生改变。这个是未来从事用户研究、从事设计的同事应该去思考探索的。

例如，未来我们观看视频的时候，跨终端交互的行为模式可能将更加方便、更加简单。设备和设备之间的这种联动，以及一系列跨设备操作可能会变得更加无感。类似的场景将非常多，所以我们要求设计师在这样的变化下，更多地去思考，未来到底还有哪些场景可以帮助用户，使其生活和工作更加方便、简单、高效。

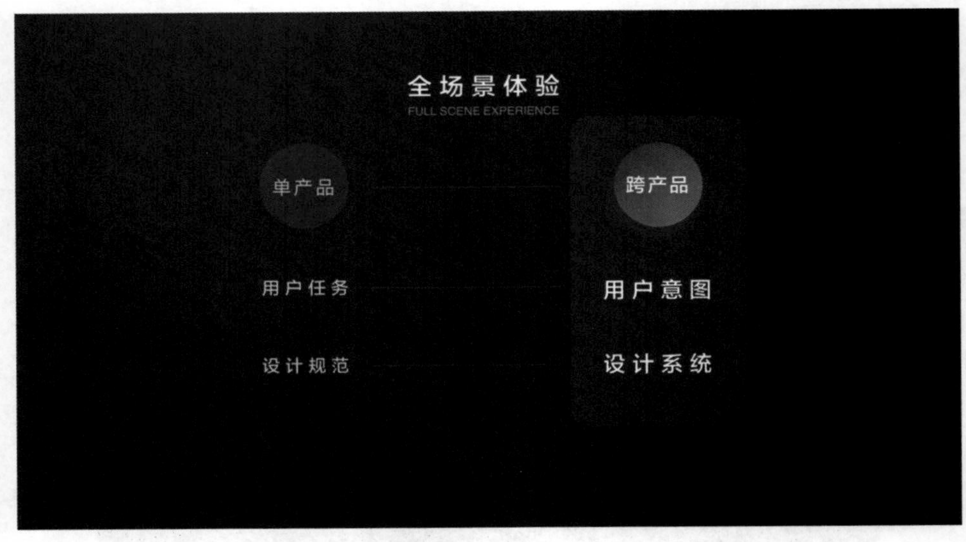

全场景体验

我们可以看到设计范围也将逐步扩大，像之前我们提到的人车交互，随着万物互联，可能不仅仅有人和车的交互，还有车和车之间的互动，车和周边环境，像红绿灯都可能进行互动。当车连接云之后，它可能就是一个大号的手机，一个大号的智能终端。

随着体验设计的范畴越来越大，设计工程方法也会受到一系列挑战，包括说由于整个体验是跨设备的，我们需要考虑每个物理设备之间的体验一致性。那时设计的工程模式将更多地依赖于设计系统。

设计系统其实是一个非常大的命题，在设计系统里，我们需要考虑设计规范的组件化，但更重要的是我们需要考虑组件化之后的工具化。

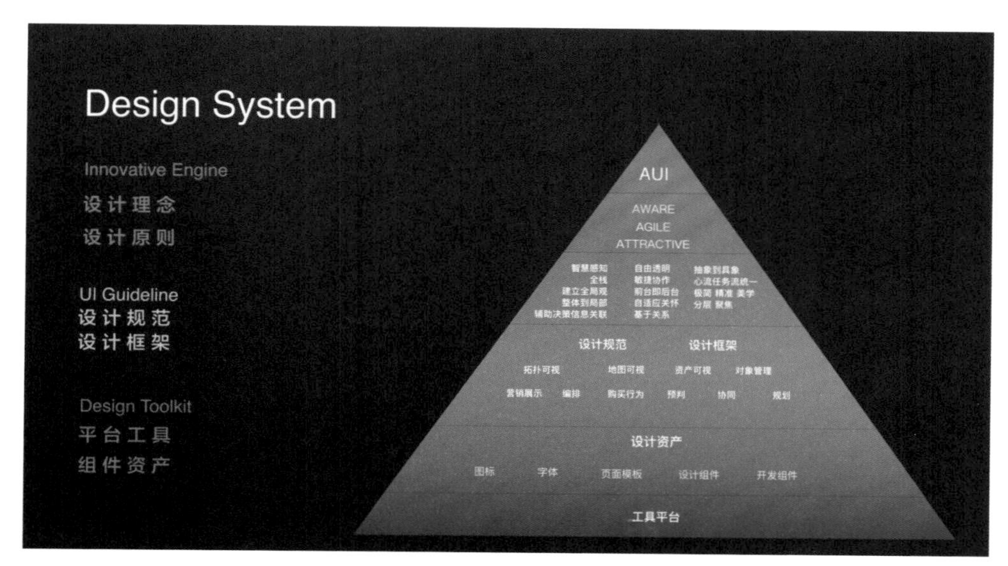

设计系统

工具化有两个非常关键的点：一个是设计系统中的架构设计，通过架构提取可以重复使用的设计模式和设计组件；另一个关键的点是工具的能力，这些组件提取后，怎么做到通用？怎么做到跨设备的重用？

所以未来可能会产生一个新的岗位，就是体验架构设计师。架构师除了对组件进行提取之外，面临多终端、多场景的时候，设计工具也能帮助设计师更快地进行多终端的设计拓展。

大家可以想象，如果未来的终端设备越来越多，我们跨终端的设计工作量将是倍增的，所以我们需要通过工具来将设计师从这种体力劳动中解放出来，这也是我们努力的一个非常重要的方向。

2）智慧体验

下图是一个传统的通信网络管理图，一条条绿线是网络设备连接线，网络管理工程师看到这些线哪些变红了，就知道哪里有问题了。设计师为了优化网络管理体验，会让网络管理图更美观、更简洁。

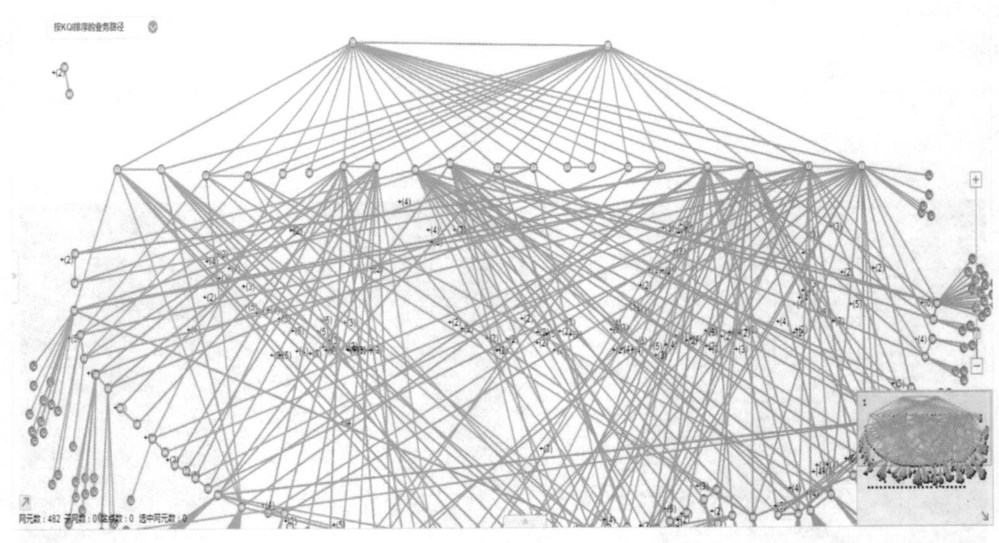

传统通信网络管理图

（1）GUI和NUI。

但是随着5G时代的到来，一个网络工程师管理上百万个设备的时候，网络管理图会变成什么样子？面对这种情况，设计师该如何优化呢？到那时网络管理的设计模式，已经不能简简单单地通过UI优化，通过易用性层面的优化来进行改观了。

那时候一定会需要依赖大量的人工智能技术，未来网络管理将是被人工智能所管理的。例如网络配置，它可能都是自动化生成的，网络上面的故障也都是被人工智能自动发现，然后把故障信息自动推送和解决的。

所以未来的网络管理软件的设计，视觉信息的表达会更加轻量化，以适应未来智能化的发展。面向智能化、智慧化的体验，从传统图形界面逐渐地向更自然的交互方式发展。

大家应该都非常熟悉NUI，但是我觉得未来N不仅仅代表nature，可能代表no——no UI，发展到最后没有UI，将是最好的UI。所以我们认为在未来的智能化时代，这将是一个非常重要的发展方向一在传统人机交互设计中，我们关注输入输出、信息呈现，而在智慧化交互设计中，我们需要更多关注智能体如何更主动地去关怀用户、服务用户。

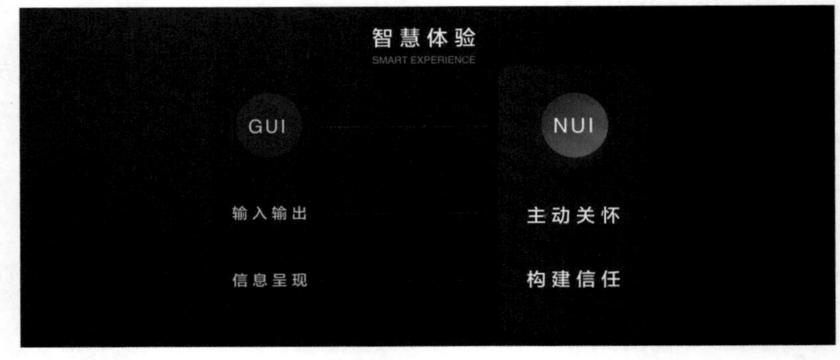

智慧体验

（2）关于信任的构建。

另外，我们看到在智能化设计时代中，一个非常重要的命题就是关于信任的构建。

随着智能化技术逐渐完善，产品和人之间的关系将逐步发生改变。像以前我们使用设备或产品，更多的是作为一个工具来使用。但是未来随着产品智能化的提升，我们和产品的互动就像我们和动物、宠物的相处模式一样，将会产生各种各样的关系，包括它们对人的能力的各种补充，它们可以作为我们的一个伙伴给我们提供安慰，还可以和用户进行协同。在不同的交互模式下，我们可以看到用户对产品信任体验的要求会越来越高。也可以说用户对产品的交互越是接近这种合作关系，对信任体验的要求也就越高。

未来我们认为，信任的感知体验将是影响产品的关键，也会影响用户的使用态度和意愿。在这里面有大量的交互模式可以去发挥作用，我们现在的很多交互设计师可能需要进行思考，如何通过交互设计、体验设计来匹配人工智能技术的发展？我们也在研究不同的信任模型。所以说在未来智能产品怎样才能产生信任感，这可能是一个非常关键的课题。

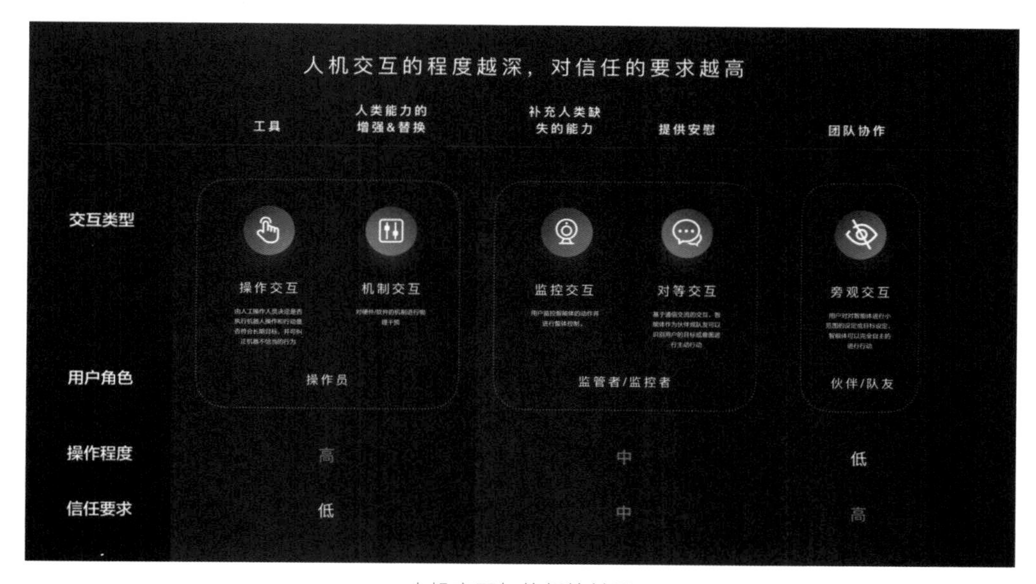

人机交互与信任的关系

（3）EI和AI。

下面举一个实际的例子。华为有两类人工智能的业务：一类是面向消费者的业务，我们称之为HiAI；还有一类是面向企业的业务，称之为EI，EI是华为面向企业提供云化的人工智能能力。

去年，我们和深圳机场进行了一个合作，运用人工智能帮助机场进行运营。因为机场运营中有个非常重要的工作场景是做机位的安排，机位安排的影响因素是非常多的。例如，飞机晚点了，它到之后停在哪个机位；飞机前后出发时间有变，会影响机位；安排的机位不同，用户到达候机室需要的时间长短也不同。因为有一系列的综合因素，所以现在机位的编排很多是依靠人工和经验的，也依靠很多线下工具进行安排。

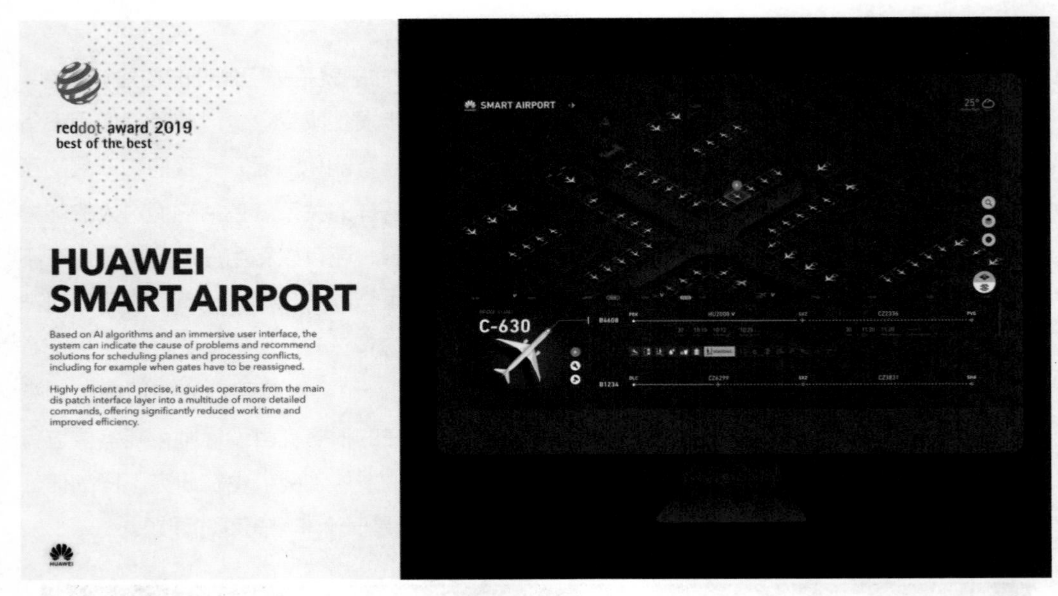

华为与机场合作项目

在这种场景下，智能能力将产生很重要的作用。而在这个项目里面，我们可以看到，信任体验也是一个非常重要的要素。为什么？因为之前的用户可能没有用过这类产品，怎么能让机场的工作人员放心使用，适应这样一个新的工作模式就需要信任体验。我们希望AI的能力是可感知的、可信的、可进化的。

基于这三个理念，我们定义了很多设计原则，包括如何进行AI与人的任务分工，包括AI信息如何感知，以及AI能力和物理世界如何进行匹配。例如如果用户不放心AI能力的话，可以去调用现有的物理信息去进行比对，这可能会增强用户的感知和信任。

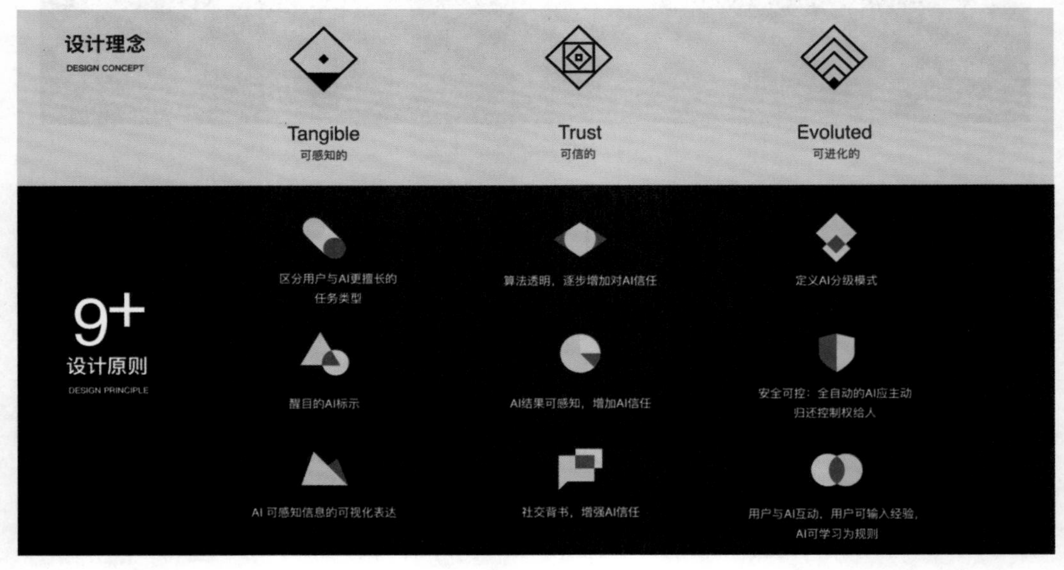

设计理念

另外，我们需要思考算法的透明。用户在进行机位推荐的时候，可以知道现在用的是什么算法。如果对这个算法不信任，还可以自动添加自认为合理的机位进行比对。所以这里要让用户对AI产生一种控制感，而不是一个简单的单向互动，这是非常关键的交互表达方式。

我们还需要去思考，产品中AI能力怎么去演进，包括一开始可能全部是人工的，然后怎么去慢慢变成半自动化体验。AI本身也是需要人对它进行训练的，需要对它进行反馈，所以在人机交互中怎么帮助我们的AI设备进行学习，最终达到全自动化能力，这也是一个设计命题。

总结来说，我们认为未来的体验将会步入全场景的智能化时代，也可以说是人智交互时代。我们能看到在这个时代里面，很多设计工程方法会发生演变。例如前面提到的跨场景研究，对用户的意图进行更深层次的解读，以及对信任感知的研究等，却是一系列命题。

最后希望通过这次分享能给大家带来启发。让我们体验设计行业共同努力，共同构建万物互联的智能世界的美好体验。

赵业

华为UCD中心部长

2005年加入华为并作为最早的成员创建了华为UCD设计能力体系，设计经验覆盖运营商、企业、消费者等多个领域，规划并创建设计能力和工具平台，建立华为海外体验设计工作室，有着长期的用户研究、设计、工程方法及体验策略管理的综合经验。

02 在人工智能时代，我们需要更通情达理的设计

◎ 许让

大家好，我今天要说的内容主要不是扫地机器人之类的产品，更多是偏向于人形的机器人。对于机器人，大家可能是通过科幻片，如《终结者》《西部世界》了解到的。可能最真实的就是波士顿动力，因为我们公司跟波士顿动力也谈过合作，他们一样希望我们可以把他们在实验室的那些产品进行一些商业化。但坦白讲，那种机器人现在要走进家庭还是非常困难的。原因是成本太高，因为它用的全是液压的东西。

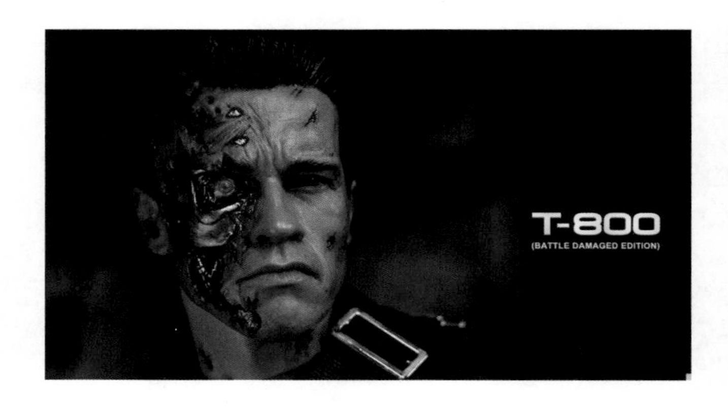

我们能看到机器人有非常类似于人的东西，但其实牵涉的环节实在太多了。除了我们能够看到的所谓的皮肤，还有眼睛。在搜寻视觉的时候，它的眼球按道理是不需要转动的，但如果缺少那些东西，它就不像人了。其实我们在做的事情就是，通过非常小幅度的设计，对它眼睛或者肢体上的一些动作进行识别，让你觉得它更像一个人。因为人是不会对机器产生感情的。

图像处理	计算机视觉	深度学习	统计学习
• 去雾化 • 超分辨率 • 去模糊 • 去噪声 • etc.	• 脸部识别 • 场景分割 • 深度计算 • 姿态计算 • etc.	• 多尺度网络 • 残差网络 • 级联网络 • 神经网络压缩 • etc.	• 多视角学习 • 标签噪声 • 因果推断 • 图形化模型 • etc.
Home AI			

坦白讲我觉得做一个机器人，特别是人形机器人，相当于我们在模拟一个上帝的角色，我们在创造另一种生物，我们在创造一个跟我们一样有思维、有视觉识别、有肢体动作、有生命力的东西，但这个东西其实非常困难。

例如，它的所有东西拆开后，可能会涉及一些超分辨率的问题。超分辨率是说什么呢？一些非常模糊的图片通过超分辨率的技术可以清晰化，但是质量不增加。这种技术单纯用在机器上面是有用的。例如医学上面拍到一些病的照片很模糊，但通过超分辨率技术可以放得很清楚，就有很大的作用。

还有就是所谓的精细化，因为机器人在识别所有物体的时候，可能它可以识别出这是一张桌子或者这是一条狗，但是它很难识别出这是一张饭桌还是办公桌，这是一条什么品种的狗。这涉及非常大的数据量。所以我们觉得人形机器人因为数据量的缺乏还有计算方式的缺乏，它目前并不成熟。我们正在做这一块的时候也依然没有打算把它非常快地商用，很多东西可能还是在实验阶段，我们需要各行各业其他技术的支撑来做这个事情。

还有就是去雾、去噪、图像识别、深度学习。因为人的眼睛看到一张桌子的时候，我们可以非常清楚地想象它的背面应该是什么样子，但是机器要识别到这种程度，需要数据重建出其他几个面。

这里我们说的是软件层面，从硬件层面说就更多了。因为人是特殊的动物，我们是直立行走的，需要稳定性。大家如果去看波士顿动力的机器人，当你推它的时候，它的膝盖关节会自动地去适应；模拟摔倒或者是上坡、下楼梯的时候，它整个的膝盖关节都是在变化的，它的身体也是在适应的。所以波士顿动力有非常好的算法，但它的成本实在太高了。

日本阿西莫的团队在20世纪70年代就开始做人形机器人，他们应该是当时做得最成功的。然后前段时间我跟他们交流时他有问过我一个问题，他说："你们在做机器人的时候，是更希望把它当成一个机器来使用，当成一个工具来使用，还是希望把它当成一个伙伴来塑造？"我说，我们打算把它当成一个伙伴或者家庭的成员来做，因为机器人在现在这个阶段，一定会犯错，而且它的很多错误会让你觉得非常低能。就像很多人在说的，人工智能可能是"人工智障"，其实这就是现状。但是我们把它当成一个伙伴的话，我们会更容易去包容它的一些缺点。就像你家里养了一条狗，它可能没有那么聪明，但是它单纯、可爱，能够给你一些情感上的陪伴。所以，我们希望它在跟我们交流的时候，是主动式的，因为通常机器是不会主动跟你交流的。我们在做这些的时候，尤其是涉及家用机器人的时候，很多技术还在沉淀中。

在做家用机器人的时候，我们的视觉识别可能更多需要精度，而不是广度。现在有很多视觉识别方面的公司，例如face++这类的，它可能针对的是非常大的样本，要识别的人群可能是百万计或者千万计。但是家用机器人可能识别的只有十几个人，需要非常精准地识别家里的某些物体。就像我们在安装一些摄像头的时候通常会有陌生人警报，但是，当一个人每天经常在摄像头面前出现的时候，你可以设定他为家庭成员，他出现在镜头里面的时候，不会再弹出提示。这种技术也可以设定为主动式的。例如工作日下午3点看到你的时候，它会问你今天为什么没有去工作，是不是不太舒服或者有别的事情。它在早上跟你打招呼，在晚上可以跟你问好。这种主动式的交互是人跟人之间的一个特点，机器是不会来做这种事的。

机器人的动作肢体表现力，基本上都是基于ZMP稳定理论，或者是虚拟腿控制理论、被动行走理论。所以说像阿西莫也好，波士顿动力也好，Altlas也好，基本上是基于这些来做的。目前我们公司做的机器行走，大概可以达到时速40千米。但是，这可能是偏向于实验室的比较理想的环境。

消费类机器人表现力设计

我们在做消费类机器人的表现力设计时找到一个出口，就是眼睛和动作。这个动作可能包括情绪识别，包括动作预估。还有通常来讲，我们在做某些手势的时候，你的眼睛会跟随你的动作来匹配。我们在这一块的设计上面做了一部分工作。然后也因为这个还是消费类的机器人，我们需要像做玩具一样设置一定的夸张。所以我们首先想到在做消费类的产品时，它需要一个人设。

但人设这个东西挺麻烦，它涉及层面会比较多，如产品的后续设计、品牌市场相关的人群。因为你既然有人设，产品就是针对某个人群的，你是做给哪个人群玩的？是做给孩子的，还是给大人的？是家用的，还是其他层面的？是设定成一个男孩，还是一个女孩，还是一个动物？每一个形象都会涉及非常多的技术问题，最后在终端产品的表现上面会有非常大的差异。

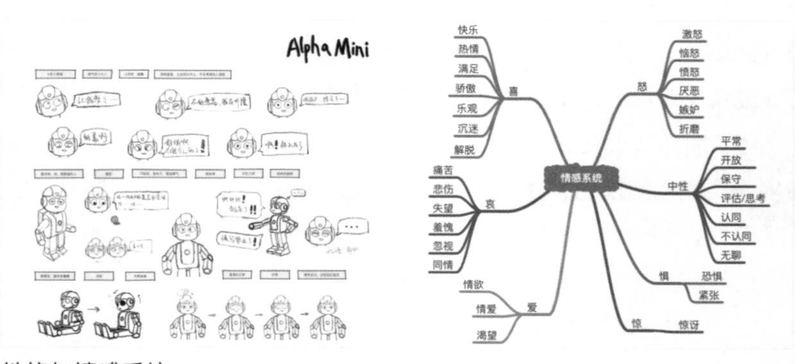

性格与情感系统

一个具有吸引力的性格是类人型机器人的基础，所以我们将悟空定义成一个可爱的小男孩，他乐于助人，并且有点小脾气。我们创造了一套情感系统来表现悟空的性格，以丰富他的个性，同时这也是表情与动作设计的线索。

是不是针对每个人设，都要单独去做它的性格、动作、后续的开发和设定呢？这个工作量非常大，在数据量不足的情况下，也没有太多的用户样本。最后我们选择了一个小男孩的形象，比较调皮，但是会主动跟人交互。我们希望它具有非常强的拟人特征，这种拟人特征代表什么呢？通常机器看人的时候非常生硬，包括人工语音也会非常生硬。但其实真正的人在看人的时候，你的眼睛是不可能完全静止不动的，你的眼球会有不自然的跳动、振幅和不由自主的移动，这一块我们基本上按照跟人的眼部运动完全相同的方式来做。此外，当你的手靠近它的眼睛的时候，它会有一个非常自然的眼睛的收缩，我们希望多将这种感知运用在机器上面。它能够理解、感受周围的环境，你在拍它的时候，在它身边有动作的时候，风速上的感应能够给它一个类似于人的反应。就像我如果挥一个巴掌假装要扇你，你会有一个闪躲的动作，我们希望它有近似的动作，来给我们反馈。这样我在逗的是一个非常具有生命力的家伙，而不是一个机器。

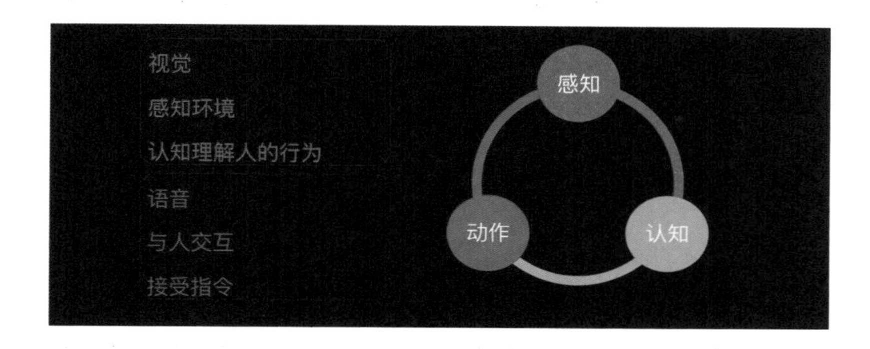

所以，从视觉层面来讲，你希望它可以感知环境，可以认知、理解人的行为，还有语音上跟人的交互是主动式的，而不是被动式。从这个出发点来讲的话，我们希望它展现出所谓的生命力。生命的基本活动之一，是将内在的内容通过外在的媒介展示出来。所以，我们经常说“眼睛是心灵的窗户”，我们希望机器也能通过眼睛和动作，来展示它的内心。

但是，机器的话，它所有的内容和表现需要我们人为地梳理出来，就像我们之前在看很多影视剧时认为“五毛特效”特别假，在做机器的时候如果做得不好，它依然会显得很假，依然会显得特别机械化。尤其在做消费类产品的时候，用户通常是没有这种包容力的，他不会理解你在做什么。而且通常来讲，因为你包含的内容特别多，它的成本会非常高。例如之前谷歌推出的Now，它的价格可能都在十几万到三十万元之间，这样一个产品想作为消费品来卖的话，走进家庭是非常困难的。

我们在确定它以眼部来做交流的时候，首先它会通过一个传感器，来抓取你的第一阶段的行为特征；然后再来做一些高阶的行为认知，如视觉的系统、眼部的动作；最后通过眼睛来输出相关的一些行为，看它是否能够非常准确地模拟出人类的眼部动作。

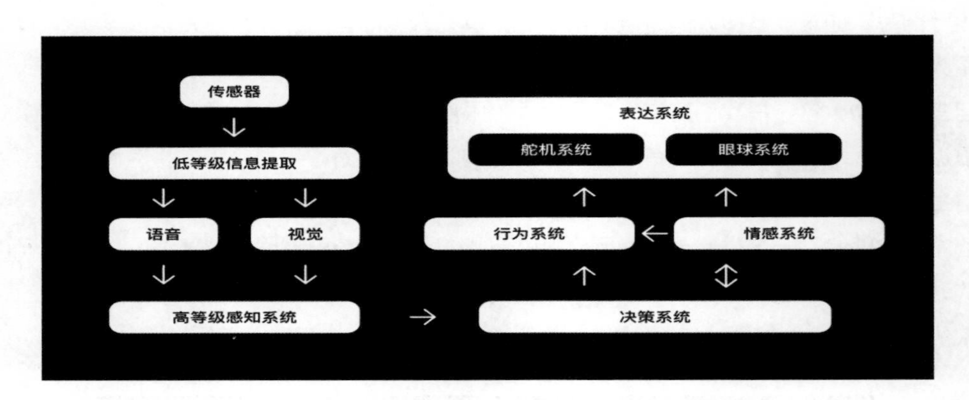

所以之前我们就研究了很多跟医学相关的东西，研究了人的瞳孔、人的视动性眼震，我们也将其用在产品上面。人哪怕是在非常静止的状态下注视一个人，他的眼睛也会有微幅的震动，这种微跳动是生物体所具有的特征。基本上在机器中，如果看不到这个东西的话，你会觉得不自然。虽然你可能也说不出什么不一样，但就觉得不自然。我们希望机器人静止的时候，我们没有招惹它、没有搭理它的时候，它依然像一个生物，会有类似于人的微幅的眼震。

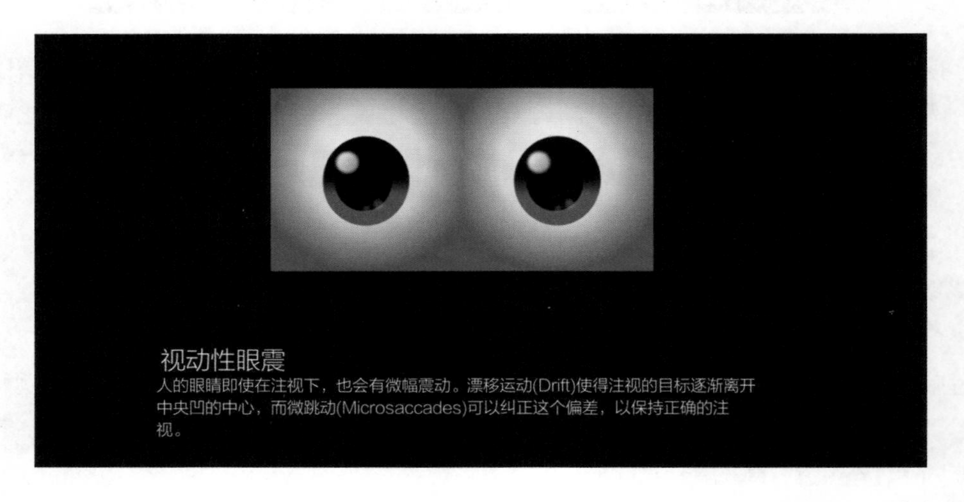

还有一个就是视差效果。如果我在看着你的时候，突然转过脸来看他，我的瞳孔和虹膜不是同时移动的，瞳孔是最后移过来的。所以我们希望机器人在转头看人的时候，依然给你同样的感觉。虽然由于屏幕的显示问题，它没有办法模拟人瞳孔的那种闪亮或者晶莹剔透，但是我们希望，它在结构和动态方面可以做到跟人类似，然后让产品显得更有生命力，更人性化。

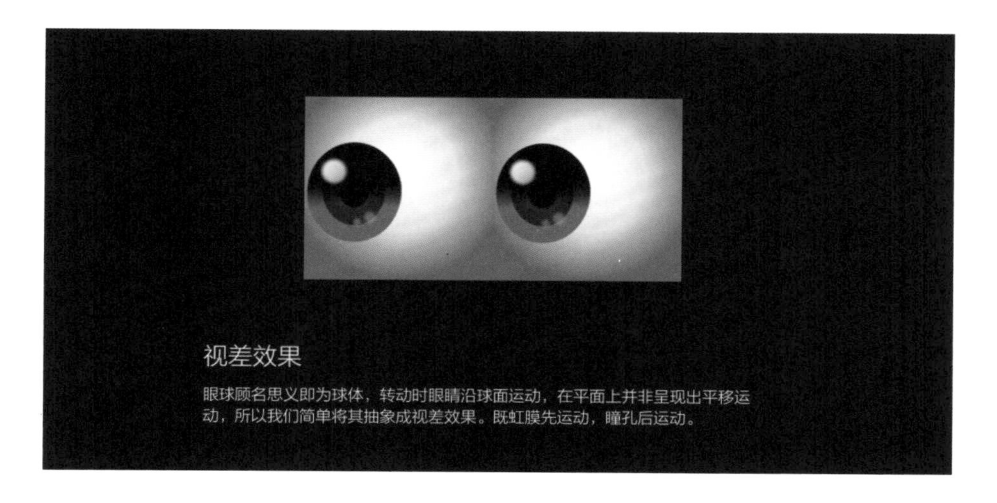

人眼部的动作还包括辐辏运动。就是你的手靠近你的眼睛的时候，你的眼睛会不自然地往中间收缩。你的手远离你的眼睛的时候，看从近至远的一个东西，你的瞳孔是会扩散的。我们希望机器人也会有一样的反应。综合来讲的话，我们希望至少从设计层面，解决一个问题，就是人机交互的时候它能够更加拟人化，更像人而不是机器。所以这是我们的核心和初衷。我们也希望在未来的产品里面，机器不再是一个被动的工具，而是更有生命的东西。

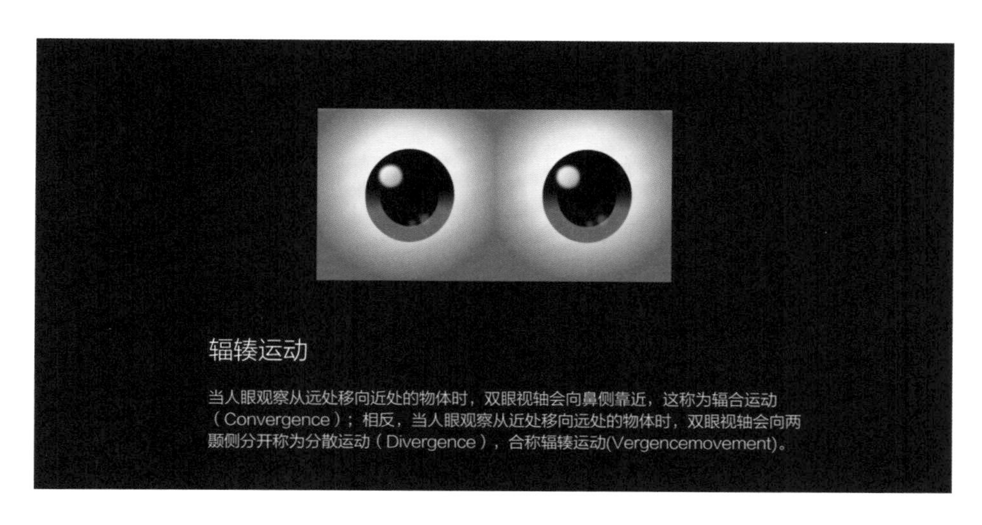

我们的机器人名叫“悟空”。我们设计了悟空的行为和交互方式，包括它的动作、表情、声音，使得悟空更有生命力。我们把悟空设定为一个可爱的小男孩，它乐于助人，但有点小脾气。通过分析人类的行为、表情、动作并拆解成一个个基本的元素，设定一套机制，将这些元素运行起来，使得悟空能主动与用户打招呼，闲置时还会时不时调皮一下，例如放屁、挠痒痒等。当你唤醒悟空时，它会看向你；如果你拍它的头，它会做出各种可爱的反应。

在设计具体的表情与动作时，我们参考了人类的真实表情，并在此基础上进行适度的夸张，你将观察到一些生理细节，如适度性眼震和对光的反应，以及漫画式的夸张等。在与悟空进行语音交互时，用户能感受到与人交流时的快乐与真实感，这极大地拉近了用户与机器的心灵距离，用户将拥有一个小伙伴，陪伴他们学习和玩耍。

我觉得机器给人的感觉，应该是它本身就会发出这个声音，它本身就是这个形态。但因为内容的东西现在比较少，而且现在的语音识别，比较准确的机械音太重，相对亲切的声音又不是特别准确，所以我觉得目前我们还是处在容忍的阶段，但是我们可以做的就是这些。谢谢。

许让

优必选设计总监

12年体验设计从业经历，曾任职nec、vivo等。专注于移动设备和移动互联网用户体验设计。优必选科技成立于2012年3月，是全球顶尖的人工智能和集人形机器人研发、制造、销售为一体的高科技创新企业。公司秉承着“让智能机器人走进千家万户”的使命，专注于人工智能及机器人核心技术的应用型研发、前瞻性研发与商业化落地，同时提供人工智能教育、智慧零售、智慧园区、校园安防等行业解决方案。

03 3Glasses：做有温度的硬科技

◎ 王洁

一款新型智能硬件的0到1之路

非常开心可以和大家分享3Glasses从创立之初到现在的一些设计想法。先介绍一下3Glasses这个品牌，3Glasses是国内虚拟现实行业的头部品牌，自2014年起，我们提供VR硬件产品及VR整体解决方案，曾推出了亚洲第一款量产VR眼镜D1和全球超轻薄量产VR眼镜X1。与此同时，在2018年，数字王国集团成为我们的大股东，它是由好莱坞著名导演詹姆斯・卡梅隆创办的全球三大影视特效制作公司之一，制作了《泰坦尼克》《阿凡达》《复仇者联盟》等一系列脍炙人口的佳作。

我和我的团队从事虚拟现实这个行业已经18年，我们经历过行业的高潮，也经历了所谓的低谷。在我看来，VR作为一门新兴技术需要很硬的硬实力，但在技术背后的产品设计上，我们希望带给消费者充满人文体验的“温度”，做产品的初衷是让人们的生活更加美好。

3Glasses最初的创意源自《易经》中的一句话：“天趣之眼，无量无限”。这是我对VR技术的一种理解，但我更喜欢用中文“虚拟现实”去解读它。VR很像第三只眼睛，帮你看到那些无限、未知、有趣的画面；同时，它也很像我最喜欢的动画人物哆啦A梦中的任意门，能够带你去任何你想要到达的地方。所以3Glasses的logo设计一直以来都沿用“眼睛”的形状。

3Glasses的logo

“看见”对3Glasses来说，意味着一切。由“看见”这一视觉属性的要求，生发出许多联想。因为视觉是有欺骗性的，我们如何能够“骗”过眼睛，“骗”过大脑，需要很复杂的技术手段，尤其是光学和算法的技术升级。影响VR观感的因素太多，其中透镜在色彩、畸变等多方面的问题比较严重。也就是说，VR光学方面依然还有极高的进步空间，无论是屏幕还是透镜。其实，早在三十年前VR就已经被用于美国宇航员的训练当中，1983年美国NASA就开始使用VR训练。巨大而笨重的VR头显与计算机主机相连，现在看来像是一种不切实际的行为艺术，很难想象出于“沉浸感”的初衷发明的设备如此笨重。

NASA使用VR训练

随着光学的不断发展和透镜的选择，大家寻求更加多样化设计的VR头显，你在商场中见到的VR产品越来越小巧了。目前从单屏幕＋透镜的模式已经衍生出短焦型、双目组合型、物理变焦型、大视野类等各种产品。“硬”科技的不断迭代让VR这样一种具备完全颠覆我们想象力的视觉显示方式得以和消费者接近。但怎么样能让消费者感受到它的温度，这涉及3Glasses产品的思考逻辑。

电影《头号玩家》

《头号玩家》是2018年非常火爆的一部电影，讲述的是在2045年，虚拟现实技术已经渗透到了人类生活的每一个角落。在拥挤的城市里，我们基于虚拟现实这样的技术载体，有无限可能。虚拟世界“绿洲”其实就是一个基于数字化所构建的平行世界，平行世界里会用到几项核心技术载体，虚拟现实就是其中之一。随着5G技术的逐步深入，像电影一样的虚拟世界“绿洲”不仅仅只有硬件载体，它更意味着一个现实中“镜像”世界的诞生。通过VR头显这样的显示载体，我们可以犹如穿越一样到达自身想去的任何地方。那个地方是通过数字技术重构的，不管是里面的人、空间还是事物。至于这个平行世界长成什么样子，是由你自己选择和构造的。未来的虚拟世界，是完全基于数字化构成的，现实世界中所有的空间，在那个空间里都会以1：1存在，只是“镜像”的世界更富有想象力。但这存在于科幻电影中的，让我们每个普通人可以真正拥有那样一个伊甸园的时代到底何时到来？从技术到消费者，这中间到底有多远？我认为需要解决以下三个环节的设计。

在新型智能硬件的环境下，设计绝不仅仅止于产品本身，不管是从产品ID到UI，还是用户的交互体验，甚至是用户在不同时间、不同阶段接受产品的应用场景，都需要在初期阶段被设计好。

用户心理需求设计

为什么说现在科学技术已经这么发达了，我们身边的物质已经这么丰富了，可是我们的幸福感好像并没有增加？这其实反映了当代人的精神状态。

我们一直将To C端的VR设备看作是满足我们精神世界的载体。VR的世界可以让我们在现实中不足以承担或改变的生活得以重塑，让现实中承载不下的欲望得以发泄。这就是我们所设计的用户心理需求。VR最广泛的用户群大多分布在一线城市，例如在深圳这种快节奏环境下，焦虑无处不在。我们很紧张，每天工作都很辛苦；我们很压抑，想做得更好，但又高处不胜寒；我们很孤独……VR作为载体，可以在另一个维度去解决心理问题。

其实，有非常多的产品在基于这样的思维逻辑进行设计。火爆的抖音，把我们的碎片化时间从原来的一两分钟切到十几秒，让你以最快的频率以视频这种方式接受更多的信息量，适应快节奏的信息输入。2019年最红的主播李佳琦，他的出现让我们在线上购物的过程中有了指引和指导，并不孤单，几万人在陪你一起刷单，这也为网上购物注入了温度。

基于这些优质内容及商业模式的诞生，所有的屏幕硬件厂商都在寻找下一块可以突破的屏幕是什么。未来，我们是否可以在更大的屏幕或者更身临其境的网络环境下制作短视频或观看直播？与此同时，在内容发展和商业模式进化的过程中，硬件的屏幕也随之转换，由大到小，从我们的手机屏幕到智能手表的屏幕，再到出现在家庭中的类似于智能音箱的屏幕。那基于人类的情感诉求，下一块可以无限延伸的屏幕是什么？VR技术就是一块无限延伸的屏幕，只是这块屏幕基于虚拟现实特别的技术逻辑和显示方式。在那个空间里可以尽情发挥你的想象力。

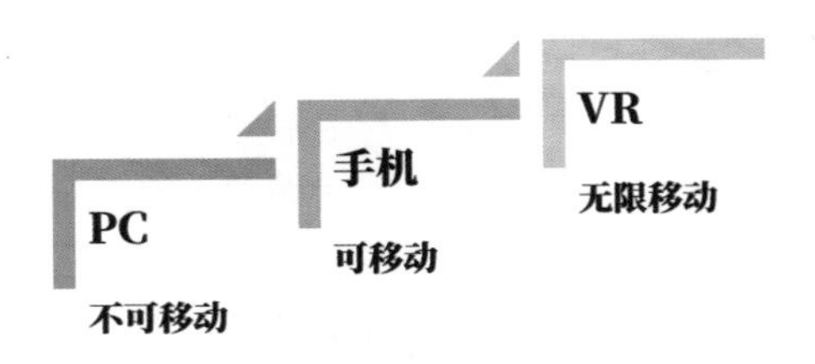

在互联网如此发达的社会，我们都是活在屏幕后面的人，屏幕意味着另一个世界。反观屏幕的发展，它一直在解决我们的精神需求。那VR也是一样，我们为什么要拥有一台虚拟现实头盔？难道仅仅是打游戏吗？它还能用来干什么？

我们从三个情景描述了VR用户的使用需求。

少年篇《为了你好》——每个人都曾是孩子，有天也会为人父母。没人有机会在成为父母前践行如何做父母，也没人有机会在成为孩子前实践如何做孩子。从“成为应该成为的人”和“成为自己”之间，需要的不止是物质承载，更是深深的看见与理解。而现实中，“为了你好”这份不遗余力的付出却容易成为束缚孩子和家长的锁链。希望VR可以陪伴孩子和父母看见彼此的世界。科技，应是爱的桥梁。

中年篇《一个男人》——希望VR不仅能够讲述一个男人的心声，同时还能令他的爱人、家人看见他为了自己、为了家庭所默默承受的一切，看见他爱自己的样子。越刚强的心脏，越需要温柔的守护。

老年篇《阿妈》——VR是5G时代最自然的载体之一，5G可以令我们的生活无限延展，可以令我们的生活更加便捷。然而，科技带给人类的温度难道只能服务于最前沿的人群和城市吗？在这样的思考下，这个篇章我们选择了对传统科技认知而言小众的群体、小众的地域。只有以人为本，创新才有价值。

我们之所以如此执着于这个领域，是因为我们看到它背后所蕴藏的可以解决我们现实问题的能力，这个能力就是在虚拟时空里，我们可以基于VR技术，在一定程度上解决用户的需求，解决人性深层的孤独感，通过数字时空，去满足现实世界里所有的遗憾。例如，基于未来的5G网络环境，基于360度的摄像头，不管我在哪里出差，都能跟孩子们在一起；父母虽去不了远方，但依然可以在虚拟世界中感受地球的辽阔之美。这些场景都是跟我们生活息息相关的。

我们清楚地知道VR产品是解决用户的什么心理需求，下一步就是解决认知问题。

用户认知场景设计

追溯历史，1957年的VR设备看起来像一个巨大的计算机，但那个时候计算机的运算能力其实非常弱，所以在计算机上只能够看到三维的画面。一直到1995年，当时任天堂推出了第一款VR的游戏主机，但基于那个时候糟糕的显示能力，它没有办法让人们感觉真实，因为里面的画面实在是太假了。

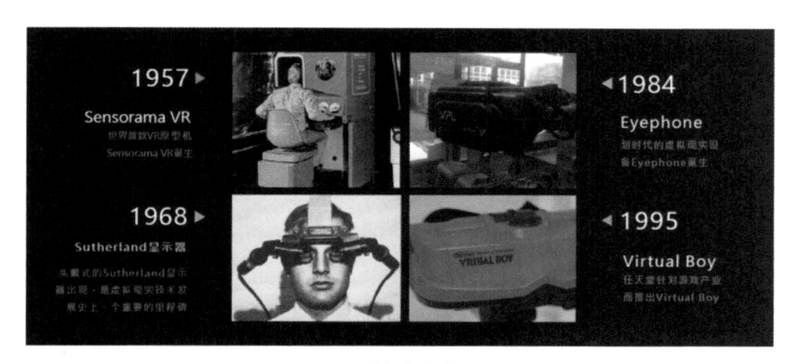

VR的演变史

从2013年我们开始做3Glasses这个品牌的硬件，希望去尝试解决用户的认知问题，至少让所有的用户知道，原来基于这样的设备，不仅仅可以让视觉看起来身临其境，而且可以真的进入那个空间用脚步去丈量。在那个空间中，可以随着我每一步的走动，或者我的身体的起伏，去感知空间。从2013年到2014年，从第一代产品3Glasses D1到最新推出的3Glasses X1，我们一直在全球开拓这种线下体验点的模式。这是由3Glasses全球首创的VR技术“线下体验”模式，初衷就是解决认知问题。因为VR技术太新了，它的功能不像传统的智能硬件一目了然。线下体验这个模式到目前为止，在全球已经有超过5000家的线下体验店在跟3Glasses合作。我们像传道士一样，将虚拟现实的美好体验带给超过3亿的用户。

产品从0到1的诞生，从来不是一步到位的，它需要逐步迭代。我们花了五年时间，让更多人了解什么是虚拟现实，我为什么要买它。

购买情景角色设计

回到产品设计本身，它应该被设计成什么样才能缩小与用户之间的距离？在目前的VR硬件形态中，还没有产生一个固定的标准。既然我们希望VR产品解决用户精神层面和内心世界的问题，那么一定要让用户对产品产生依赖和归属感。这个归属感我理解为不止是吃饱穿暖，而是满足情绪的宣泄，或情绪的隐藏。科技最终的目的都是为了让人类的生活变得更加美好。科技是冷冰冰的，但是美好的生活是有温度的，感性跟理性之间怎么结合？如何平衡？3Glasses在做产品时候，一直在设计场景化的画面。

目前全球的产品形态基本上是VR头盔，因为它很大，可能五六百克，会遮住一半以上的脸。从体验感来说，对用户不是特别友好。

有温度的产品需要让佩戴的人觉得很自豪，有尊严，漂亮。如果太笨重丑陋，哪怕体验再好，用户都不愿意接受。做产品的思路跟交朋友的思路是一样的，颜值是其中的关键因素。VR的硬件形态到底要长什么样子呢？大家肯定会想那把它做小就好了。但是对于新型的智能硬件，受限于定制化的一系列生产供应链标准，包括供应链元器件技术的限制，我们在0到1的突破当中，不单需要感性的设计基础，还需要理性的技术理解力。

2019年4月10日，我们面向全球市场推出了一款VR眼镜，就是从刚刚说的产品重量从600克变成了150克，从可能会把脸盖掉三分之二的产品形态，变成了一个更趋像眼镜的形态，戴上它有点像《黑客帝国》中的主角。同时，我们采用了分体式方案，模特脖子上挂的看起来很像Boss的音响，但其实是一台小型的笔记本电脑。

超薄VR眼镜3Glasses X1套装

为什么要把计算机做成这个样子？其实我们曾经想过把它做成一个小小的盒子，但拿在手上不方便，它不受力，不好放。而脖子是一个合适的承载，才会想把计算机像项链一样挂在脖子上。这是一个全新的产品，但我觉得它至少可以给行业带来一些新的思路。没有规定计算机一定是长成四四方方的，只要你敢于想象。

这个产品目前已经量产了，从市场的反馈来说，C端用户的接受超过我们的预期。当然这只是超薄VR眼镜的一个突破，我们未来会有新的迭代。我觉得3Glasses X1就像一个时尚单品，有好的体验、漂亮的设计，它更贴合用户需求，还有新鲜感，并且这个新鲜感跟体验息息相关。

眼镜只是显示器，它可以搭配像项链一样的计算机，也可以接入游戏机，也可以接入手机。目前我们已经跟中兴调试成功，未来市场上的5G手机应该都将陆续直连VR眼镜。

以上就是我今天和大家分享的内容。我们在设计一款新兴的智能硬件产品时，整个设计框架涵盖了用户的心理需求设计、认知场景设计、购买情境角色设计，这是我们设计一个产品时完整的开发思路。最后总结一下，在3Glasses的文化基因中，一直都追随“因为相信，所以看见”。我们相信自己的理解，相信自己的坚持，相信自己的审美，坚持在冷冰冰的“硬”科技中，注入更多人情味。

王洁

3Glasses创始人兼CEO

中国资深VR行业实践者，带领中国最早的VR商用化团队创造了200多个VR行业应用案例。主导研发亚洲首款、全球第二款量产VR头盔，开创全球首个VR线下体验点模式，并建立起VR内容服务平台（VRSHOW）。带领团队以高度的企业责任感和自主研发能力与高通、Unity、微软等国际科技巨头达成战略联合。2019年发布VR里程碑产品：全球首款超薄VR眼镜X1，致力于让更多人享受VR的美好，让3Glasses以中国品牌登上世界之巅。

04 面向未来的地图体验设计——让每一个人都成为无限延伸的个体，迎接更加美好的世界

◎ 徐濛

大家好，我是百度AIG用户体验团队的徐濛，我给大家分享的是面向未来的地图体验设计。

1. 设计对象的演变

其实纵观互联网的发展，可以看到设计对象一直在演变。最早我们为行为而设计，产出大家经常用到的工具类型的产品，如浏览器、文档编辑器等，包括早期的地图也是这样，我们都是在追求如何高效地为用户检索到一个目的地。但用户前往一个目的地不是他真正的意图，他是去享受它背后的服务，可能是美食，也可能是电影，所以我们开始去为意图而设计。

大家比较熟悉的形态，例如购物、用车、外卖等，都属于这种体验形态。当行为和意图在今天都被高效满足的时候，我们开始去洞察每个人背后的动机到底是什么。同样是去看电影，可能每个人的目的和动机是不一样的，有的人可能真的是为了去看电影，有的人主要是为了约会，有的人是为自己喜欢的明星刷榜单……所以相同的是行为、意图，不同的是每个人背后的动机。

今天有很多体验形态在聚拢不同的兴趣、不同的动机，针对群体去分发内容和服务。所以我们可以看到从设计行为到设计意图，再到设计动机，它是一个不断向人脑上游递进的过程。

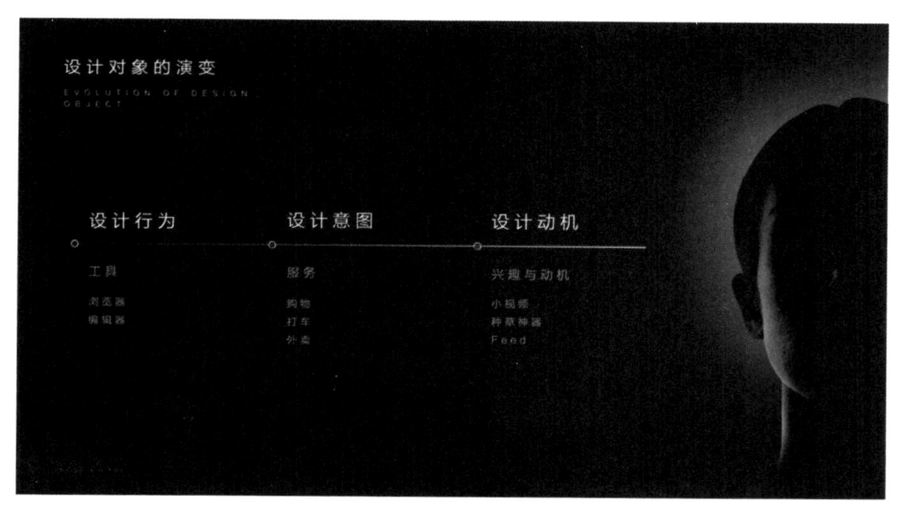

设计对象的演变

2. AI影响下的设计特征

未来的设计会是什么样子？我们认为未来借助AI的力量，设计一定能帮助人类意志进一步延伸，以及重新塑造。听上去好像有点玄幻，其实就像我们过去常说的，设计要符合用户的心智，不同的人基于他的习惯和认知要提供相匹配的设计。

而未来借助AI的力量，我们一定能扩展人的能力边界，拓展他们的知识领域，去提供更多不同视角看待世界。所以我们也在借助AI的能力，去研究未来的地图体验形态应该是什么样子的。

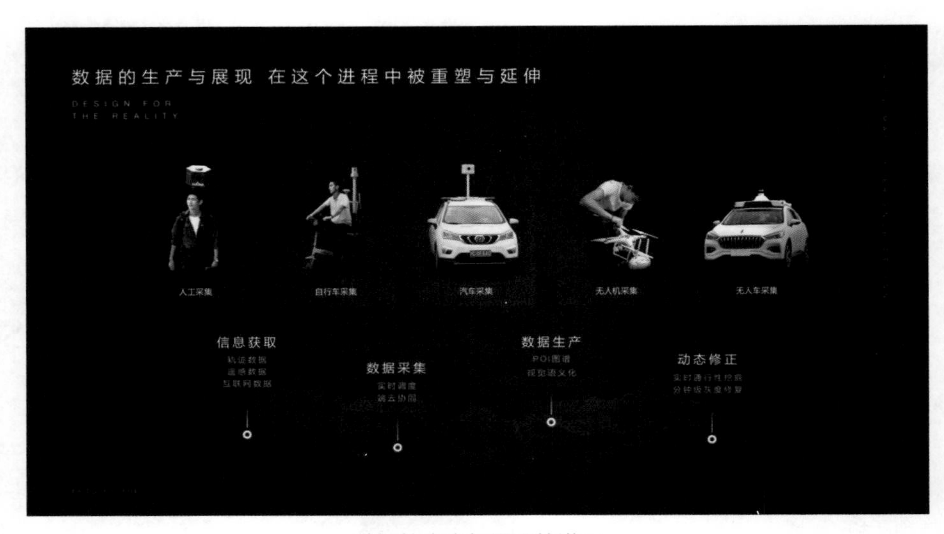

数据的生产与展现的进程

下面我会从三个层面跟大家分享一下，基于当下我们在地图上的一些实践和思考。

1）构建以人为本的数据

首先是构建以人为本的数据关系。我们都知道数据是AI的核心能力之一，今天随着整个采集工艺、采集流程的智能化，百度地图已经不光是单一维度的空间位置信息，而是包含了更加多元化的人文自然、社会环境等这样一些信息。

信息的极大丰富，也让我们有机会第一次考虑去以人为本地构建一个信息。应该考虑到不同的环境、不同的群体以及不同的用户，为他们去重新组合信息，做一个呈现，典型的生活场景将会被更加真实地刻画出来。

我们可以基于人的位置，根据不同人的特点提供相匹配的服务。而面对复杂的出行环境的时候，我们可以提供最佳的出行时间、最优的出行方案，甚至是结合大数据和深度学习模型，来预测城市24小时的道路交通状况。当你在面对一个陌生的城市和环境的时候，想要完成一次出行，我们可以给你提供混合出行的解决方案。

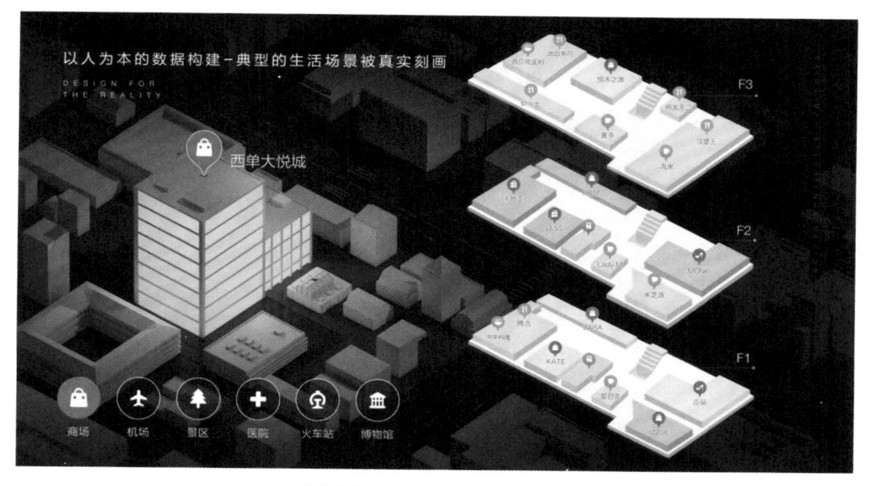

典型的生活场景被真实刻画

这些在过去，如果只凭借人类的生活经验是难以达成的。随着地图的进化，我们也在不断地帮助人们去扩展他们的生活半径，让他们在探索未知的城市、未知的区域时更加无所畏惧。当一个人的生活习惯随着地图的进化潜移默化时，这种量的变化也会逐渐形成一种群体文化。我们再面向群体构建数据的时候，也需要有着正确的社会责任。

例如，恶劣天气可以被提前预知，我们可以基于人和位置杜绝每一次出行可能产生的安全隐患。具备共同特征的特殊群体也应该被更加关怀，例如，母婴室地图可以帮助哺乳期的母亲们随时随地找到可用的母婴室；考生地图可以提醒经过考点周边的司机尽量避免鸣笛，为考生提供一个更加安静的环境。

当这一切跟生命产生关联的时候，更应该被格外重视。我们也和999、120等急救中心建立了广泛的数据共享，可以实时跟踪每一辆救护车的位置，来提醒周边的驾驶员尽量绕行。聚焦以人为本的数据关系，让我们第一次可以使冰冷的产品和真正的人站在一起，从简单的位置关系走向深度信任和协同的关系。

面向群体的数据构建

2）洞察人机交互的情感层次

在构建以人为本的数据关系的同时，我们也在洞察人机交互更深的情感层次。人机交互发展过程中，从鼠标键盘到触屏交互，再到自然语音，都伴随着一个共性，即结合当时最成熟的技术，不断向人类最本能、最自然的方式去迈进。

我们也希望能够找到一种更接近人类思考、更适合人类情感传递的交互方式去关联数据和服务。当下最前沿的语音技术是人将声音传递给机器，机器通过一系列的复杂技术，如自然语音理解、语音合成技术等，去理解用户背后的意图。不管是各地的方言，还是个性化的口语，语音技术都要去理解用户语言背后真正的意义是什么，并帮助他们完成任务。

今天已经有超过3亿用户在使用百度地图的语音助手。语音对于地图来说有天然的使用场景，它可以帮助你解放双手，解放双眼，提供一个更加安全高效的驾驶环境，我们也在用被动式的语音交互去探索主动式的语音交互。例如，我们发现司机驾驶时间超过4个小时，进入疲劳驾驶的状态时，语音助手会去主动提醒，并提供最近的服务站来引导他去休息。在面向未来智能时代的时候，我们觉得语音的潜力绝不是仅仅如此。

下图有两段编码，一个是摩斯电码，一个是声纹编码。这两段编码可能都承载着相同的内容信息，但是语音除了客观描述信息之外，还蕴藏着巨大的情感能量。

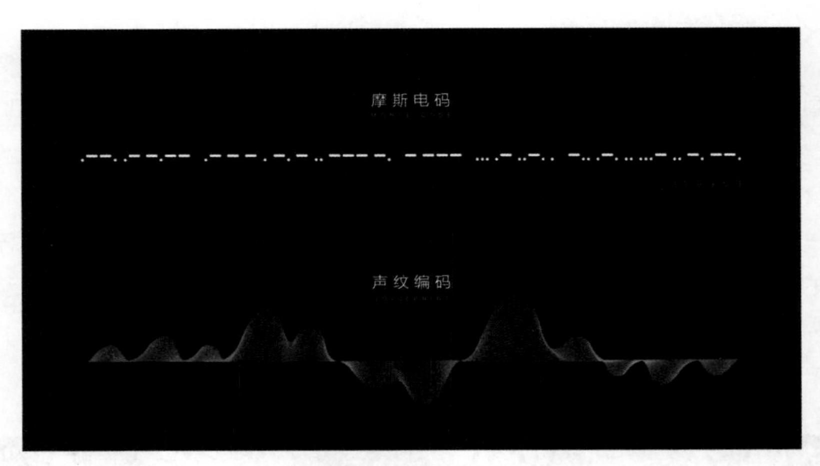

摩斯电码与声纹编码

接下来我们看一个视频，可扫码观看。这是一个关于老军人的视频，在战争年代，他曾经在战场上奄奄一息，是一个声音一直鼓励他坚持下去，活下去。战后的64年里，他一直在找当年救了他的老排长，但这名老排长已经去世了。百度利用语音迁移技术，还原了这位老排长的声音，让这两位老人有了一个跨越时空的交流。

这是一段非常感人的视频，大家可以从视频中看到两位老人在对话时，语音的内容信息是很有限的，但内容信息之外，情感的传递能量是巨大的，是直击心灵的，它是一种理性之外的交互体验。

我们也希望能够将这种技术应用到更多的领域，来服务更多的人群。该技术现在已经运用到了百度地图上面，你简单录制20句话，系统就可以根据你的音色、音阶，由AI生成一个全语料的语音包。感兴趣的话你可以打开百度地图，从个人中心里面找到语音定制功能，去尝试体验一下。

我这里也准备了两段音频，来帮助大家更实际地感受一下。其中一段是我录制的，另外一段是由AI生成的，大家可以扫码去听一下。这里就不卖关子了，第一个是我录制的，第二个是AI生成的。对于我个人而言，如果AI生成的语料不是一个导航播报，只是一句普通口语的话，把它混杂在我所有的语料当中，我是很难分辨哪个是我录制的，哪个是由AI生成的。

我们也希望能够把这项技术应用到更多方面，来帮助每一个每天穿梭在城市不同地方、不同街道的人，都能和自己关爱的人建立一条情感纽带。我希望能够让每次对话都对你更有意义。语音这项既古老又前沿的技术，其实还有很多空间值得我们去探索、去研究，去找到更加智能的交互方式。

3）促进人与世界的认知连接

刚说了面向未来的数据构建以及面向未来的交互方式，所有这一切都是为了帮助人和世界进行更好的连接。在这个连接过程中，我们不应该只凭设计师自己的喜好来做出选择和判断，因为它关系到人类自然环境等一系列的复杂因素，同时体验的价值也不应该仅仅只是满足消费者、商业市场的结果。

在AI技术进步的今天，我们有机会去创造一个崭新的设计时代，让每一个真实的人在面向真实的世界时，能够跨越自己的认知上限，更好地从更多的角度去理解这个世界。对于大多数人来说，这是一个看得见的世界；但对于少数人来说，这可能是一个看不见的世界。

下图是2019年视障人士对服务诉求满足度的报告。大家可以看到灰色部分是视障人群对于服务的诉求和预期，而彩色部分是真实的满足度，直观上我们看到两者之间有着非常大的差距。

2019年视障人士对服务投诉的满足度

（1）帮助每一个人看见世界。

我们也希望能够通过AI技术来帮助这些多数人之外的少数人去做一些什么，这将对那些少数人有着更加深刻的意义。通过多通道协同，我们可以让图形用户界面被阅读，来辅助进一步的交互。语音可以在任何场景、任何时间、任何节点去接管下一步的动作，完成后面的精确引导。而通过百度VPAS技术，我们可以通过手机的摄像头去识别物理世界中的每一个个体，满足后续的服务和诉求。我们希望未来有更多这样的技术来帮助不能完整识别汉字的小朋友、视力下降的老人，以及更多多数人之外的少数人，去更好地看见这个世界。

受限于我们每个人的生活经验、时代、教育背景不同，我们在看待这个世界的时候可能都是片面的。在AI技术进步的今天，我们希望能让大家从更多的角度更好地去理解这个世界。

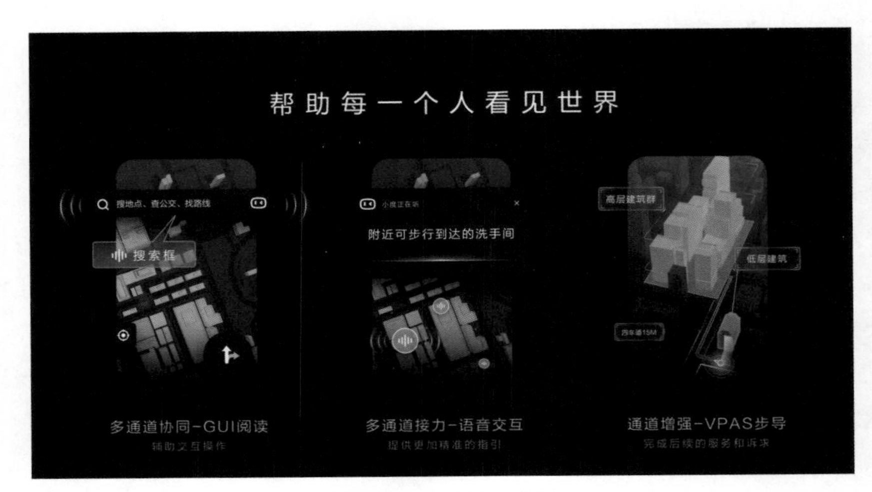

帮助每一个人看见世界

（2）帮助每一个人理解世界。

AR导航可以将虚拟的信息和真实的信息结合在一起，帮助你更好地去解读和理解这个物理世界。AR景区可以让消失的历史文明遗迹得到复原，让大家去了解它背后的文化和历史。历史街景也让时间不再是一往无前地流逝，每一个地标、地点都承载着它过去的影像和资料，甚至有可能是对于未来的推演。

帮助每一个人理解世界

（3）帮助每一个人预见世界。

在AI技术进步的今天，我们也希望能够创造一个正义、勇敢、节制、智慧的世界，让人的位置可以无限延伸。VR旅游可以让你在任何一个地区、任何一个位置都能够便游全球。意志也可以被无限地传递，无人驾驶的汽车能够跟随你的意志自主停靠。记忆也可以被存储在云端，生命的各种记忆、影像资料等都会和云端同步。

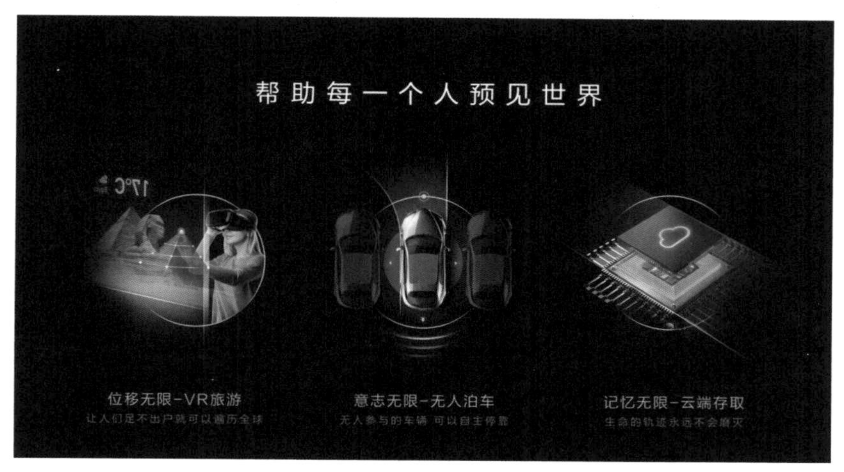

帮助每一个人预见世界

每一个生命都不会随着时间的流逝而被磨灭，面向未来的地图体验设计，一定是进一步帮助人类的意志延伸，为通用智能而设计的。我们希望让每一个人都成为无限延伸的个体，去迎接更加美好的世界。

徐濛

百度AIG产品用户体验团队负责人

先后负责百度手机浏览器、百度手机助手、百度外卖、百度地图、百度输入法、百度翻译等一系列重要产品的体验设计工作。以设计驱动产品创新，持续探索在AI时代的设计变革与实践，为用户与行业创造智慧化服务体验。

05 宝马设计：面向车辆的第一交互模型

© Siddharta Lizcano

今天的主题是车辆交互设计的未来，说具体点儿，就是我们如何具体到车辆的使用去创建新型交互模型。我现在在一个叫作BMW DESIGNWORKS设计工作室的顶级机构工作，这是个有趣的地方，在过去的25年里，我们一直与宝马所有的品牌合作，提供车辆设计、车辆体验设计、品牌设计这三个方面的创新服务。

众所周知，移动出行不仅仅局限在车辆本身，通过与外部合作伙伴商议，我们学会了把移动出行同时应用在许多重要的地方。以下这些例子是我们最近在做的一些项目，有超级高铁的概念，也有航空器的概念，我们在努力突破舒适区，攻克一些宝马真正想尝试的项目。这些鸡蛋得分别放在3个篮子里，所以我们不但有未来，还有移动出行和高端体验。而且这个范围会不断扩大，我们不再只关注产品本身，而是开始越来越多地谈论生活，谈论设计系统。这些设计系统会改善我们的工作方式、生活方式和交通出行方式。

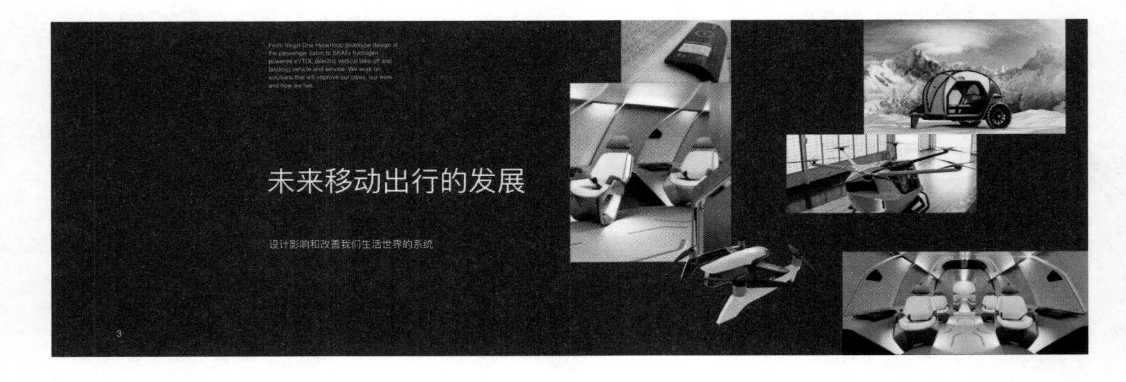

我们都坚信，未来中国会是移动出行大显身手的好地方，所以我们必须到中国来，共同

完成创新任务。未来会有大的变革浪潮，包括自动化、电气化、互联互通以及共享移动。这些都将会颠覆汽车行业，我们要做好迎接的准备，所有这一切的结合势必会重新定义汽车。

新型互动模式和人工智能

随着新型互动模式和人工智能的诞生，设计空间越来越充足，也越来越复杂。我想在不久以后，汽车可能会成为你最喜欢的联网设备，这正是我们要努力实现的目标。但随之而来的问题就是，在技术创新的推动下，中国消费者对新事物和新产品的接受程度迅速攀升，我们发现，在交互设计创新方面，我们还无法满足一些消费者的新需求。这不是批评，只是观察得出的结果。如果你认真观察，你会发现我们在一遍遍重复其他设备上已有的模式。如果你只是想求安稳，想做那种市面上大同小异、简单操作的界面，那也没什么问题。但是当我刚才说的所有力量汇聚在一起创造出了新的东西时，我们需要重新思考互动模式，需要从根本上改变汽车现有的界面。

事实是，这并不是设计师的错，而是我们大脑的自然选择方式。我们一生都在创造思维模式，这些思维模式的确能帮助我们提高效率，对人类是有益的。你不需要重新考虑如何系鞋带，你已经有了一个模式，所以你就用这个模式，这挺好的。但说到创造性工作，这可是个大工程，我们得检查自己的习惯，检查自己已有的模式。如果你试图定义未来，答案可能就在过去。所以我要带你回到过去。

在20世纪70年代的美国，想象人们在怎样的环境里工作，想象蒂姆·莫特观察人们在这种环境里的行为。他观察人们如何找到文件、如何将它们放入文件夹、如何复制文件、如何把它们放进箱子里。通过观察，切诺基·斯派克的团队创建了第一个图形用户界面——“欧特克”，大家都知道这是一个非常知名的界面，它是开启了个人计算机革命的界面。我们认为它有趣的地方在于这是史上首个互动模型，很多人都在谈论这项技术带来的创新，谈论桌面的隐喻以及对界面的影响。

但我认为更重要的是建造这个模型的团队，他们没有可供借鉴的模式，什么都没有。所以他们必须从头开始，从数据开始，查看数据实体。他们必须弄清楚如何才能正确表达这些实体：文件、文件夹、收件箱、发件箱以及垃圾桶。这些都是我们所熟悉的表示数据的新方式，但我们需要更深入地研究这个模型结构，研究我们能从中学到什么。

你会发现，有一个实体能够吸引周围其他的实体，这个实体就是文件夹。文件夹确定了系统中主要的交互作用，它有着自己的组织原则，这是非常直观的原则，使用了现实世界中的语义，你可以把东西放进这个文件夹里面，也能把文件夹放进文件夹里，所以组织原则变成了嵌套。

这里我想稍作暂停，定义我们所说的交互模型。当我们讨论交互模型时，我们实际上是在讨论结构设计和数据表示。这不仅是表达的问题，同时也是结构问题。让我们回到2007年，那一年，iPhone诞生了。

这代表交互模型设计迈入了下一个重要阶段。这个小设备会在未来某个时刻决定我们如何与他人互动，与这个世界互动，这家公司的设计师和工程师以某种方式创造了新的互动模式。我们并不了解太多关于苹果公司设计过程的信息，但我们也可以应用类似的分析过程，来观察这个交互模型的结构。很明显它的组织实体就是应用程序，有趣的是这个应用程序并不是新的数据表示，而是在此之前就已经存在。

这个新设备带来了新的互动模式、新的屏幕模式。这使得他们开始思考一个创新型组织原则：通过对数据的直接操作，在不同空间之间进行转换。下面我举一个我们最近与客户合作项目的例子，他们是一家无人机制造商，我们的任务是设计无人机和它的控制应用体验。

这些设计原则和过程也适用于任何类型的交互体验，我们把它分成三个简单的步骤。

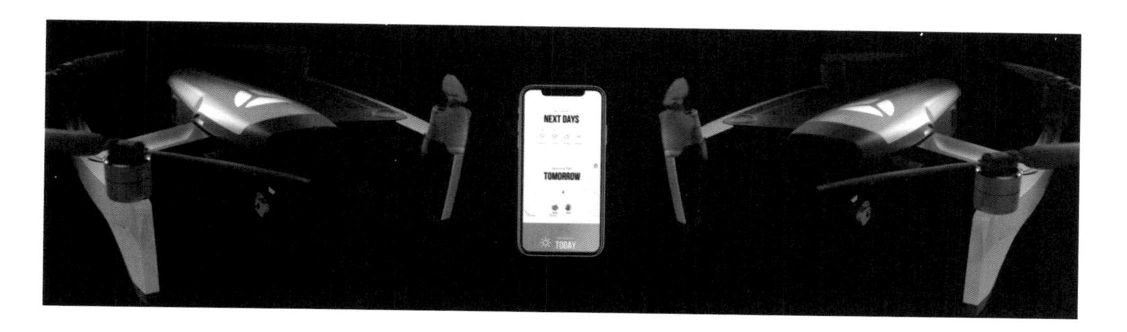

创建新的交互模型

创建一个新的交互模型你需要做什么？首先，绘制实体。这是至关重要的一步，它将让你从数据开始，摆脱旧的假设和包袱。其次，明确用户的心理模式和心路历程。第三，要有创意，探索系统的不同组织实体以及不同组织原则。

在这个例子中，我们所做的第一件事，就是尝试绘制出在旧应用程序中以及竞争对手应用中存在的所有实体，并与专家合作查找我们是否遗漏了什么，我们试图建立一个包含系统中所有实体的全面视图。除了研究每个实体，我们还试图找出这些实体的命名和表示中包含的假设。接着做了设计研究，我们想了解用户是如何自然地想到这些实体的，其中存在着什么关联？他们的心理模式是什么？他们心中是否已经有了一个结构？在采用或使用服务时，他们经历了怎样的心理过程？这些都是至关重要的，能帮助我们今后做出更有针对性的决定。

使用无人机时，先是开始学习，紧接着是计划阶段，然后就是飞行以及飞行后的体验分享。有了对用户的了解，我们回到系统开始探索，设想如果把某个实体作为组织实体会如何？随之而来的会是什么原则呢？如果我们选择这个实体，并将其与这个组织原则相匹配，我们又会得到什么样的模型？这个阶段是个勇敢创新的好机会，你应该运用你的研究知识。你得鞭策自己做一些感觉有点奇怪的事，看看自己会如何完成。

无人机控制应用程序的配置文件驱动界面是什么？如果照片是系统的主要组织实体呢？这些完全不同的体验你都能够自己创造出来，但这一切都需要我们先后退一步，学会从数据的角度来看问题。在我们的案例中，飞行过程明显是组织实体，我们的用户很享受这样的时刻。对他们来说，和朋友一起驾驶无人机很重要。

一旦我们把飞行过程作为组织实体，组织原则也变得相当明显，那就是时间。基于不同时间的飞行过程，绘制用户的历程就会变得很容易。我要是考虑到未来，就得有所计划；要是想回过去，就是在思考我想要分享的东西；其他所有活动都发生在现在。界面中你可以看到一个部分代表一个飞行，飞行可以是过去发生的事情，在这种情况下，它就是一段飞行记录。它也可以是今天发生的事，也可以是明天发生的事，或者是接下来几天发生的事。

大家得行动起来，一起摆脱困境。让我们一起把事情分解开来，真正地看到你自己的假设和正在使用的模式，看看你是否能用这些技术开发全新的交互模型。这样的话，我们不管在车辆内部还是离开车辆本身，都可以推进交互设计。

Siddharta Lizcano

BMW互动设计创意总监

作为上海工作室交互设计的创意总监，Siddharta负责指导宝马集团所有品牌的交互设计计划，以及所有设计相关行业的外部客户项目。过去Siddharta曾担任 Publicis Sapient Razorfish的体验设计总监，以及青蛙设计上海工作室的创意总监。Siddharta拥有伦敦艺术大学的多媒体交互硕士学位，他本人曾服务金融、电信、能源、时尚零售、快消品行业的世界顶级品牌，并为它们输出设计独特并行之有效的用户体验。他通过与大型以及小型的跨学科团队合作，深入了解用户行为，并不断探索创新方法，实现自身与数字及物理世界的互动。

Siddharta认为，“您的身体、社交和情感生活都受到设计的影响。它不仅仅关乎形式或功能，还关乎你的生活以及你想如何与世界互动。这就是设计。”

06 透过智能的方式，帮年轻人解决烹饪问题

◎ 郭文祺

大家好，我是纯米的郭文祺，我们是一家做智能家电的公司，今天我跟各位分享的是透过智能的方式，帮年轻人解决烹饪问题。

怎么去定义爆品？在小米网上要定义成爆品，销量必须破百万。2018年有一款电饭煲卖了不到两年销量超过一百万台，2019年有一款电磁炉也是卖了不到两年破百万。而且我们的产品有一个特质：智能，它能够联网。

很多人会存在疑问：智能家电到底有什么价值？我们公司的口号是，透过智能的方式，来帮年轻人解决烹饪的问题。

那么问题就来了，为什么要智能烹饪？通常会问这个问题的人，都存在一个误解：一个硬件设备上的功能能够联网，透过手机能够去控制它，这个就是智能家电了。很抱歉，这个叫作手机遥控器，它不等于智能家电。

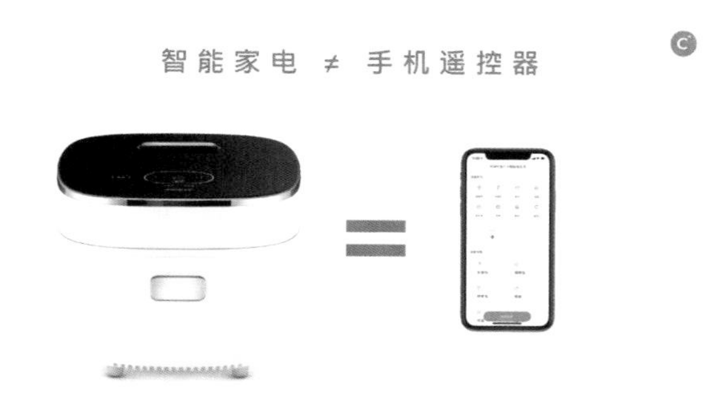

智能家电≠手机遥控器

所以，我们通常都会用一些大家相对熟悉的智能产品来做说明。智能烹饪就是透过智能的方式在烹饪上面给予用户协助，这一点其实跟地图很像，因为很会烹饪的人不需要烹饪的辅助，很熟悉一个地方的人也不需要地图，地图是帮助我们解决从A点到B点的问题。

假设我有一张北京的地图，这个时候手机的地图不见得有什么优势，因为大张的地图可以让我看得更清楚。但是如果说今天有一叠全中国所有城市的地图，而我手机里面有全中国的地图的话，手机就开始有一点点优势了。

通常我们打开地图，第一反应就是我是谁？我在哪儿？我在做什么？通常我们翻开纸质地图，找不到自己在哪里；但是手机地图立刻就能够告诉你，你所在的位置是哪儿。同时，它还能快速找到你要去的地方。

然后还可以选择多种交通方式，例如我要自驾，有自驾的路线；我要打车，有打车的服务；我要搭公交，有各种公交的搭乘方式。手机地图还可以告诉你每种方式的用时，以及附

近相关的一些地方。同时它还有一个账号的概念，只要这个账号绑定我的车牌号码，我该怎么出行、是否要绕行都可以告诉我。

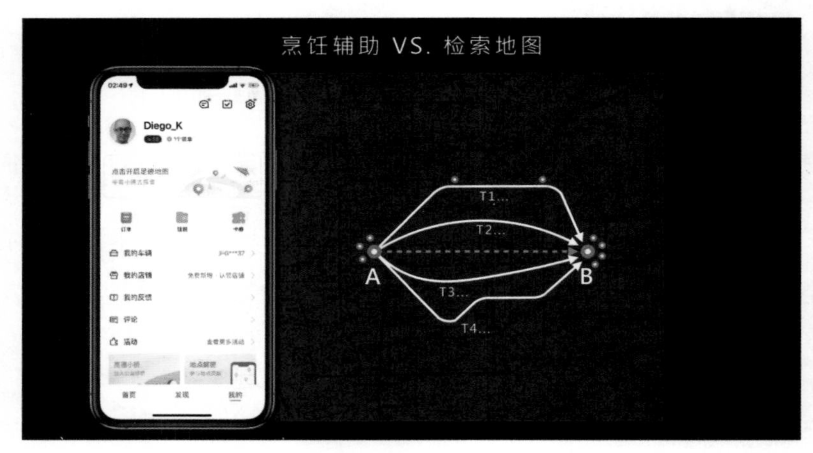

烹饪辅助与检索地图

传统的硬件就像是传统地图，它只给你一个非常广的信息，至于你怎么从A点到B点，那不是它的工作。但是智能地图或者手机地图提供给你的是各式各样的交通方式，同时也给你每一种交通方式的时间信息，这是传统地图没办法给你的。再加上我在A点想要一些相关信息，在B点想要一些相关信息，甚至在途中也想要一些相关信息。所以为什么我们现在回不到传统地图了？因为手机地图提供给你的服务远远比一张纸质地图多得多。

我们用这样的逻辑再来看智能烹饪。烹饪其实就是帮助我们把食材变成食物的一个过程，这是所有烹饪设备都会帮我们解决的。但是你怎么去煮，做什么内容，它不管。对于会烹饪的人来说，这没有问题，但是对于新手而言，就有困难了。

透过智能的方法解决年轻人烹饪的问题

首先，我们认为的智能烹饪应该是可以应用在不同的菜品上面，它可以帮你去做到各个温度、时间节点的掌控，帮你把烹饪的温度控制好，让你有更高效的产出。但是当我们烹饪的时候，是一开始就知道要做什么菜吗？

其实一开始我们需要有一些菜品的建议，以此采买食材，甚至在开始烹饪之前，还需要有一些预处理。例如今天我想要做一道菜，把买好的食材拿出来后，看到菜谱告诉我说必须要先腌制12个小时，怎么办？所以，我们可以在用户选择菜谱、准备食材的时候，就给他更充分的信息，让他在烹饪的过程当中少一些困难。

当食材变成食物之后，就直接到就餐这一个阶段了吗？其实并不尽然，现在大家都习惯先拍照。最后我们还会碰到清洁的问题。

所以纵观这个过程，我们会发现，就算是再厉害的家电，它能够解决的也就是中间这一段从食材到食物的过程。但是用户的需求，一整个全链的场景单纯透过硬件是做不到的。所以这是智能家电一个非常大的空间，我们正是从这样的一个角度来看待智能烹饪，要透过智能的方法解决年轻人烹饪的问题。

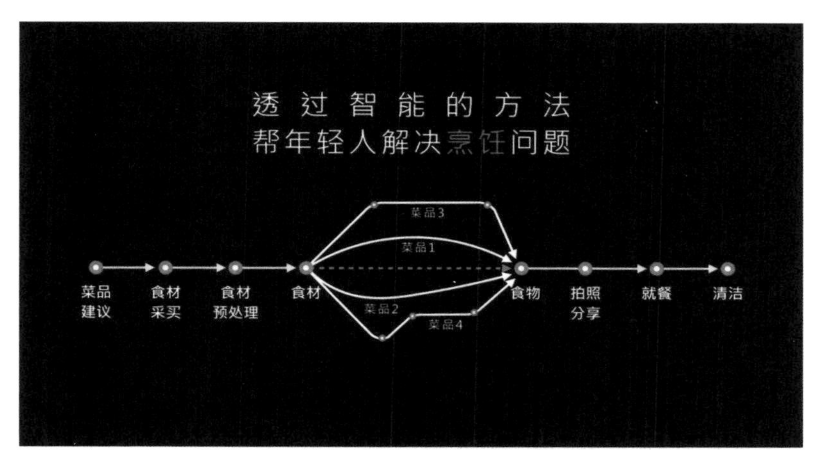

透过智能的方法解决烹饪问题的步骤

为什么把目标锁定在年轻人身上?

为什么我们要锁定在年轻人身上？因为我们也知道现在年轻人怎么解决吃的问题，首先就是外卖。但是外卖到底吃了什么东西，其实不是很放心。如果是在外面吃的话，成本就会比较高。但是他们也不是说不想学，大部分年轻人现在背井离乡都在外面，父母亲不在身边，没人教，你要让现在的年轻人买一本菜谱一页一页地翻来学，很难。

智能烹饪的设计切入点

但是手机这样的智能设备，加上能够跟智能设备联动的智能家电，其实能够让年轻人用一个他们相对更熟悉的方式开始学习烹饪，这是我们做这件事情的一个初衷——我们希望透过这样的方式，让不会做饭的人学会做饭，想做饭的人能够轻松做饭，会做饭的人可以做得更好。用户有更高的主导权，甚至让烹饪变得更有趣。其实这是一个过程，我们不是把所有的用户当厨房小白，而是透过使用我们的产品、我们的服务，他可以渐进成长。

1）让不会做饭的人学会做饭

首先我们怎么让不会做饭的人学会做饭呢？一般的菜谱大家都知道，你必须要有食材的预处理，然后再烹饪，烹饪的过程当中你还要非常精准地控制火力跟时间。我们的设备前面会提醒你一步一步按着它的步骤去把这些食材准备好，不一样的部分是放到锅里之后，我们就不用再去想我该怎么控制火力跟时间，盖上盖子，它会告诉你大概所需要的烹饪时间，你只需按“开始”键即可。

在上海非常受欢迎的红烧肉，可能你要去厨房搞得满头大汗才能把这道菜做出来，但是透过智能设备，只需要1小时50分钟，其间你可以去忙你觉得更重要的事情、当菜做好的时候，你的手机会收到通知，你等着开饭就行。而且它做出来的味道还不错，其实我觉得还蛮有上海一些大饭店的味道。

红烧肉

2）让想做饭的人轻松做饭

如何让想做饭的人轻松做饭？现在年轻人在使用智能设备的时候，其实看到一大块的操控界面是很困惑的。我们可以看到一般的电饭煲和我们的电饭煲对比，会把所有的功能都撒在上面，这带给用户的是一个什么样的操控体验？

电饭煲对比

我们对于智能家电的想法是这样的：其实智能家电从以前的主角慢慢变成配角，它的工作是帮你完成烹饪，所以当你不需要用它的时候，它应该是一个非常干净的产品。所以我们做的是一个全面的黑色玻璃面板，关机时只看得到logo，当你要唤醒它的时候，只要轻触这个logo，会出现一些相关功能，包含左右选择烹饪的模式跟开始和取消。

当我需要预约的时候，按下“预约”，跟它相关的选项才会出来。或者是我选择的菜品有高频次的预约需求，预约才会出来，否则预约在平常是看不到的。当我们按下“开始”的时候，“开始”这个触控按钮就消失了，因为在烹饪的过程当中它是不需要被碰触到的。

烹饪的过程当中，它有一个进度条会慢慢从红色变成白色，也意味着完成烹饪。如果设定了预约，它就进到预约的画面。结束烹饪就是一个时间的显示，然后慢慢息屏，让用户在操作的时候，可以很直观地找到他想要的操控模式。

在电磁炉上面也是一样，传统的电磁炉在操作上其实很不直观，就是按“+”或“-”按钮去调整功率，但是对用户来说，这个功率是什么意义他不知道。然后电磁炉还有一个场景，就是会溢锅。现在大部分电磁炉能做到触控，但是触控会有一个缺点，就是当它碰到水的时候会触控失灵。我们想象一下那个场景，当它不断溢锅的时候，滚烫的水洒在面板上，你要用触控按键去把它关掉，还关不掉，然后它又不断地冒出来……用户怎么办？只有两个选择，把锅抬起来，或者是拔插头。

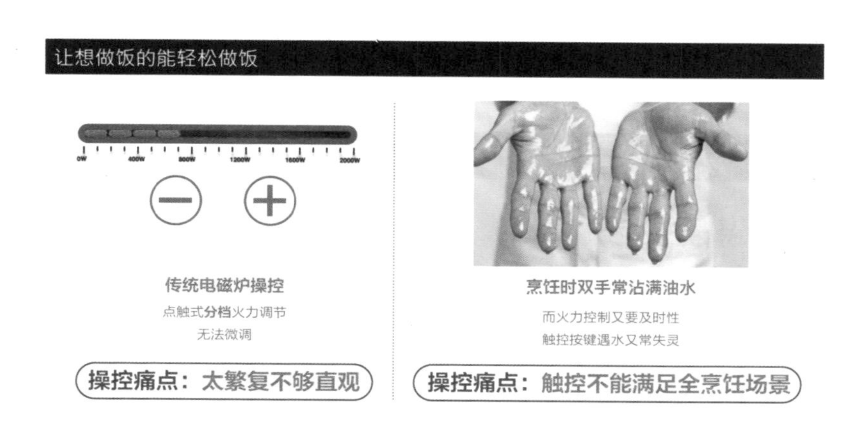

传统电磁炉的操控痛点

我们做了一个更直观的操控方式，就是像明火灶一样旋转旋钮。它有99档的火力，很直观。我们还设定按一下暂停，它不会加热；再按一下恢复原先设定的火力。我们甚至又把称重加上去，当烹饪的时候，你就可以看到现在所加的食材克重。

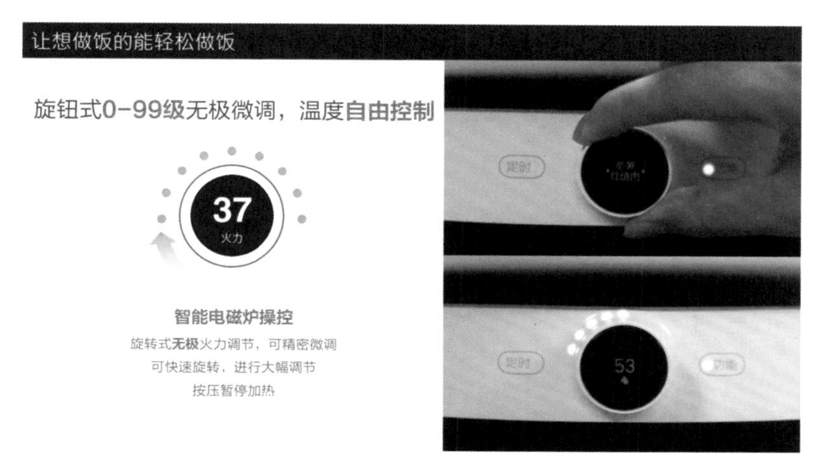

旋钮式火力调节

3）让饭做得更好

如何让饭能够做得更好？这个是专注在煮米饭上面的。中国农业部认定的有900多种米，但是很遗憾的是，我们一般的电饭煲只有一种加热曲线，这个是极其不合理的。所以我们做了很多工作，其实就是去把所有的米都买回来，煮成米饭该有的样子。

怎么去判定它？其实会有一些科学的方式，就是用仪器去侦测。但是仪器相对来说只是一些比较抽象的数值，还是需要靠人来吃。我们其实是把一锅一锅的饭吃出来，所以我们可以保证哪怕是不同的米，还是可以把它做得很好。由于每一个人对口感的要求都不一样，透过我们联网的设备，你还可以去选择你要的口感。

我们也知道中国幅员辽阔，不一样的地方，海拔不一样，气压不一样，水的沸点也不一样，所以很多在高海拔地区的人会觉得饭煮不好。当用户联网之后，我们可以得到设备的IP位置，得到用户的地理位置，就能够推算出他所在的海拔位置，进而做沸腾的补偿。所以透过我们的设备，不同的米会得到不同的加热曲线，在不同海拔的地方也会得到不同的加热补偿，这才是联网能够带给设备真正的价值。

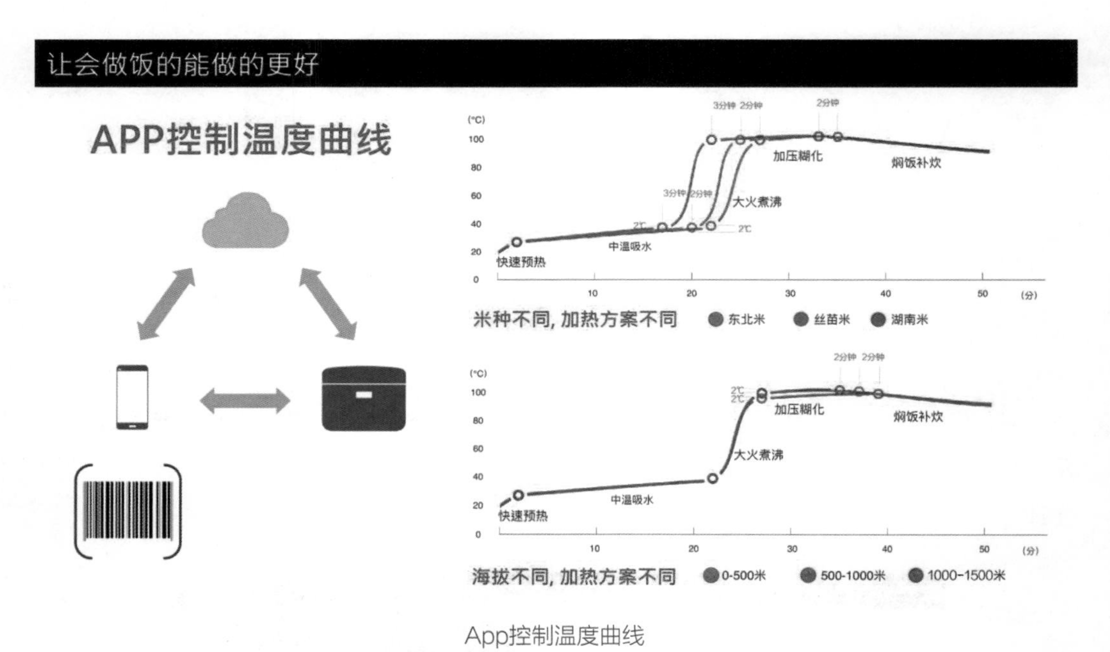

App控制温度曲线

4）让用户烹饪更有主导权

让用户更有主导权是什么概念呢？

在智能手机普及之前，所有的手机都叫功能手机。功能手机就是我给你的功能是多少就是多少，不能增加也不能减少。

但是智能手机带来的一个时代是什么？它是一个具有通话功能的移动运算终端。一样的品牌，一样的型号，你跟我用的App绝对不同，因为千人千面。传统家电就是这样，它提供的功能不能增加，也不能减少。

但是我们的设备透过联网之后，用户可以把想要的功能都放进来，把不需要的功能都置换掉，让每个人可以定制属于他自己的加热模式。

让用户烹饪更有主导权

App智能联动，**无限功能**自定义

无限自定义的App

我们有各式各样的加热模式可供用户选择，还有很多的菜谱。甚至更进一步，用户可以自己去定义专属的加热模式。比方说我每天早上喝200毫升的牛奶，加热到65℃，加热三分钟，我可以把它命名成“我的热牛奶档”。我只要把牛奶倒好放上去，就不用再去调整时间跟温度，当牛奶热好的时候，我手机能够收到通知，我只要等着就行，这才是真正的智能时代。

我们从后台的数据看到一件很有趣的事情，原来用户最常使用的功能不是煮火锅，而是煮水，他们甚至有很精准的温度需求，还有各种煮水的设定模式，这都不是我们命名的，都是用户自己命名的。

一些名字很有意思，像“水煮前任”“爆炒室友”，我们不知道用户拿它来干什么，但是我们看到了用户的人际关系。当然我们也看到一些很甜蜜的模式——“老婆大人的洗脚水”，原来有用户拿我们的电饭煲、电磁炉来煮洗脚水。这代表的是什么呢？家电进入到智能时代，它可以让用户去定义属于他自己的加热需求。

5）让烹饪变得有趣易分享

再进一步，如何让烹饪变得更有趣、更易于分享？因为现在是互联网时代，大家满足温饱需求之后，其实还有很强的分享欲望。我们开放了能够自己定义的模式，甚至可以让用户把定义好的功能发到设备上，能够自己去定义一些菜谱。这就把电磁炉变成了一个沟通的工具。

同时，我们也发现了一些更有意思的应用。我们在烹饪的时候都会碰到一些花甲或者是蛤蜊类的要吐沙，通常很难操作，因为你要用盐水等。后来我们发现有一个非常好的方式，只要让水温维持在40℃一个小时，当花甲有生命威胁之后，它就会张开壳把所有的沙都吐掉。但问题是现在没有一个设备可以这样定温，而且还是长时间加热。因为我们的设备有很精准的温度控制，所以我们就弄了一个花甲吐沙模式，把水加热到40℃，维持一个小时，你会看到这些花甲慢慢都把沙吐出来了。这也是传统，我们没有想到原来电磁炉还可以做到这样子。

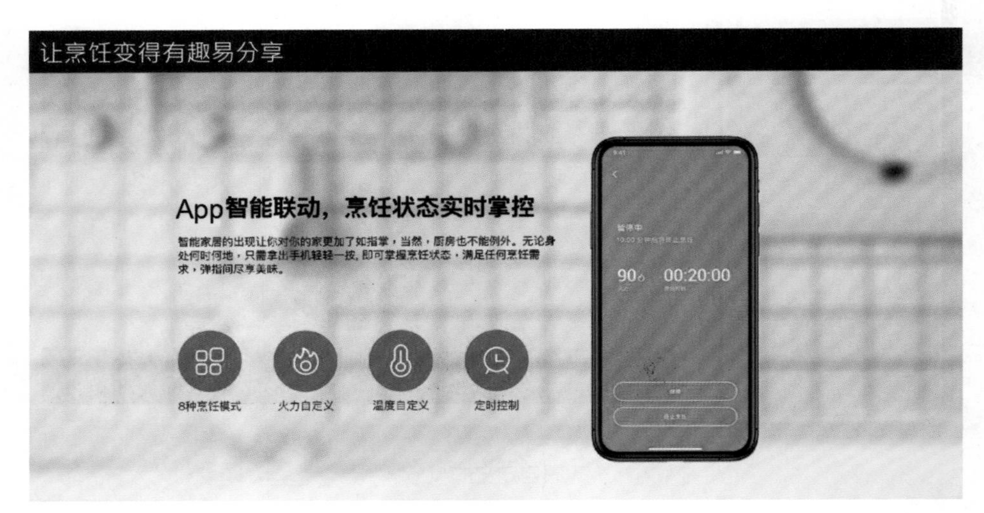

实时掌控烹饪状态

另外我们还有一个产品，是把摄像头加到烤箱上面，它原本的初衷是希望用户在烘焙的过程当中，不用频繁地跑厨房就可以透过手机屏幕去看到现在的状态。但是我们还有一个功能，是让它在整个烘焙的过程中自动生成10~15秒的短视频，更方便分享。现在已经有非常多用户把这样的一些短视频分享到网络上。有时候烹饪一开始是解决我们温饱的问题，但是再进一步，它其实能让大家觉得做饭很有趣，让大家更愿意去尝试。

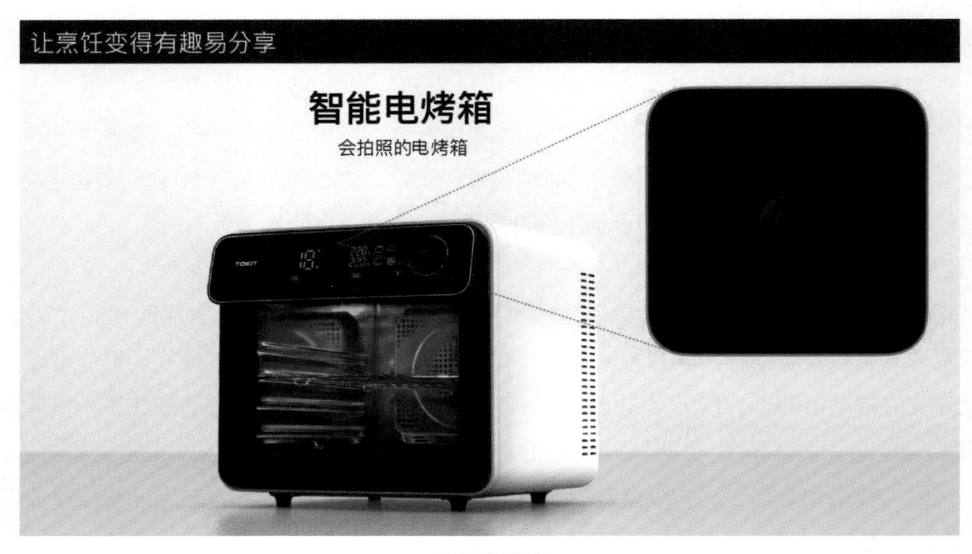

智能电烤箱

希望透过智能烹饪，能够帮年轻人解决更多的问题，让大家能够一步一步地前进。

郭文祺

小米生态链–纯米科技设计研发副总裁

现任职纯米团队，基于用户的需求，从设计出发，开发真正解决用户痛点、创造用户价值的产品。曾任职于华硕电脑与和硕联合科技，带领团队服务内外部客户，为全球500强电子企业，包括HP、Dell、Intel、Lenovo、Cisco、Sony等提供市场分析、战略制定、概念设计等专业咨询服务；也提供非IT产业完整的设计服务，客户有九阳、海尔、苏泊尔、公牛、松下、震旦、方太等，提出创新、智能的解决方案。

07 来自华为的设计方法：科学的人因研究，直观的编程设计

◎ 毛玉敏

华为消费者BG UX设计部总部在深圳，国内北京、上海、武汉和西安，欧洲瑞典、意大利和法国有我们的设计工作室。

UX设计部负责的产品包括手机、平板 、PC 、TV、HiCar、音箱 、AR/VR、耳机等，“1+8+N”是公司的战略，“1”是以手机为核心，“8”是周边常用设备，“N”代表更多的IoT产品。

使用华为手机的用户对下图这些界面一定很熟悉，2019年一季度华为智能手机出货量是5900万台，占19%的全球市场份额，全球第二；2019年5月30日华为手机年度全球发货量达1亿台，比2018年提前49天；P30系列上市85天就达到了1千万台的出货量，是一个非常不错的成绩。

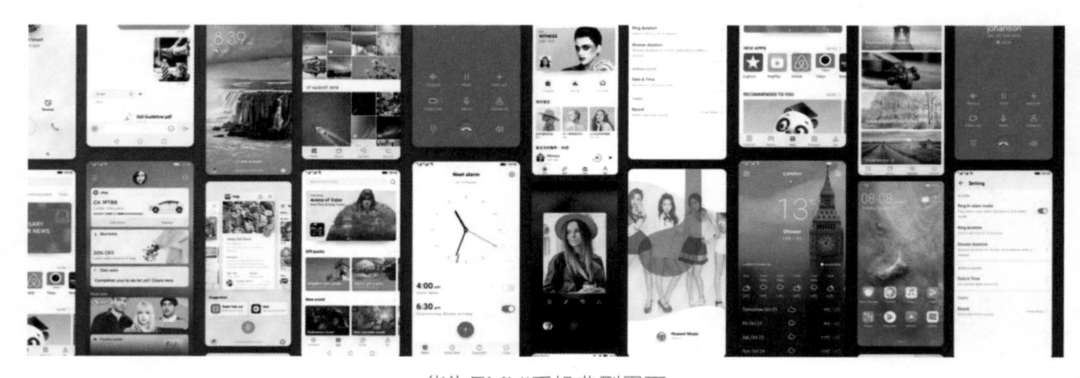

华为EMUI手机典型界面

业务的快速发展对UX设计提出了更高的要求，EMUI每年发布一个大版本，一个小版本。现在已经有差不多5亿存量用户，覆盖216个国家，支持77种语言。

EMUI每年版本发布节奏

对于UX设计部而言，服务所有产品，这是第一个挑战。除了业务量大以外，我们还有两个品牌（HUAWEI和HONOR），如何支持双品牌？如何支持每个品牌的“1+8+N”产品？这是我们面临的第二个挑战。每年一个大版本、一个小版本的方案设计时间差不多要两个月，开发和验证的时间要5~6个月。以智能手机为例，每个版本有5000个页面，一个版本上市至少要覆盖8款首发机型，24款升级机型，10个以上的屏幕形态。用传统的设计方法，已经无法高效、高质量交付这么多产品，这是我们面临的第三个挑战。工欲善其事，必先利其器。针对这些挑战，我们总结了华为的设计方法：科学的人因研究，直观的编程设计。

整个设计工作分成四个部分，首先是人因分析，基于人因分析的结果，制定设计规范。在设计规范的基础上，通过工具提升设计效率和质量，最后通过引擎开发，支撑设计的效果实现。下面详细介绍这四个部分。

华为设计方法包括四部分

1. 人因分析

国内人因研究的积累比较欠缺。UX设计部希望通过人因研究，用科学的方法度量用户体验，把人、设备和环境关联起来考虑，定义不同的设计元素。

针对人、设备、环境的人因研究

目前我们做的人因研究主要覆盖视觉、交互、动效、音效。以Mate X这款折叠屏明星产品的视觉人因研究为例，Dark Mode不是简单地从Light Mode反色，我们的目标是做出最美、最舒适的体验。

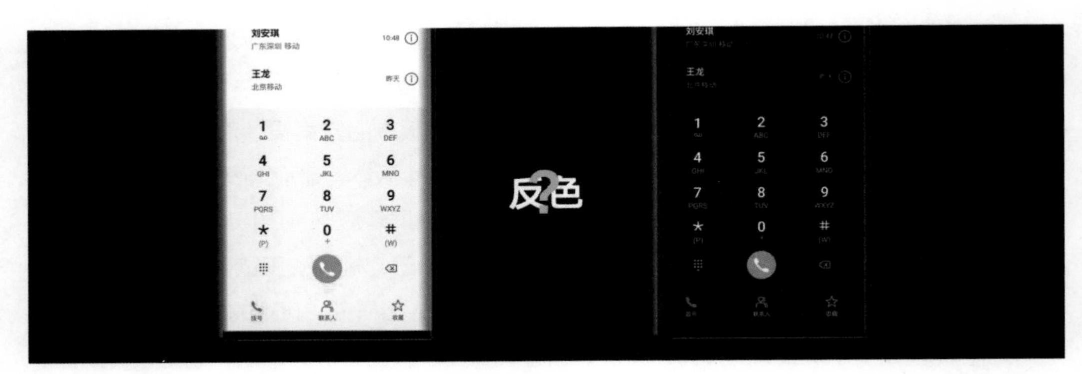

DarkMode不是简单的反色

为此，人因研究从易读性、舒适性、一致性三个方面来研究Dark Mode。易读性的研究从对比度入手，对比度实验在四种不同照度的情况下开展，包括室内、室外、夜晚以及白天。

在易读的对比度方面，WCAG是业界的一个标准，定义了易读性的基本要求。从易读性的角度来讲，普通人群、老年人、视障人群在对比度上有不同要求。但手机使用并不是只保证易读性就可以，现在智能手机的平均使用时长基本上都超过五个小时，所以我们还需要让手机在长期使用的时候是舒适的。

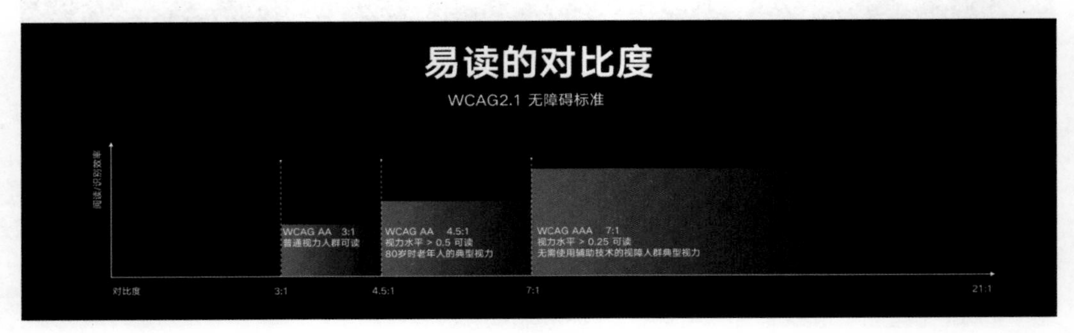

WCAG易读对比度

所以我们做了非常详细的易读舒适的对比度实验。实验告诉我们，在Light Mode、Dark Mode不同情况下，文字、背景填充色的对比度要求分别是什么样的。这个要求有上限和下限，如果超过这个上下限，长时间使用手机就会觉得不舒服。

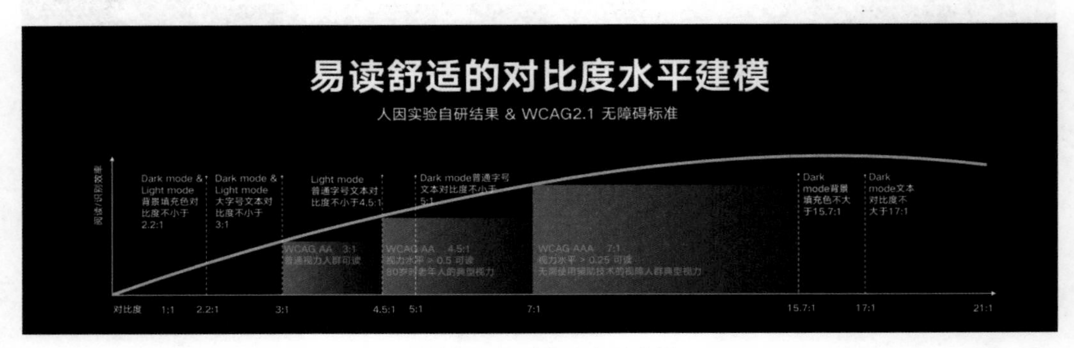

易读舒适的对比度水平建模

以Dark Mode为例，背景填充色对比度的范围除了考虑易读性和舒适性以外，还要考虑色彩感知的一致性。在Light Mode下，眼睛对一种颜色有一定的感知，到了Dark Mode下，需要让眼睛有同样的感知。

Dark Mode易读舒适的对比度水平建模

以下图的颜色为例，左边两个颜色的色相一致，右边两个颜色的色相不同，但明度一致。如何在舒适易读的基础上，保证颜色的感知也一致？这就需要使用我们的色彩计算。

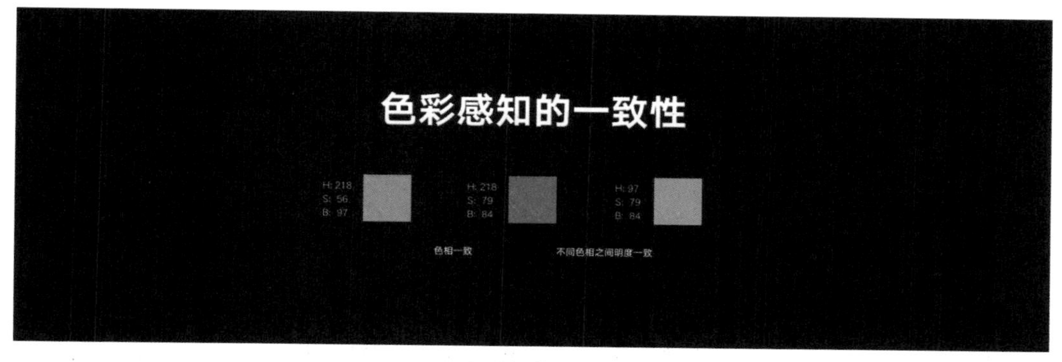

色彩感知的一致性

普通Light Mode下，在一个原始颜色的基础上，生成感知一致的暗阶，根据场景选择符合易读舒适范围的颜色，才能得到华为的Dark Mode的匹配色。

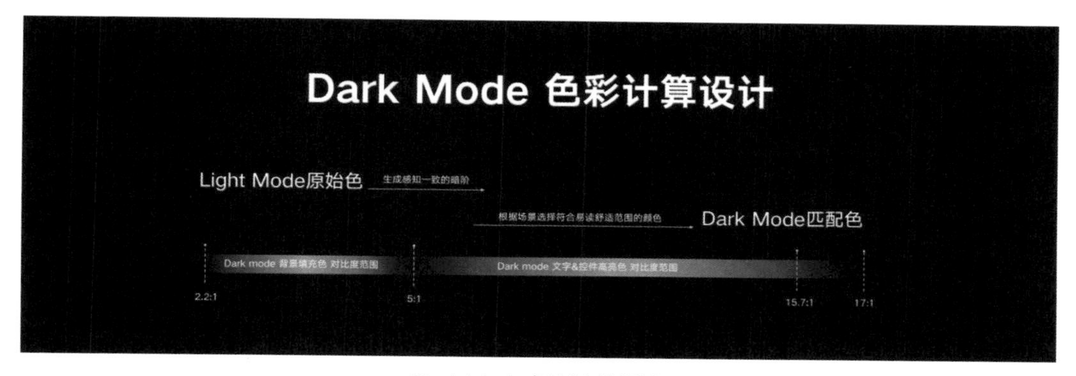

DarkMode色彩计算设计

HSB的色彩空间是大家熟悉的，但是HSB空间的明度和人感知这些颜色的明度是不同的，比较准确的是下图右边的Lch空间。把一个颜色生成明度感知均匀的暗阶，依据Lch空间的明度关系，再跟刚才得出来的结论相对比，就得出Dark Mode下应该有的背景填充色，还有文字和控件高亮色。

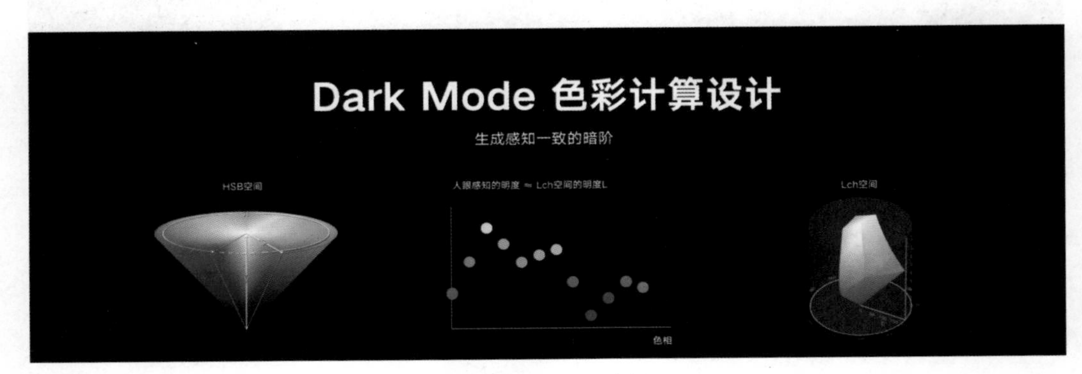

HSB空间和Lch空间

例如，下图中拨号绿色块是背景填充色，拨号Tab键是文字和控件高亮色，按人因研究设计出来的结果就是中间画面的效果。以上就是依据人因研究给大家提供最舒适的Dark Mode。

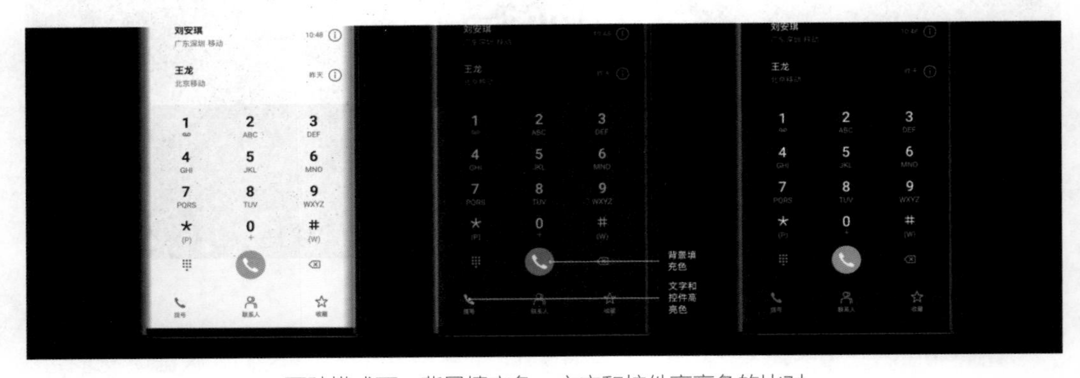

两种模式下，背景填充色、文字和控件高亮色的比对

2. 规范制定

我们针对视觉、动效、交互、音效开展的人因研究结果都会落到设计规范中。设计规范对UX设计团队非常重要。我们的UX设计师分散在各地，研发人员也分散在各地，如果没有统一的设计规范，人因研究将会很难落实。UX设计规范包括视觉、动效、交互、音效和用户研究五大类，分为七个层级，共九百多项。

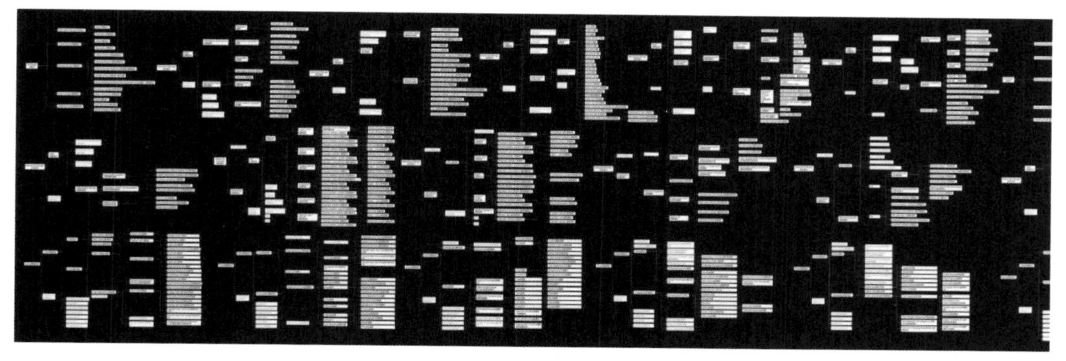

UX设计规范

以Mate X折叠屏手机的UX规范为例，折叠屏有折叠态和展开态两种，它们都需要考虑动态布局设计，例如拉伸、缩放、延伸、分栏和重复布局。

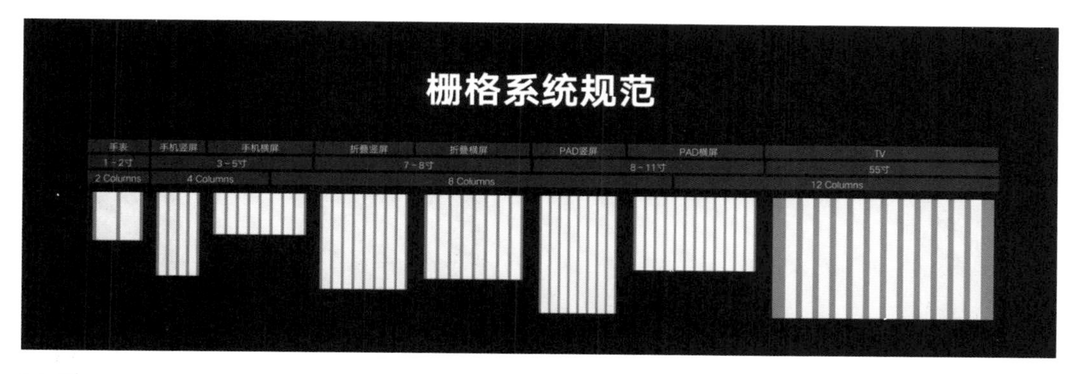

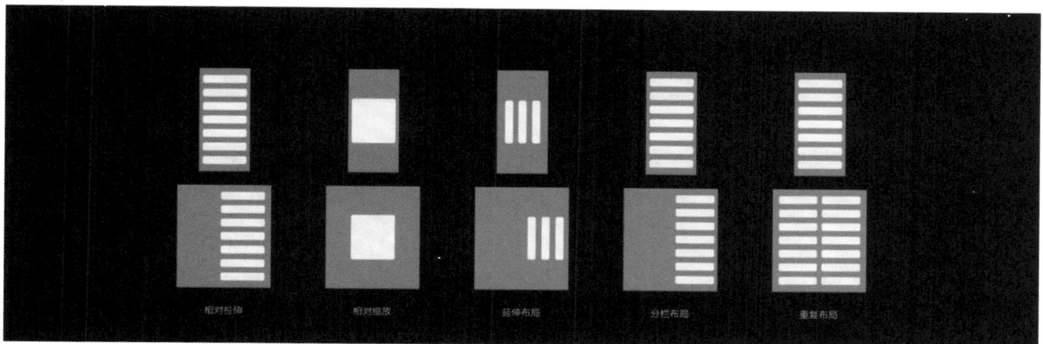

栅格系统规范以及折叠态与展开态的动态布局

有了规范，但是想要让大家都能够使用，还要去推广，并且要有辅助工具的帮助。因为这个规范要三方应用来适配，我们也把它放在“软件绿色联盟”发布，在那里成立了一个折叠屏设计规范的创新工作组，和主要的头部应用一起合作共同制定规范，这样做出来的规范适应面会更广。

3. 设计工具

为了确保设计规范的落地，以及众多产品中设计的一致性，我们做了很多工具。

设计工具

以手势交互动效设计工具为例，下图展示的是界面返回动效、页面转场动效、图标按压动效、列表下拉动效、列表横移动效的调试界面。

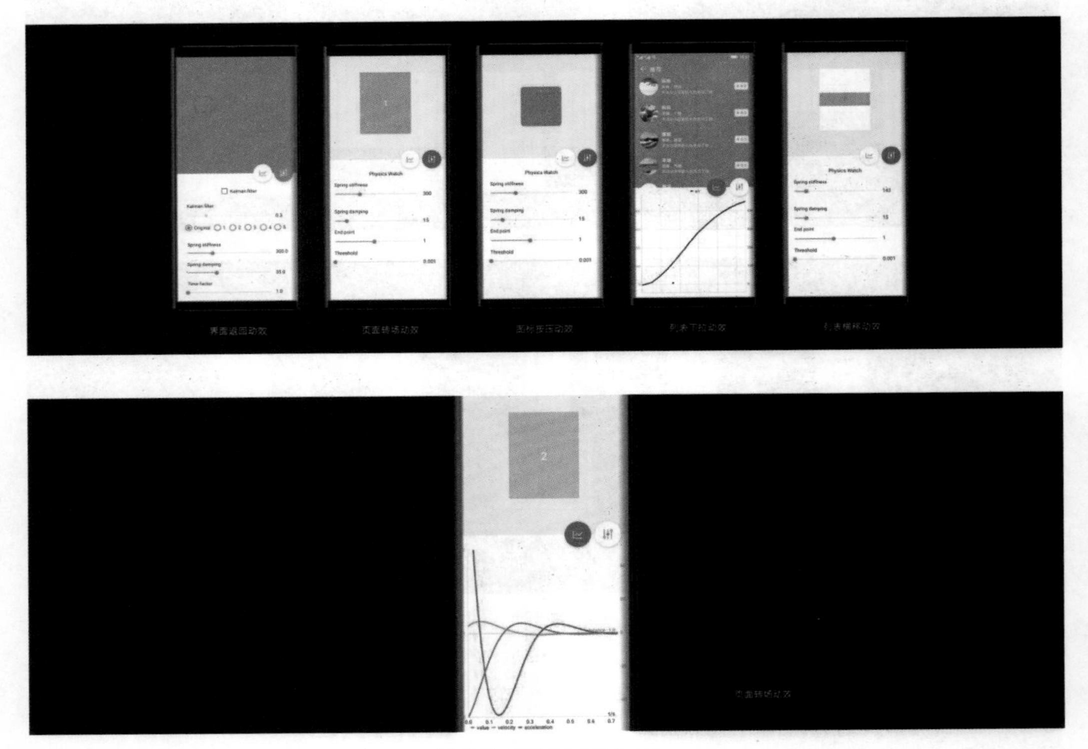

手势交互动效设计工具

在人因研究的基础上，页面转场动效通过这个工具把模拟弹簧的硬度、阻尼系数、摩擦系数设好，就可以得到想要的设计效果。设计工具可以输出XML文件，直接传给研发人员，这样就避免了在设计和研发阶段调10~20遍都调不到理想效果的问题，也解决了设计向研发的转移和传递问题。

4. 引擎开发

Mate X折叠屏手机的分栏布局引入了“平行视界”技术。如下图所示，是平行视界的配置。

支持折叠屏平行视界的配置

```
<application
        android:name=".EasyGoDemoApplication"
        android:allowBackup="true"
        android:icon="@mipmap/ic_launcher"
        android:label="@string/app_name">

<meta-data android:name="EasyGoClient" android:value="true" />
```

折叠屏平行视界的配置文件

```
{
  "easyGoVersion":"1.0",                    //快速接入协议版本号
  "client":"com.xxx.xxx",                   //接入三方应用包名
  "logicEntities":[                               //逻辑块，运行逻辑实体
    {
      "head":{                                  //逻辑块：head区域，通用key，运行时先进行头部校验
        "function":"magicwindow",      //功能组件唯一标识，短期不可重复，MagicWindow适配
        "required":"true"                       //预留字段
      },
      "body":{
        "mode":"1",// -1分屏不生效，0通用模式，1自定义模式，若设置为0，activityPairs配置不生效
        "activityPairs":[
          {"from":"com.xxx.ActivityA","to":"com.xxx.ActivityB"},
          {"from":"com.xxx.ActivityB","to":"com.xxx.ActivityC"}
        ],
        "transActivities":[          //过渡页面列表
          "com.xxx.ActivityD",
          "com.xxx.ActivityE"
        ],
        "isRelaunchWhenResize":"true", //resize窗口是否会触发Activity重启，隐藏字段，淘宝特有
        "defSwitch":"full"
        //没有在Activity对中的新窗口采用全屏覆盖还是右侧显示，可不配，默认右侧显示，二期会支持此字段，取值left,right,full
      }
    }
  ]
}
```

折叠屏“平行视界”以及配置文件

从开发的角度来讲，只要软件引用这个库函数，在代码中加入这段，再根据APK的诉求，决定要把哪个内容放在左边的分栏，哪个内容放在右边的分栏，这些规范定义好，就可以得到类似下图的分栏交互效果。“平行视界”解决了折叠屏三方生态适配工作量大的问题。

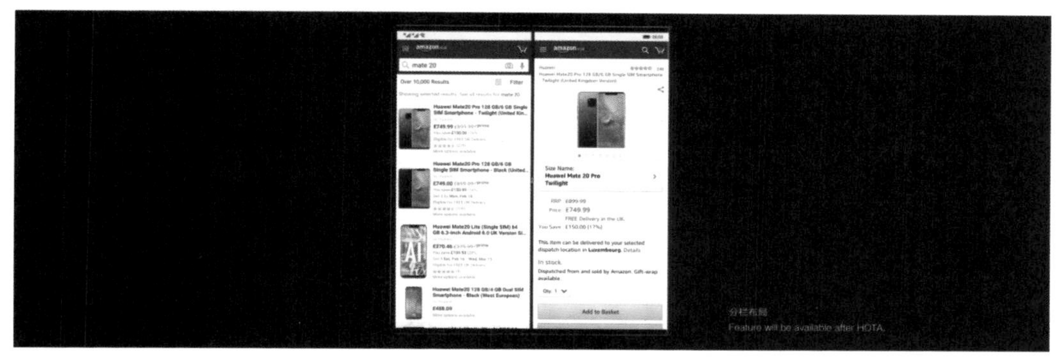

折叠屏分栏效果示意

IXDC是一个非常好的平台，希望能够在这里跟同行们互相交流沟通。独行快，众行远！手机和智能设备的用户体验，不仅仅需要厂家，也需要所有的合作伙伴、所有的APK开发者一起来做，才能够把它做好！

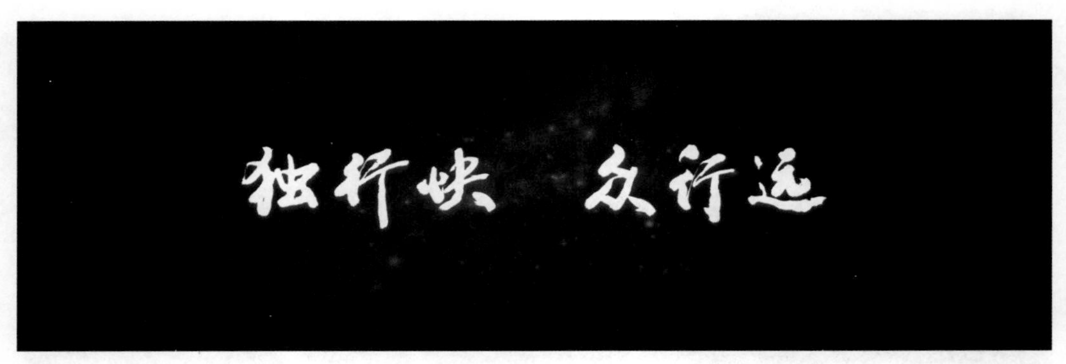

独行快，众行远

毛玉敏

华为消费者BG软件部副总裁

现任华为消费者BG软件部副总裁、UX设计部部长，负责华为所有消费者产品的UX设计管理工作。曾任软件工程技术规划与业务发展部部长、核心网产品线营销工程部部长。负责过华为终端软件领域的产品管理、技术规划与开发、全球合作与营销，以及核心网产品管理、商业模式设计和市场营销等工作。

在研发、营销和市场等多个岗位中做出杰出贡献，获得华为公司“蓝血十杰”称号。

第4章

品 牌 营 销

商业项目对设计师的重要性

◎ 李永铨

我有很多不同的身份，可是这么多年有一个身份没变过——我是一个品牌人。很多人说，我们是市场的打手，是帮市场、帮老板赚每一分钱。可是对我来说，品牌有更深层的意义，大家可能不知道每一个品牌背后有更重要的事。

在过去30年，中国的经济增长很快。我们经常在电视上看到的话题就是我们国家的硬实力、GDP、经济等，但是，我不可能因为你的GDP高就喜欢你，软实力才是王道。软实力就是设计、艺术、电影这些，也就是流行文化/普及文化（Pop Culture）。

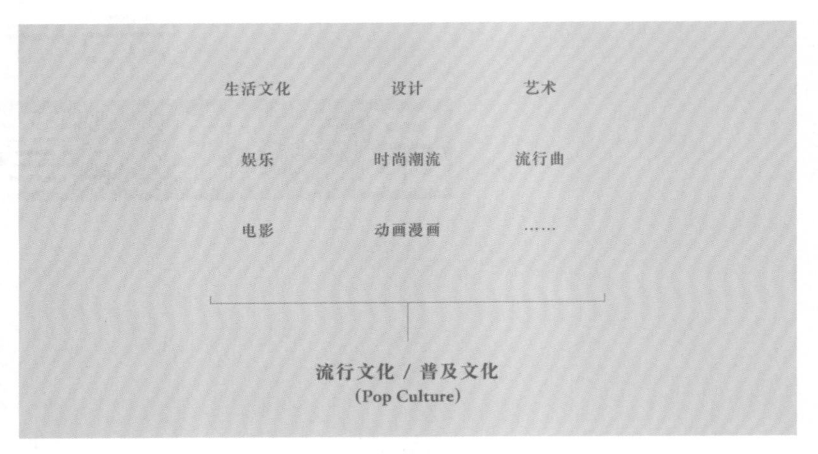

流行文化/普及文化（Pop Culture）

流行文化的起源与发展

流行文化可能大家听过、看过，觉得没什么特别，但我想告诉你，流行文化这个词是从二战以后才有的，是从1946年以后慢慢才有的。

第一代流行文化来自美国。在战后，美国通过音乐、好莱坞电影、艺术、漫画等很多不同的形式去传播流行文化。很多人也慢慢接受了美国的这种文化。

第二波是从美国慢慢转向欧洲。当时英国的首相是撒切尔夫人，她不相信大政府，只相信小政府；她不相信国企，只相信私有产业。所以当时整个英国的国家企业慢慢私有化了。

就在那时，出现了一种新的文化——朋克，当时出现了很多电影、很多音乐，David Bowie、Vivienne Westwood都跟朋克这种流行文化有关系。这种流行文化出现于20世纪70年代，从英国传遍了欧洲，又到了美国，后来整个亚洲也受它影响，这就是第二波流行文化。

20世纪60年代的美国

20世纪70年代—80年代的英国

到了20世纪80年代，一种新文化流行起来，代表人有山口百惠、松本清张，我们看他们的电影、看他们的文字。到了2000年，也就是爱世纪（love generation），通过动漫、音乐、电视剧，整个亚洲受日本文化影响非常大，欧洲也是那时候开始推崇日本的其他文化。

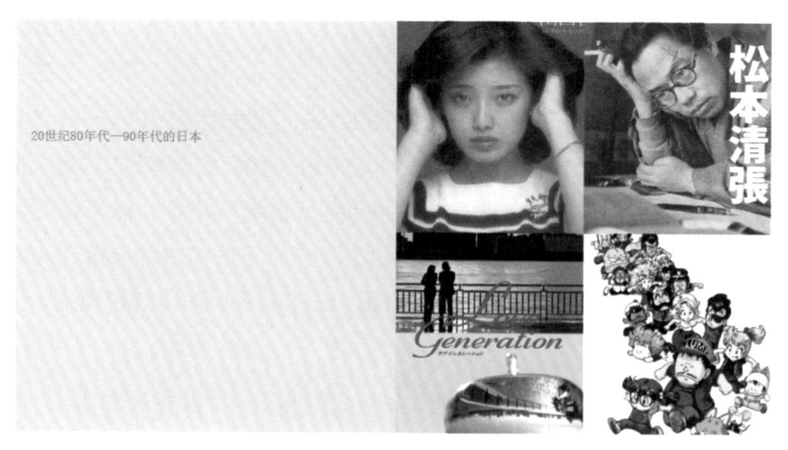

20世纪80年代—90年代的日本

到今天，韩风出现了。韩国人口不多，历史不长，可是通过电影、音乐、电视剧，慢慢地这种韩国文化被带到亚洲、带到欧洲甚至带到美洲。与从前的美国、英国跟日本最大的不同是，韩国的整个流行文化不仅发自民间，还有政府的资助。

21世纪初的韩国

从美国、英国、日本到韩国，流行文化背后的这种软实力，是一种消费行为，这种消费行为跟我做的品牌有关系。举个简单的例子，我们提起日本，就会想到Omoji、UNIQLO时装和Issey Miyake；当我提起意大利，就会想到Ferrari、Armani、Prada。再来看看德国，也离不开Porsche、BMW、BOSS、Adidas。所以这三个地方被很多人接受甚至推崇，品牌消费可以改变消费群对国家的感受。

路易斯拐点

2015年我曾经说过，中国已经到了一个“路易斯拐点”，我们的流动人口红利已经用完。所以现在我们还要造性价比更高的东西吗？这是一个问题。

在全球拥有200年历史的企业中，日本有3100家，中国只有5家。我们做品牌的每次看到这个事情心里面都很难受。

可是，当我整天说性价比，做更便宜的东西的时候，我发现我们忘了一个市场。

中国有4%的人拥有全部财产的80%，从14亿来说，我们应该有5600万人是有高消费力的，可是我们放弃了他们。把产品从中国市场推到更大的国际市场，这不仅仅是为了我们的生意，更重要的是为了中国在外面的形象。在过去我们做了很多这种品牌，例如上海牌手表在1955年从1500元涨到四五万元，把它带离中国，三个礼拜就可以统统卖光。

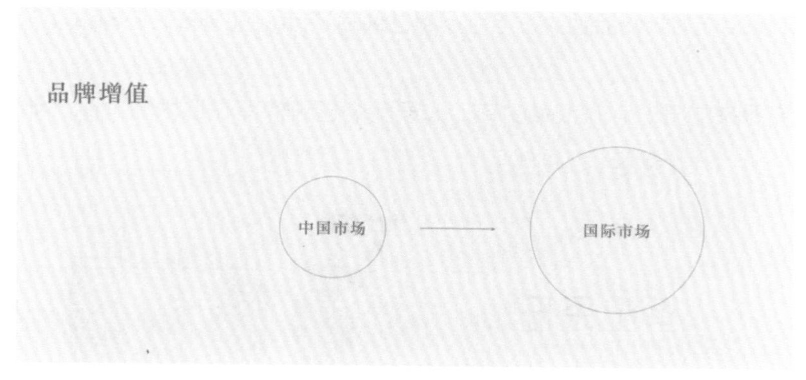

品牌增值

品牌价值的改变，只为走进高端市场

下面向大家介绍一些品牌转变的案例。

恒生银行之前是做大众市场，现在已经转型做中产市场，其中中产现量差不多超过50%。

很多人只记得施华洛世奇是做水晶，但它现在也要改了。这不单是品牌价值的改变，还是整个市场的改变。现在它要做高端珠宝。

周生生原本只是香港一般的大众品牌，现在它也成了中产品牌。

I Do之前只是一个普通的结婚钻戒品牌，现在也已经是一个中产钻戒品牌了。

ENZO从巴西来到中国，发展不好后，也改变策略，再次走进高端市场。

I Do 与 ENZO

大益茶如果只是一杯茶，就没什么意思。可如今它的茶叶已变成另外一种货币，一个小小的茶饼就值50万元。

英记茶庄从18世纪发展到今天，也是从大众市场走向中产市场，而且还是一种收藏、礼品市场。

First Choice作为大众品牌，每年亏损超过5000万元。可现在，它打入了整个亚洲的中产市场。

不去改变原来的身份，就很难生存。如果我们还只停留在追求性价比，那么是没有未来的。

英记茶庄与First Choice

谭木匠之前也只卖75元一把的梳子，现在它进军礼品市场，成为价值2500元的礼品。

香港的生产力局（HKPC）之前像一个政府机关，现在已经变成一个很现代、很有活力的组织。

谭木匠与HKPC

红苹果旗下的ARTMO本身是一个很大众的品牌，现在已变成一个生产2万元床垫的中产品牌。

皇城会则是一家高端会所，只招待一百个会员。

Pause是一所日本专业设计美术馆，现在要打造成一所大众化的美术馆。

禅元本来是喝茅台的地方，现已变成喝茶、吃素的地方。在这里人会慢慢沉淀，身份也得到改变。

PAUSE FOR LIFE

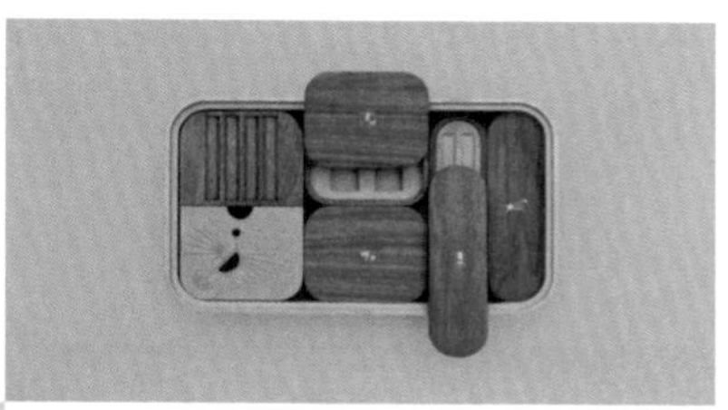

禪元

Pause与禅元

此外，我还做过两个甜品，一个是聪少甜品，另一个是满记甜品。从一千万元推到十多亿元，也是一种整体价值的改变。

BRO. DESSERT | 聰少甜品

聪少甜品与满记甜品

在性价比的思维下，要卖更便宜的东西，争取更大的市场。但是，我认为现在是最好的反省时刻，性价比并非是我们唯一的出路。

李永铨

李永铨设计廔有限公司创作总监

著名平面设计大师，国际平面设计联盟AGI会员，被誉为“品牌医生”。设计风格独特，以黑色幽默及视觉大胆见称，业务范围遍布中国、日本及意大利，为少数能打出国际市场之模范。

02 京东零售的设计进化

◎ 刘轶

提高效率（save time）与打发时间（kill time）

今天我的主题是京东零售的设计进化，为什么谈进化呢？我想首先给各位分享一下我的两个感受。过去很长的一段时间里，我和我的团队讨论最多的问题，可能是如何帮助我们的消费者提升他们在京东平台上的购物效率，加速他们的购物决策。但我发现最近我们聊得越来越多的可能是怎么样让消费者在购物平台上逛起来，因此我们尝试了很多类似内容电商、社交电商甚至泛娱乐化模式的交易体验。所以你会发现第一点变化：光有提高效率（save time）的产品可能不够了，我们还需要有一些打发时间（kill time）的产品模式。

少即是多（less is more）与多多益善（more is more）

很久以前，在我刚刚踏入用户体验设计这个行业的时候，“少即是多”这样一个原则就在指引着我的设计工作。但随着整个零售业态的发展，你会发现有越来越多的交易模式在演变，有越来越多的营销模式在产生。而且你会发现我们的消费者似乎正在慢慢接受，甚至是喜欢这些更丰富的元素，它们能够带来很多购物的愉悦感。所以第二个思考是在零售体验设计里，究竟是少还是多？

当然还有很多除此以外的变化，我们也常常在思考各种维度的理解或者解释：为什么会有这样一种变化？我们试图找到这种变化背后的逻辑到底是什么。

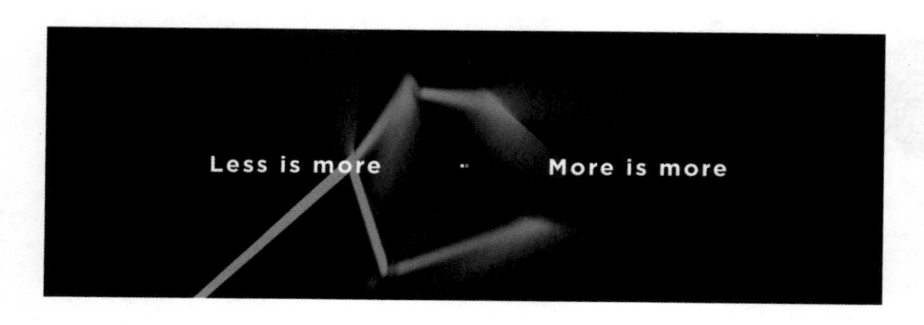

无界零售的三要素

我们思考了很久。如果回归到零售的本质来看待这个问题，可能我们会比较容易找到答案。在京东无界零售的观点中，人、货、场其实是零售最基本的三个要素。今天的人，也就是我们的消费者，正在迅速分层；今天的货，各种品类的区隔已经慢慢体现出来；今天的场，从最原始的中心化到去中心化，已经产生了越来越丰富的分化。所以你会发现在面对整个零售业态的这种变化时，整个设计团队的能力、思维都需要重新接受一些挑战。

第一，我觉得可能相对过去比较聚焦的一些专业领域，需要开始思考怎么样去应对多元化的挑战，在行业外因不断推动下，你需要去延伸你和团队的专业宽度。

第二，当你的专业宽度延伸到一定规模的时候，你需要思考还有没有能力在每一个垂直细分的领域里继续推进精细化的设计方案。

所以在我看来有两个关键的方向需要注意：一个是多元化，一个是精细化。

接下来我会比较快速地分享一些关于京东零售体验设计团队在人、货、场这三个维度，怎样实现多元化和精细化的例子。

第一个要素：人

第一部分关于人。当然实际上整个设计团队，从很早就已经在一直研究京东平台以及全网的用户。只不过最近你会发现过去的一些研究类型、行为背景、社会属性等，已经不足以完全支撑你的项目成果。

举一个例子，最近下沉市场是一个非常热门的话题，而小镇青年这样一个群体也需要进入到你的项目当中了。你需要对小镇青年做一个清晰的用户研究，类似这样的用户分层其实是非常明显。当然我们希望找到一些逻辑，通过一些用户的聚类，来思考是否能够帮助我们的业务产生更多的营销机会。

另外会员体系也是很重要的一点。Plus用户一直是整个京东平台上我们认为价值最高的客户，我们结合业务为整个Plus用户打造了一套非常完整的会员权益体系。体验设计团队在整个购物流程里，希望能够让Plus用户不断感受到平台对他的关怀以及给予他的特权。

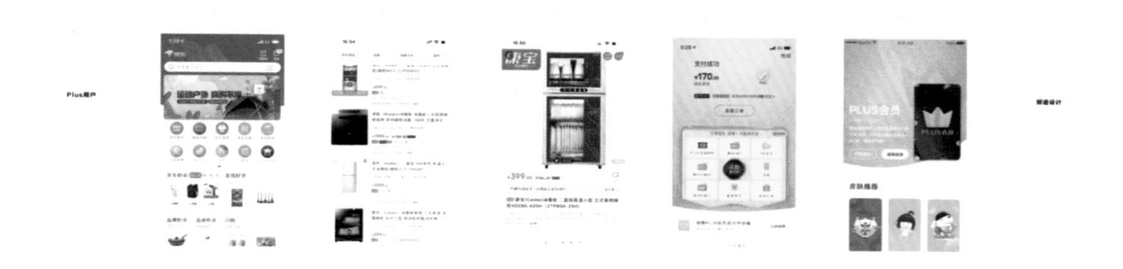

关于下沉市场，坦白讲这个问题曾经在我们团队里还是有些争议的，我们一直在讨论、思索，不同地域的用户群体，对于所谓互联网产品体验的感受（例如视觉设计的感受）真的

会有不同吗？

我们试图去解答这个问题。我们做了一些研究和分析，发现来自下沉市场的用户行为、背景以及他们的喜好，可能真的会影响他们对于整个互联网产品体验的预期。过去京东体验设计团队比较擅长的品质感或者高级感，在今天看上去已经不能完全匹配下沉用户的需求。

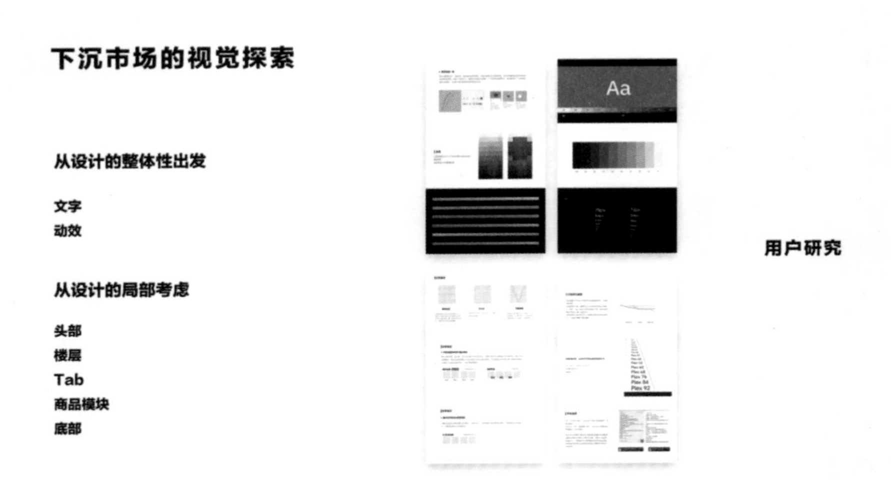

当然我们也在不断探索在整个京东平台上，如何去取悦年轻的消费者。我们尝试用一些年轻人喜欢的语言，结合我们自己的品牌，做了一些互动营销的传播。这个项目其实是一个比较典型的设计团队多元化能力跨界的例子，从最初每个角色的设定到3D建模，从故事版本的撰写到最后的配音，甚至是歌词说唱都是在设计团队内部闭环完成。年轻人的消费态度其实是我们一直在关注和研究的，我们希望通过不同的营销方式去打动他们。

关于电商的游戏化，并不是一个非常新的概念。但对于京东它是什么？我们最初在做电商游戏化的尝试的时候，预期是希望可以通过这种新的方式，结合平台的任务体系来找到更多的新用户，让更多京东以前不太擅长的用户群体加入。当然在拉新方面这确实起到了一定作用，但同时我们也惊喜地发现，平台的高价值客户，那些购买力比较强大的客户其实对这种游戏化方式的运营认可度是非常高的，其中有40%以上的用户来自于我们的高价值客户。

所以我们加快了这种尝试，结合不同的业务类型进行游戏化设计，例如公益。在大促期间也越来越多地尝试这种游戏化的促销方式，通过大促时期的大流量曝光，帮我们拉取到即时的销售机会。以上是第一部分关于人的维度的一些设计实践。

第二个要素：货

“京造”是整个京东零售供应链的第一次延伸，设计团队在京造这个项目当中的参与度非常高。除了我们看到的整个线上平台界面的品牌调性设计以外，每个SKU的实现、设计方案以及工厂代工的过程，我们都很深入地在跟进。最近在做的JOY STUDIO这样一个品牌，就是希望能够结合京东的成熟用户、忠实用户以及高价值用户对于京东品牌的认知，带来商品交易的品牌溢价。当然，前提是我们一定要找到他们感兴趣的或者他们认可的品类进行尝试。

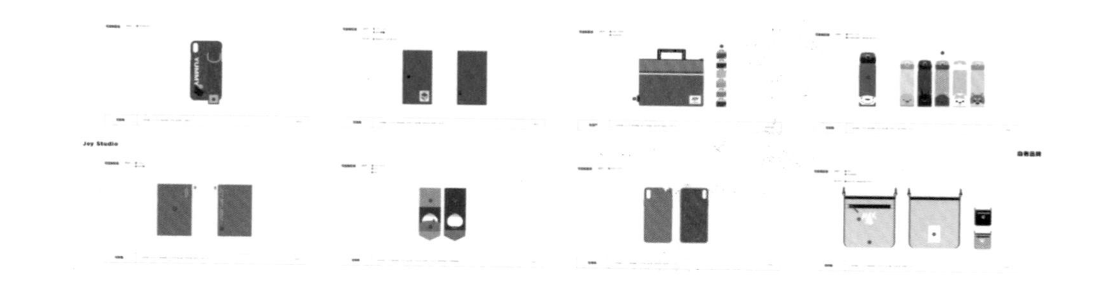

同时，我刚刚有提到在越来越多的垂直细分领域里，货品的区隔是非常明显的。我们找到了一些京东平台上性价比非常高的商品，通过“精选”频道进行聚合。我们也找到了妈妈这样的群体，她们所关注的母婴生活用品，会通过“陪伴计划”这样一个线索串联起来。同时我们在很多城市的“京东校园”也已经展开了合作，我们会把校园用户、年轻人特别关注的商品从平台上直接抽取出来，让他们能够通过“京东校园”这个频道更快速地触达他们可能感兴趣的商品体系。下图是“全球购”的一次品牌重塑，改版引用了海豚，传达“漂洋过海来看你”的寓意，同时用囤（豚）货的谐音来做了一次这样的品牌升级。

第三个要素：场

我曾经跟我的团队讨论，当我们进入一些新的阵地、新的场景之前，我们是否想清楚了京东究竟是怎样一种性格，我们究竟希望传递一种怎样的品牌形象给用户，这个话题在公司内部其实引起了很大的讨论。因此，2018年我们配合市场团队，在整个集团层面把京东的品牌进行了一次全面的重新梳理。当然最终的呈现，我不知道大家有没有感觉，我们希望营造出一种更年轻、更积极、更活跃的态度。

我们为Joy构造了一个Joy&Doga家族的概念，这种家族概念的产生令我们有机会结合不同的品类、人群，进行更丰富的营销场景的探索，我们的设计表达也会变得更加丰富。

下图是京东小鸽，鸽也是哥的谐音，这是属于京东物流的一个品牌升级。如果你们仔细观察的话，四只小鸽子有三只颜色一样，但其中只有一只脸部有阴影。我当时看到这个方案，其实不太理解，设计师的回答给了我很大的触动，他的原话是这样的：“因为他是司机，所以开车的时候太阳在这边，所以脸晒黑了呀。”这再次证明，所有的设计创作都是来源于生活，我没有办法去反驳他。

当然还有很多其他的场景，例如微信入口，其实我们在整个微信场景里也进行了比较久的购物尝试。关于微信场景里的购物模式，我们觉得有三个关键词可以体现：第一个是裂变，第二个是下沉，第三个是溢价。

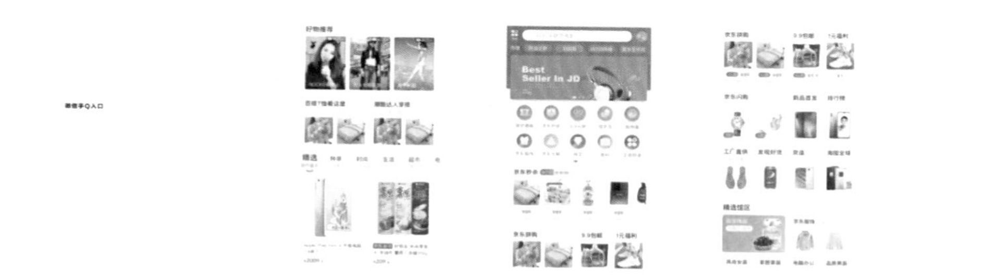

1）关于裂变

在微信场景里的这种裂变方式，基于你的好友关系链的传播，可能是一些聚拢式的，也可能是发散式的，甚至还有一些是链条式的。当我们把裂变的模型逻辑搞清楚之后，我们就可以非常快速地应用到不同的活动设计里。例如，我们会通过聚拢式的游戏爆款，让更多的流量靠近你，通过一些权益、一些任务体系，大家可以互相去比较，去推进更大的流量产生。我们也可以利用情感发散式的主动传播，让这种自分享的流量得到更多的机会。

裂变 – 点对点、点对多

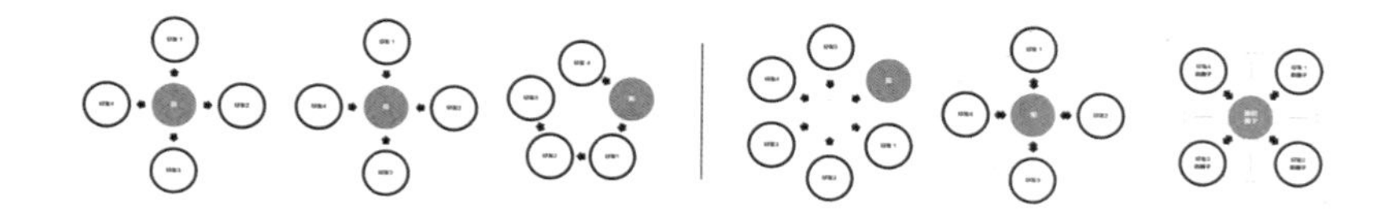

不断创新营销新范式
成为增长利器

2）关于下沉

“京东拼购”是京东零售在下沉市场尝试的第一个产品，简单地讲，我们希望营造一种体验闭环的逻辑。首先，我们希望结合下沉市场用户对于价格比较敏感的特点，利用一些优惠的利益驱动，让大家能够先参与进来。接着，我们会考虑下沉用户可能比较喜欢的游戏方式，做一些朋友之间的传播，创造一些更大流量的分享机会。当流量达到一定规模之后，我们会设计非常系统的权益化的任务逻辑，让他们能够深度留存下来。最后，当然我们希望通过一些情感化的联系创造更多的交易机会。

下沉—京东拼购　　　　**洞察用户行为社交购物产品初探**

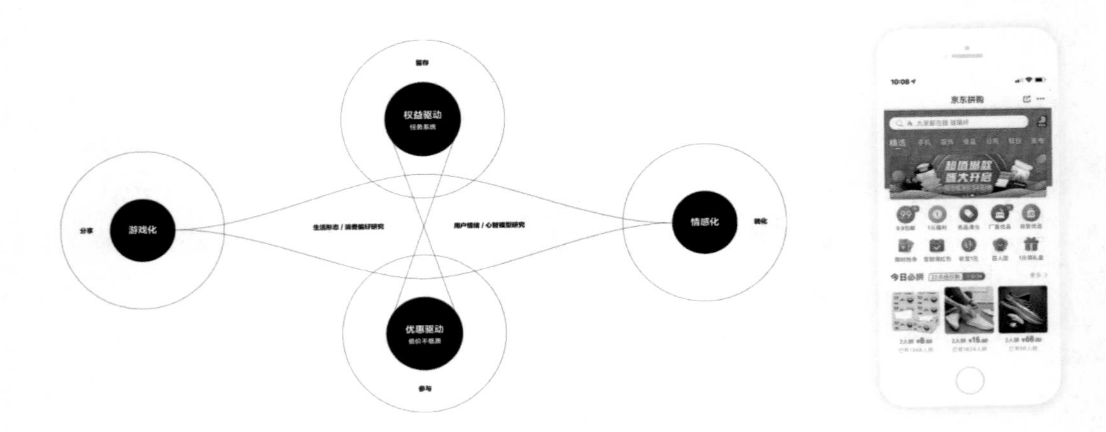

3）关于溢价

“购物圈”是在微信入口打造的一个类似朋友圈的产品形态，是一个关于购物的、闭环的聚众消费的场景。我们其实是充分结合了微信关系链的信任机制，通过不同群体之间差异化的金字塔模型，去创造出一些达人或者是红人的概念，令“聚众消费”这样的模式有更多的机会。

内容溢价—购物圈　　　　**聚众消费下的思考**
合伙人式社交购物新体验

1　关系链

信任机制、用户金字塔模型、强弱关系

2　拉力分享模式（去中心化）

同好内容触发 > 互动 > 分享扩散 > 再转化

3　一站式体验

布局UGC内容生态

7FRESH是京东无界零售的一个典型案例。当然除了线上的界面设计，团队更多关注的是怎么样把线下三千米范围内的这些商品的属性呈现出来，怎么样通过运营的方式，例如推荐早午晚餐让附近的白领用户能够深度地参与进来。结合京东的大数据，我们会根据不同社区讨论其可能关注的新鲜品类是什么，同时怎么样去利用线下跟用户更近的触达机会。7FRESH提供了很多便捷的支付方式，如小程序以及微信自助结账。我们同时也提供了非常清楚的电子价签，用户可以通过扫描这样一个电子价签，快速知道生鲜品类的溯源地在哪里，增强用户购买的信心。当然我们也会利用线下独特的营销方式、推广手段，希望能够给线上带来更多流量的反哺，让用户在线上和线下的体验更顺畅。

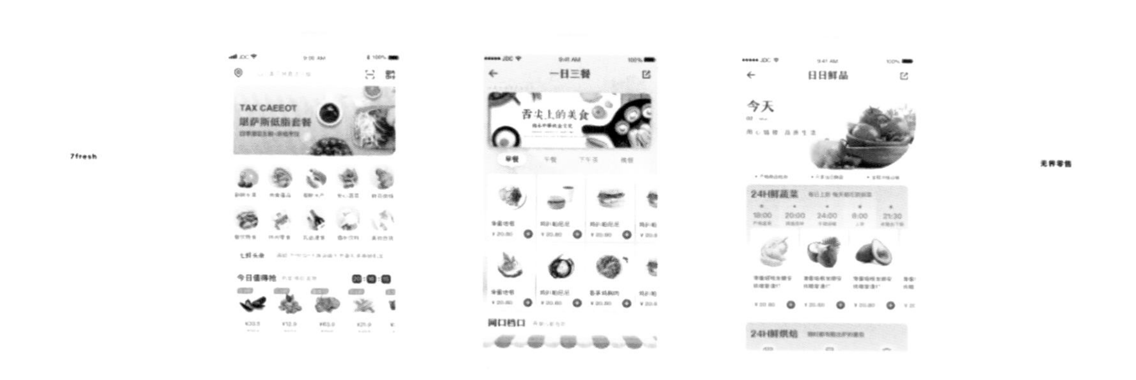

最近还有一个项目就是关于社区团购，我们称之为“区区购”的概念。区区购的核心角色在于它的店长。要在线上给店长提供交易体系的工具、商品盘货运营的机制；在线下，店长能够通过近距离的反馈，给线上带来更多的用户群体。

所以，以上我讲到的是整个京东零售体验设计团队在人、货、场这三个维度实现多元化和精细化的一些实践和感受。

当你的团队来到这个阶段，已经开始适应了多元化的场景，并且也可以开始尝试一些垂直细分领域的精细化能力之后，接下来我们应该关注什么？我们应该解决什么样的问题？同样我也跟各位分享三个我在日常工作当中碰到的问题。

第一个问题：设计质量

我们最近收到很多关于商家的反馈，尽管现在行业有很多提供视频或主图的工具，或者像抖音、快手这种渠道的广告投放视频方案，但是商家依然不愿意使用这些工具，因为所有的工具坦白讲门槛太高了。即使你用了现在所有的工具，你会发现辛辛苦苦折腾出来的一段视频，跟你想要的结果差异太大了。当然你还可以花钱，可以找专门的团队帮你去做，但时效和成本未必能够接受。

所以基于这样的一个痛点，我们在之前推出的羚珑智能设计平台里增加了一个功能。在主图视频这个场景里，结合主图视频整体，包括素材转场效果、动态甚至音乐，我们把所有素材进行结构化，利用机器的学习能力，加上代码的辅助能力，商家只需要提交一张图片、一段文案，平台就能输出大量设计效果供商家选择，用最快的方式提升主图视频的呈现质量。所以这是第一点，我把它定义为设计质量提升的维度，我们在帮助商家解决他们的痛点。

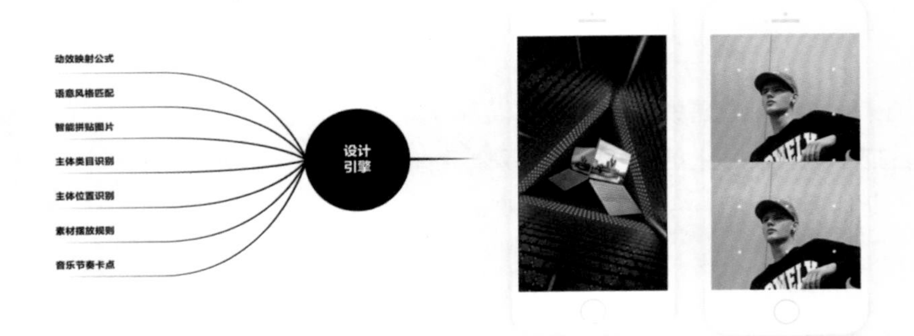

第二个问题：运营效率

因为京东日常有非常多的营销诉求，所以不同的设计团队每天都在做很多的商品落地页。我记得老板有一次在开会的时候问我：“今天这个活动看上去还不错！但我记得好像之前有一个类似的活动，为什么那个活动会变得那么差？”

整体上，我们运营设计团队对于这样一些落地页的把控，输出效率其实是不太高的。尽管我们有模板可以提供组件，但是整体上搭出来的质量的稳定性确实不高，今天可能比较好，明天可能又会发现各种问题。所以我们开发了一个这样的功能，只需要按照一定规则提供相对精致的广告图片，羚珑系统就可以帮你自动生成一个落地页，当然落地页背后的逻辑需要结合不同品类、不同场景去考虑。这是第二点，我们提升了组织内部的运营与设计效率。

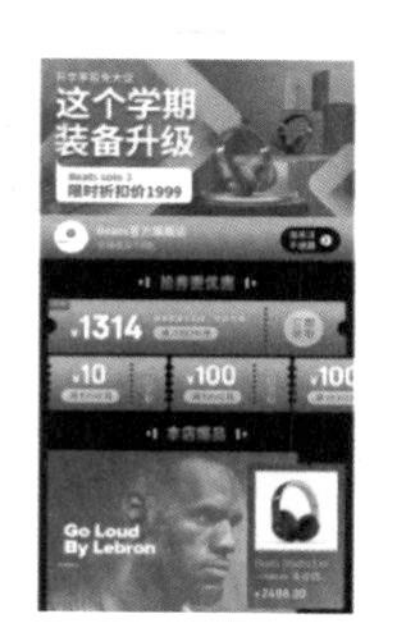

第三个问题：提升规模

相信各位可能都会有一些感受，在相对大型的商业组织里我们可能会有很多个设计团队，这么多个设计团队其实往往会被拿出来比较，所以这也是目前京东零售整体面临的一个问题。我觉得我们需要在内部组织上找到一种机制、一种能力，或者提供一个平台，让京东目前所有的设计团队都能够通过这个平台参与进来，大家一起贡献内容、解决问题，达到设计能力提升的组织建设。

所以，简单来看今天的商业组织，尤其在京东零售这样的环境下，我们认为还需要通过一些方式去提高设计质量，提升设计效率，打造设计能力。当然最终的目的是希望在多元化与精细化的背景之下，一定程度地提升商业组织的创意规模化。

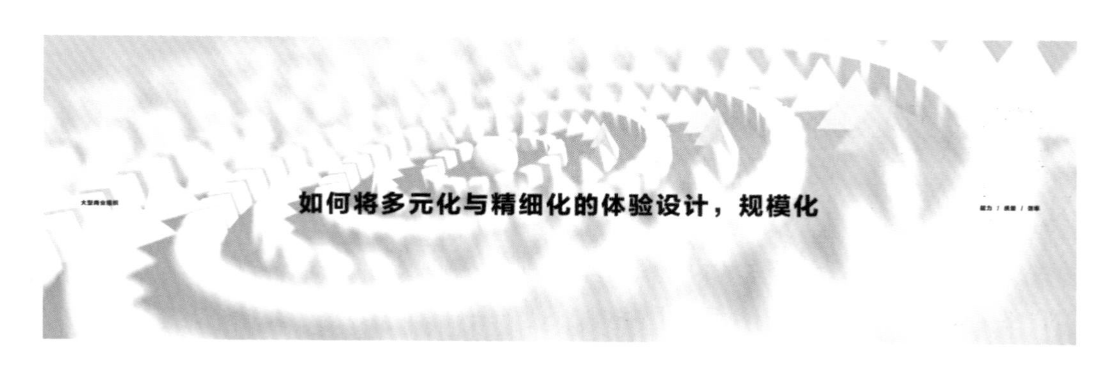

我们沿着这个思路一直在思考，有些什么样的可能性可以帮助我们达成这个目标？最后我们推出一个概念：设计中台。

设计中台　　**专业化、组件化、系统化、开放化**

设计创作
智能抠图　智能配色　智能排版　风格识别　批量合图　设计解析
创意广告　印刷物料　动图视频　互动游戏　营销活动　频道页面
羚珑

效率工具
设计排期　外包管理　设计数据验证　用户反馈平台　多端开发框架
Taro

协作平台
组件　模版　图标　动效　素材
标注切图　稿件管理　创意管理　设计插件
RELAY

能力建设
设计成果　经验沉淀　通道课程　KOL
设计案例报告　自研能力　能力模型　社区互动
JELLY

关于中台，我相信各位非常了解的可能像技术中台、数据中台甚至组织中台，为什么会提出设计中台？其实坦白讲不是所有的企业、所有的商业组织都适用于这样一个设计中台。京东零售有很多重复的相似设计需求，这些设计的差异性本质上不是特别大，同时京东零售面临大量的外部合作伙伴，如商家、品牌商、供应商，他们有大量类似的诉求，我们其实是非常有机会通过一些平台的能力，把所有的设计问题通过系统化的方式去进行解决。

设计中台对于我们而言是指，首先在底层搭建一个软性的机制、平台，我们需要先把京东零售所有的设计力量卷入进来，这是一个非常基础的专业化建设；其次，我们希望能够找到具体项目中的一些协同性问题，看有没有机会、有没有办法让我们的设计效率变得更高，将不同团队、不同场景、不同业务融合；再往上，我们是否能够基于不同业务的需求特性，找到一些模块并且组件化，当然颗粒度和维度不太一样，当这些系统各自完善之后，最终我们是否能够有一个框架实现整个平台的开放化。

所以简单看，专业化、组件化、系统化和开放化，是这个平台的特征。如果用一句话去总结，我觉得京东零售体验设计团队接下来会继续探索的方向大概是这样的：我们希望以整个设计专业化的能力为依托，去抽象出各个设计场景的模块并且把它们组件化；组件化之后我们会再将其匹配到每个具体的业务场景中，看是不是有机会通过系统化的方式推动整个设计中台的开放化，让我们的创意设计能够实现一定程度的规模化。

这条路还是刚刚起步，未来我们可能会有更多新的尝试，去打造像JDR DESIGN（http://jdrd.jd.com）这样一个开放化的设计服务平台。

刘轶
京东零售用户体验设计部（JDC）副总裁

2014年加入京东，现任京东零售用户体验设计部（JDC）副总裁，在此之前，先后担任腾讯电商用户体验设计部及互联网用户体验设计部总经理，拥有多年互联网及电商产品用户体验设计经验。

他关注产品在商业价值与用户体验之间的平衡，推动建立大型商业组织的设计体系，并确保用户体验设计成为企业发展的核心要素。

03 产品即战略

◎ 张伟

EICO是一家已成立16年之久的数字产品设计公司，其基地位于北京、上海、厦门三地，大概有60多位产品专家，他们都专注于创新型的产品。

EICO

EICO做得非常多的是线上的数字产品，几乎各个领域的都会涉及。从大家使用过的摩拜单车到特别早期的魅族手机、淘宝，还有车载系统，以及各种关于屏幕的互动。

我觉得自己很幸运地经历了这样一个年代。我曾从事于金山、网易、微软，在微软时正好经历了Windows Mobile和iPhone第一代发布的拐点。因此对于数字产品，尤其是今天大家手中每一块屏幕的设计，我都会有一些自己的感触。

EICO服务过的产品不管是大型的还是小型的，如摩拜、马蜂窝、魅族、丁香园等，都是从0到1开始深入合作，因此EICO的成员们都能深刻理解整个产品从0到1的过程，以及产品和商业模式之间结合的关系。

今天我想讲四个话题：数字产品、突破介质、设计重构、大眼模型。

数字产品

建筑时代

EICO有个合作伙伴是做线下空间的，他是个建筑设计师，然后我便跟他聊了非常多关于建筑领域的历史。然后他告诉我，在建筑领域，大概要经过30多年，设计的理论才可能会被循环一遍。他自己学到很多东西，也是几十年前的一些理论，只有当他自己去规划、去设计之后，才能看到他修补的理论和一些设计思维，其实这个时间成本是非常高的。

我们看到某些建筑是充分的定制化建筑。例如，某个场所的位置、光照、人流在这个地球上没有第二个，那么它即是充分的定制化产品。同时它有非常长的周期和超高的成本，当然也有非常好的回报。今天地产公司的利润应该是非常丰厚的，同时你会发现在这个领域有非常多的大师级别的人物，甚至以他们名字来命名的工作室或企业、集团都是非常多的。

工业品时代

进入工业品时代，生产出了大家身上穿的衣服、手上拿的手机这些我们看到的所有物质化产品，这个时代其实你会发现就是人和物品之间的关系，它讲究量产，尤其是在汽车工业带动了流水线作业之后。所以它追求的是能够将非常多的作业流程标准化、数字化。

在这个领域你会发现也有一些非常有名的设计师，但是这个领域的设计师不仅仅是一个符号，他要非常理解上下游的产业链协作，理解自己销售的品牌，然后才能把这个产品从无到有打造出来。所以这也是非常棒的一个时代。

数字产品

对于今天在IT公司或者互联网公司工作的朋友，可以反思一下你们现在所做的东西，与前面提到的建筑时代和工业品时代有多么大的不一样。我觉得它们是完全不一样的，甚至不能用设计去描述我们正在经历的阶段。

我觉得我们在处理人和信息，并没有处理任何人与物理空间之间的关系。我们在处理信息的无限性的复制，你所做的东西几乎是在以零成本的方式进行病毒式传播。虽然每家互联网公司有非常大的成本投入人力、物力，但实际上当你能够用病毒的方式（当然这不是贬义词）——也就是用非常快速的方式传播到地球上每个人身上时，你几乎是零成本的。

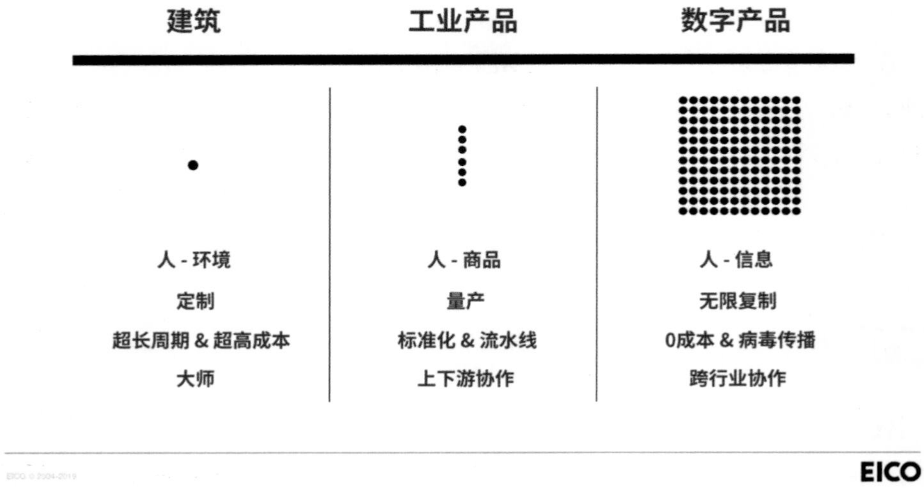

建筑	工业产品	数字产品
人 - 环境	人 - 商品	人 - 信息
定制	量产	无限复制
超长周期 & 超高成本	标准化 & 流水线	0成本 & 病毒传播
大师	上下游协作	跨行业协作

EICO

建筑、工业产品与数字产品间的区别

你扫一个二维码，或者晃一晃手机就可以连接到另外一个用户；你可以下载一个信息，就转发到另外一个人的手机上面。在这个领域，你们接触到的不仅仅是你的上下游了，你不仅仅在接触运营、接触商务，你还会听到老板谈战略，你会跟完全不同领域的人合作，所以这对于你的技能和知识的要求会非常复杂。所以我们今天所处的，我觉得是一个充满混乱但是又要求你综合能力非常强的时代。包括最近大家在谈全链路的设计师，其实面对的也是这样一个综合复杂的局面，你无法在一个链路上面完成上下游的协作了。

建筑、工业产品与数字产品的受限区别

所以回到本质上，我觉得你看到的建筑还是受限于空间的，不管它的位置还是你在空间与人的互动，就是必须要求你在场才能真正感受到它。它的辐射面也是相对受限的，但是它可以成为非常瞩目且具标志性的产品。但是你会看到工业品其实受限于成本，如何将成本降低，如何量产，然后如何能够以最快的物流体系传播到更多的用户手里，这是大家都在谈的问题。

但是再看我们的数字产品，它完全不受限于空间，也不受限于时间，而是受限于过载。我们生产了太多实际上不需要的东西，所以你很难寻找到你真正需要的东西。过载问题，是我们今天在处理的最紧急的问题。我们说数字产品，例如App或手机里面的UI，你会觉得它是有按键、有边界的，至少你感觉能触碰到它，跟它有一个物质上的互动。但实际上，我觉得产品这个词，实际上是带着太多工业品时代的语义来到信息时代的，我自己认为，其实它没有任何物理限度，也没有任何的时间限度。

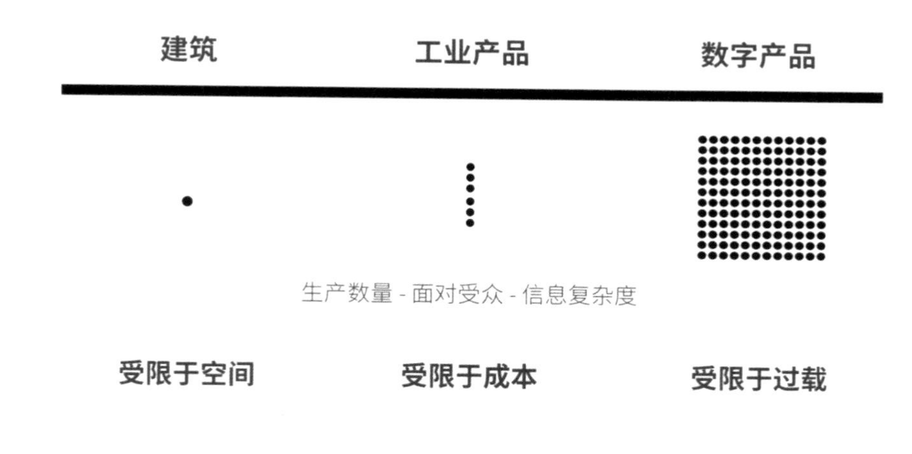

三者间的受限区别

我们在工业品时代、建筑时代，是奔着终点去的，我们在设计产品的终点。我们知道它在最完美的状态是什么样的，而且当它的生产流程结束的时候，这个作品就活了。因为它

会以物质的方式递交到用户手里，它会让我们真正体验到这个空间、这个产品，因此它是活的。但当我们看今天手机里的App的时候，其实它是没有终点的，那些有终点的产品其实是死了的产品。

所以我们今天的产品实际上不是奔着终点去的，而是从起点开始的。你有没有思考今天你的产品与其他产品的差异性在哪？你应该从哪出发？以及你的下一步是什么？但实际上我相信你们不知道今天做的产品七八个月之后它会变成什么样。如果它非常成功，那这个产品会一直活在用户的手机里，会以完全不同的商业模式、表现形式、接触方式与用户互动。

今天成功的例子，包括非常流行的微博、Instagram等产品，其实它的过去已经死亡了，而它的现在仍旧在持续。所以我们今天服务的是过程，并不是一个终点，因此我会这样来定义今天的数字产品设计：它更多是对于信息组织方式的设计以及对于传播的设计，它不是对一个有形物质的设计，也不是对于一个终点目标的设计，而是持续性地在组织信息的有效方式。它通过一块屏幕和你互动，从而让信息的传递更高效。

突破介质

我们在一个公司内会去做这种“突破介质”的功能定义。不同的工作对应着不同的职位，如交互设计、视觉品牌运营、产品经理等。如果用信息设计来重新看待今天我们在做的这些工作，可能不一定要这样去描述这些职位。我们看的是信息组织与传播，我觉得它是突破介质的，它不能仅仅被我们今天所做的这些UI和屏幕内的体验所约束。我会把数字产品定义成一个公式，这个公式可能突破了视觉与交互。

结构

我觉得今天所有的产品，首先要讨论结构——产品的信息结构是如何构成的？那什么是结构呢？

下图就是结构。在看到这张图的时候，第一个你肯定觉得是新闻，第二个好像是对话，第三个是地图，第四个是货架。在你看到它的一瞬间，不用管是哪家的产品，信息结构已经决定了你与信息的沟通认知。所以你不用管地图是高德还是百度，你知道它解决的是位移的问题，解决的是你与物理世界的映射关系问题。最后一个你就觉得它肯定是个货架，你能找到你想要的东西。当你进入到信息的场所当中，这种结构就是决定性的认知，所以它无关乎品牌，无关乎信息的质量，只关乎结构性的表达。

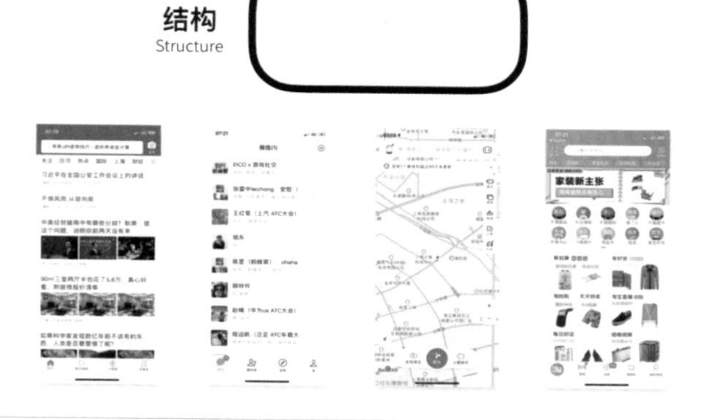

结构

内容

第二个我想讲的是内容。当搭建了信息结构之后，内容是非常重要的，用户希望从结构中获取内容，结构对他是没有意义的，信息本质上要能带来效率。

什么是内容？例如有图文的公众号、扑面而来就正在播放的视频、非常多漂亮照片与文字的组合……用户要的是这些东西。不管是用滚动的方式、点击的方式还是浏览的方式去获取这些内容，或者中间可能也伴随着很多链接功能、购物按钮，它们都属于内容，能让你在结构中获取内容的价值。

内容

机制

还有一个非常隐性的线索，就是推动内容在结构中滚动的机制。这个东西非常抽象，可能不太像结构和内容，但是它是非常重要的逻辑性思维。

例如，我们看到的拼多多的红包，或者你扫星巴克它会发你个优惠券，通知系统会有一个小红点，以及游戏化的这种互动，这些东西背后都有一个关于人性的公式，是个比例，是个漏斗公式。在这样的比例下你会做大部分人都做的动作，它是可以算得出来的。所以这种机制在不断地推动着人与内容的互动，让这个内容在结构中持续性地成长。

机制

这三部分在本质上构成了我们的数字产品。你会发现在新兴领域，如我们今天做的车载，或早期的手机，我们在讨论结构性的信息如何与内容结合。而在成熟的领域，结构性被定义了。今天为什么这么多人做运营，为什么这么多人做公众号，因为今天在我们的手机里面没有结构性的变化，所有的手机操作系统都是趋同的。但你要去找到内容与机制间的匹配，怎么去做运营、怎么去推送、怎么去搞线下拉新机制，这些是非常重要的。

设计的重构

所以从这个角度上讲，我们不仅要看视觉和交互，还要看如何去从结构、内容和机制的角度去发现我们到底在做什么。

我觉得结构是关于载体的——什么东西承载着这样的结构，如手机屏幕的互动范围是多大。然后还有认知，即你在瞬间对信息的认知。

第二个是内容。内容在谈论的实际上是信息的本质与价值，以及美学、传播和文化性的东西。

第三个是机制，是在讨论人性、数据、逻辑性的。

这些东西其实融合在一起。我把今天一家公司你能想到的一些职位都放进去，就会发现他们在扮演着不同的角色——产品经理更偏交互设计，可能更偏逻辑性一些；市场营销和视觉设计人员在信息、美学方面侧重多一些；老板可能想的是“我们产品做成什么样”，然后什么都得懂一些；运营人员又在讨论内容与机制的互动。我们在填补这个原型，争取再把它变得更丰满。所以，我觉得未来的人才在这三个方面都要有所擅长。

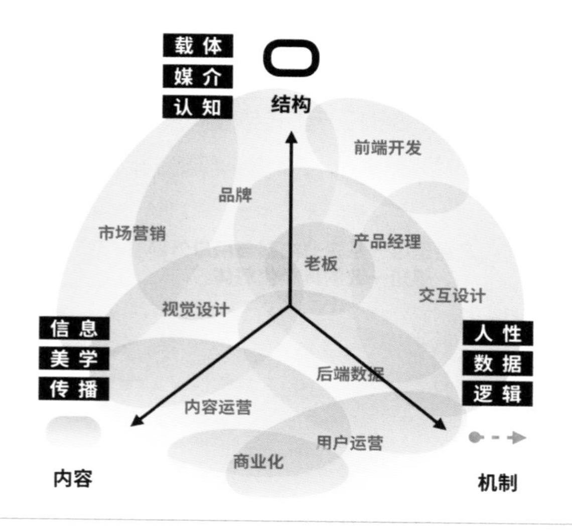

结构、内容、机制间的关系

明白了以上几点，接下来首先是决策性的设计，你要知道你在做什么，你如何去拟合业务与产品之间的问题。

第二个是沟通性的设计，你要知道去解决信息与品牌传播的有效性。

第三个就是策略性的设计，你要知道用户数据持续性的运作。

这三点是非常重要的，对未来的思考不仅仅局限于数字这个领域，我给大家看一个汉堡模型。

汉堡模型

我觉得，未来所有公司都会用这样的方式，来去思考线下结构。你做一张海报或名片，现在都想把二维码传递出去。或是你在做一个营销活动，需要有数字的、线上的部分和物理的、线下的部分，以及中间的服务，推动机制往前运行，最后你需要一个品牌来扎在汉堡上。任何一家企业都会变成互联网公司，但是它又不是纯粹的互联网公司，线上、线下服务与你的品牌是一体化的。

大眼模型

任何一个商业模式中，我们都会思考用户模式与品牌资产。画一个象限的话，其实一个好的商业模式希望把用户、资产、模式、品牌这四个点都能够连接在一起。

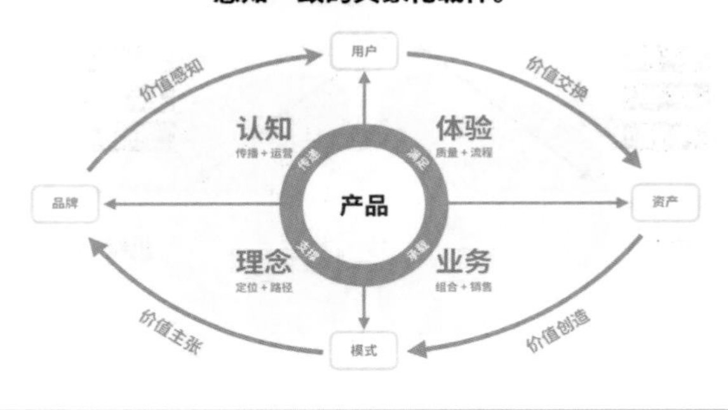

大眼模型

在做设计和体验的时候，我们通常都在讲的是用户如何和一家企业的核心资产互动：你买了这个东西感受怎么样，使用怎么样。但实际上它并不是从这开始的。从一家企业、一家运营商的角度，它的本质从资产端开始——你的资产如何以一种方式组合成一个模式，成为你的业务。例如，你的车是租赁模式还是售卖模式。然后，你的模式如何通过品牌达成一个理念，其实它是你的价值主张，它形成了一个品牌象限。

理念和业务是消费者看不到的，但这些东西大家在企业内部会说得非常多。我们今天看到所有用户在用的产品，它解决什么问题，这是价值的感知，是从品牌到用户。然后用户进行价值交换，产生购买。但今天企业内部视角和用户外部视角是完全不一样的，所以我们在公司内部讨论非常多的话题实际上消费者没有感知。我觉得只有今天做的产品（不管是数字产品还是物理产品），是站在企业内部与外部看到的一模一样的东西，你做成什么样，用户就看到什么样。

所以今天的产品必须要承载业务和理念，同时它要完成认知的传递，也会有体验的部分。所以我觉得只有产品的设计是最具象化的载体。今天我们的设计实际上就是在设计这个产品，界面、信息的组合都是在谈论这件事情。

设计助力增长

最后我想提出一个概念，就是设计不仅仅是设计。当我们向另外一个完全不是设计领域的人说设计，都会有很多美学和人文主义色彩在里面。我觉得今天的设计本质上是信息，是工程学，它不仅仅是人文主义。人文主义非常重要，这是设计区别于其他行业最重要的一点。但是我觉得在今天我们所处的这个时代里面，设计在突破自己的边界，它是可以帮助企业实现增长的，它的目标也必须是实现增长，和工程一模一样。

Growth by Design

设计实现增长

EICO

设计的目标需要实现增长

张伟

EICO联合创始人

EICO联合创始人与首席策略官。曾就职于微软、网易、金山产品设计团队。产品核心论者，认为设计是实现产品增长的重要手段，产品即战略，产品即品牌。他关注出行方式、智能硬件及后端算力领域的产品设计，服务品牌包含摩拜单车、马蜂窝、丁香园、奔驰、魅族、搜狗、谷歌、亚马逊，并孵化社交品牌Weico。

04 进步的力量

◎ 曾德钧

猫王收音机的成长故事

1964年，我七岁，那年我见到了收音机，这个收音机就像一个外星人一样让我看不懂，但是我知道这个收音机能够和外界产生联系，给我们带来不知道的知识。因此在当年，我就装了一个很简单的矿石收音机，让自己和外部世界产生了连接。

从此这个收音机就改变了我，我就在想**怎么样重现收音机的黄金年代，让收音机重新变为商品。**于是我开始将这个产品放在论坛，面向论坛用户售卖，每年就卖300台。

我与猫王收音机

到了2014年，我已经快60岁了。当我准备退休的时候，年轻人告诉我，新的时代到来了，要去拥抱互联网。之前一年卖300台，而在这一年，销量相当于过去的30年。由此证实，拥抱互联网，改变自己，能够让自己重新获得青春。

突破瓶颈，打造现象级产品

这一年猫王收音机成功以后，也遇到了相应的瓶颈。毕竟作为创业团队，一个月收入200万元，而且卖这么一个传统复古的东西，它很难有一个很好的未来。这个时候我与团队就在想怎么办。我们去总结了猫王收音机的成功和过去存在的问题，准备重新出发。

在总结之后，猫王收音机团队得到了两个结论：

①当时运气比较好，踩到风口。时代发展带来流量，流量给猫王带来销量；

②产品经过了十年的打磨，做得比较好。

那么产品好在哪儿呢？大家总结了产品的优势，一共四点：好看、好听、好用、好玩。我们将“好看”放到了第一位。好看，是用户的第一感受。这是个讲颜值的社会，颜值是对消费者最大的尊重，颜值是流量的保证和转化率最重要的基础。

其次，产品要有灵魂、有故事、有文化，要像人一样，有人性、有灵性，在产品的传播当中需要有故事。同时，产品要有创新，只有创新才能做到独特。当我们把前面的这几点都做好了，你就有可能独创一个品类，或者成为品类的第一！

猫王团队总结出经验以后，开始对产品做调整，把价格降低到只有原来1/10，把收音机体积缩小，把人群由35岁定位到25岁。这时猫王收音机又发生了很大的变化——在上市第一个月内就卖了2万台，同时这个产品也成为便携音箱的销售第一名！更重要的是，猫王也深受用户的欢迎，成为了一个现象级的品牌。

许多明星也喜欢把猫王收音机晒到朋友圈或微博，或是发表在杂志上面。什么叫好的产品？好的产品会说话，好的产品会走入大家的生活场景。而猫王收音机就是这样的产品。

产品文化升级助力猫王走向文化级

猫王收音机团队是个创业团队，作为创业团队来说，要不断去迭代，不断超越自己。在当时来说，小王子系列卖到2万台，销量已经很好了。但是我也发现了问题：一方面是由于产品坚持原木手工，一个月只能够做2万台。第二就是有些用户提出，这个收音机父母才喜欢，因为它是原木外观，颜色老气横秋的，不符合年轻人的特点。这些年轻人希望更活跃一点，希望颜色更鲜艳一点。因此，猫王团队决定开始做嬉皮文化的产品。起初我觉得当时的嬉皮文化是颓废的，是不好的。接着年轻人就告诉我，这个看法是错误的。他们给我推荐了两本书，一本是凯鲁亚克的《在路上》，一本是《达摩流浪者》，然后再让我去看电影《海盗电台》。

看完之后我改变了，于是就做了猫王产品的文化升级——嬉皮文化产品。那之后，猫王产品的销量也大大上升了，猫王团队开始形成自己的一系列产品。

到了这时，我又开始反思，产品究竟要往什么样的方向去发展？大家都知道产品分为作品、产品、商品，甚至爆品。

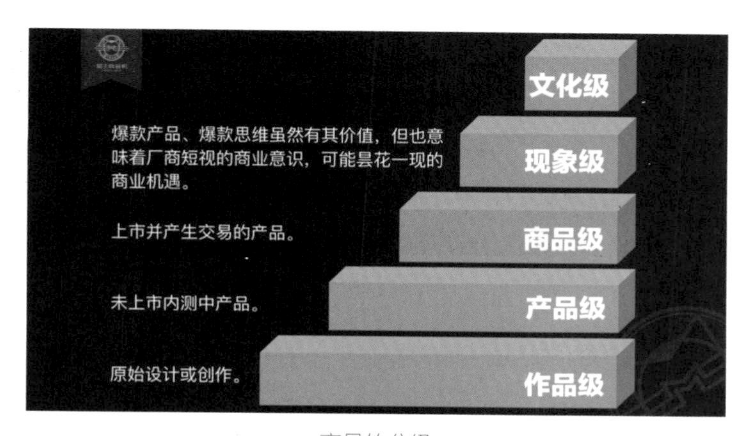

产品的分级

在这个人人都去追求爆品的时代，爆品对创业团队来说非常有价值，但如果只是单纯去追求爆品的话，它可能是昙花一现。大家也可以看到很多创业团队就死于爆品。而猫王选择做文化级的产品，因为在这个人人都追求标签的时代，如果对于大家来说产品不能够打造时代的经典，不能够成为一个文化自有品牌，那么产品也可能只是昙花一现。

我和猫王团队相信文化的力量，开始做产品的文化升级，让猫王收音机与各种文化去结合。

产品文化升级：RADIOOO=Radio+∞

与此同时猫王也做了品牌文化升级——创办猫王音乐台。猫王音乐台请了全世界的优秀DJ，包括海盗电台的DJ。

猫王音乐台的DJ

2017年，猫王在梦幻的撒哈拉沙漠举办了第一届电台复活节，我们在沙漠上搭了一艘船，在船上面搭了一个直播室，请来了全世界优秀的DJ来给电台复活节做24小时的直播。最后我们把这艘船点燃，就像美国的火人节。

2017电台复活节

通过这几年的努力，我和团队用文化去赋能，将一个传统产品变成一个现象级的品牌，得到了众多用户的认同。2018年12月7号，猫王收音机卫星发射成功，卫星上搭载了猫王的新产品和猫王音乐台的节目，它围绕着地球，现在还在进行广播……

文化传承+技术创新

下图是一个品牌价值象限图，在图中可以看到，传统的品牌定位在第三象限，智能品牌定位在第二象限，而猫王决定把自己定位在第四象限，通过边界创新来获得市场机会。基于这一定位，猫王决定用经典的文化传承加技术创新来做产品创新。

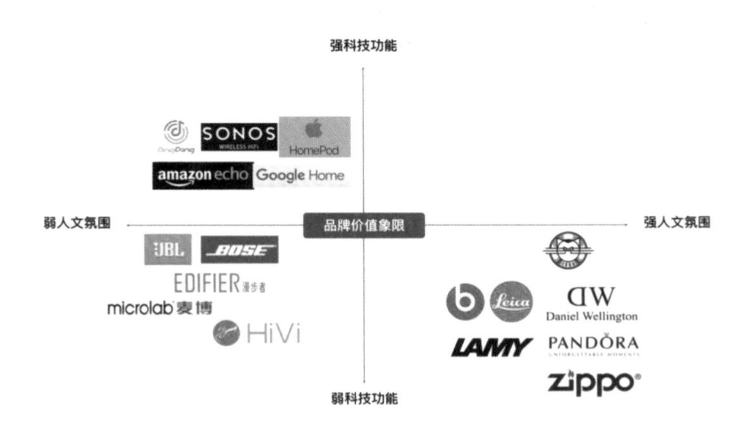

品牌价值象限图

猫王产品创新决策

2017年，猫王通过软硬件结合的方式做产品，打造了两款新产品和妙播App。产品出来以后我们重新定义了收音机，在2017年获得了CES的创新奖。

猫王获CES创新奖

一起用文化创新去探索更美好的未来

我们可以看得到，在这个市场上，未来要么只有传统收音机，要么只有猫王收音机。猫王团队通过几年的分析与实践，把一个传统物质性、功能性的产品，向具有体验感、形式感的方向发展，然后再深化到有文化、有价值的层面，最终打造为一个现象级的产品。

文化创新，永远在路上

从厂商、设计师到用户，猫王团队这几年就是用这样的思路一步一步往前走，我和猫王团队希望和年轻人一起用文化创新去探索更美好的未来！

曾德钧

猫王收音机创始人

资深音响设计师、产品人，智能音频互联协议国家标准组组长，曾五度荣获美国CES音响类设计大奖。他专注声音世界三十余年，是迄今为止仍然坚守收音机及电台梦想的匠人。在长达三十多年的时光里，他用心打造复古经典收音机，不懈优化，坚持原木手工工艺，用心创造。“聚匠计划”发起人、互联创客，是中国最早从事电子管功放研究的专家。

曾担任深圳麦博电器有限公司总工程师，奋达技术、市场以及品牌总监。而在这之前，他还担任过三诺、惠威、漫步者等多家知名音箱大厂的顾问。他是Hi-Fi音响的先驱之一，也是中国第一台Hi-Fi胆机、第一台Hi-Fi CD机、第一台Hi-Fi级电子管多媒体音箱的设计师。

05 大生态大设计

◎ 谢焱

小米生态链系统

2015年小米成立生态链团队，2016年3月29号发布米家品牌。米家品牌旨在为我们提供一站式的解决方案，现在很多家庭中绝大部分智能硬件都有我们小米的设备。小米现在和270多家生态链企业合作生产智能设备，其中有100多家企业在为小米和米家生产智能硬件。通过下图可以看到我们现在都有哪些产品，我相信在这几年中也有特别多的用户在用我们小米的产品。

小米产品

在2015年刚成立的时候，小米已经能够建立出很大的用户量，在2016年使用产品的用户不断增加，到2017年更是增长了许多倍。从2017年直到今天，我们IoT平台的设备接入数量已达1.96亿台，已涵盖200多个国家和地区，成为全球最大的消费级IoT智能互联平台。

如何通过设计提升体验？

这几年，在通过设计来提升产品体验上，我们有一些特别值得分享的东西。我先举一个米家App的例子。

米家作为一个接入和承载将近300多款智能设备的App，是非常不容易的。米家App分为三种控制方式：手动操作、语音控制和自动化。其中自动化则是未来我们要达到的真正的人工智能。

1）手动操作

第一种是手动操作，下图所示的这些设备都可以通过我们的手机来控制。App里面集合的所有功能都能承载在一个卡片中，通过卡片点击进去，就可以根据需求进行操作。

可用手机控制的设备

其实这个卡片要设计成这样是非常不容易的，因为每一种设备所属的品类非常多，操控方式也不一样。所以我们提炼出各种关键的信息和功能，如图标、名称、所在房间的地理位置和开关。

2）语音控制——小爱同学

第二种方式是借助AI智能助理——小爱同学语音交互。小爱同学搭载的设备数量已超1亿台，月活用户也已超过4990万人。

在房间里面，小爱同学通过一句话就能控制设备，例如我对着手机App说“小爱同学打开电视机”或“小爱同学打开空调”，它都可以响应，而且在房间的每一个角落，我们都可以通过语音来控制，如下图所示。

小爱同学语音控制

3）自动化

设备自动化功能我们可以通过地理位置状态、数据状态和用户状态这三方面进行控制。

例如我离家或我回家的时候，空调是不是可以自动关闭、打开，扫地机器人是不是可以进行工作；或者说室外PM 2.5过高的时候，是不是可以自动打开空气净化器。

用户状态指的是什么？例如说我在睡觉的时候，是不是有一些使用的场景供我们选择。例如当手环监测到我们处于睡眠状态的时候，空调就进入睡眠状态，灯和窗帘也可以自动关闭，最小程度地影响用户的睡眠。

而且米家App是为家庭而设计的，所以它可以一键分享，与亲友一起享受科技带来的美好生活。

我们除了在功能上做设计，还在界面上做了特别多设计。例如我们把界面头部的展示方式和环境信息结合起来，橙色代表温度比较高，灰色代表PM 2.5比较强，如下图所示。这个时候智能设备也会做出相应的调整。

米家App首页环境信息展示

做用户需要的设计

我们每年要做的设备数量和品类都非常多，但我们团队非常小，设计师、UI设计师加起来也就五六个。那每年要接这么多品类、这么多App插件的设计，我们怎么做到的呢？

1）分类别

我们首先把这些东西分为生活用品、交通出行、运动穿戴三个品类，在这三个方向保持各自独特设计风格的同时，也要对齐小米整体MIUI的设计风格。

类别1：生活用品。

在生活用品的设计上，我们希望把界面中展示的内容和我们环境的内容相互匹配。

以米家新风机App为例，空气质量非常好的时候，界面所展示的内容就是蓝天；空气不好的时候，它就是一个灰灰的状态，如下图所示。这让你能够沉浸于我们的环境当中，并且做出一个最好的判断，即我要将新风机调整为什么模式，是自动模式还是强力模式。

米家新风机App设计

类别2：交通出行。

在交通出行这块，我们希望它既能保持一个扁平化的设计风格，又要有一个运动的设计感觉，然后还要展示一些数据。

类别3：运动穿戴。

运动穿戴品类就是小米运动App。我们觉得这一类的App，要把用户的身体健康和运动状态通过数据展示出来，同时与一些运动课程的推荐、运营的方式是相互匹配的。所以我们把每一种色彩对标一个运动项，让用户能够沉浸于他现在的运动状态，并且通过可视化的语言来展示他现在的身体状况，如下图所示。

小米运动App

我们每年要做特别多的项目，但我们的设计资源是有限的，所以我们制定了一个产品级别制度，分别是S级、A级和B级这三个级别。

S级的产品属于发布会级。我们会投入全部的设计资源进行设计。

A级是大销量的新品类。我们会和生态链公司一起设计，这意味着我们自己也要成长，生态链公司也要成长。

B级是标准合作品牌，也就是审核设计。这一品类中，我们会完全让生态链自己承担设计的任务，然后我们进行审核。

2）审核制度

我们在做硬件设计和软件结合设计的时候，有一些环节和标准。我们在每一个环节、每一个标准要做的事情，可以分为内测准入、内测封样和上市封样。

第一个是内测准入。在我看来，这个设备首先要能用，它才能内测。然后它要易用，可以内测封样，最后是它要好用。这个时候它可以上市封样，甚至到最后我们要好看，这个产品才可以上市。所以在整个环节当中，我们都有一个非常强的目标进行流程化的对标，这个时候才能保证我们的产品达到一个最好的品质，投入市场。

规范每个团队都会去做，而且在每一个公司都会有。规范的建立是非常有必要的，但是我觉得更重要的是更新和传播。我们有时候做了这个规范以后，很多团队或者说很多内部员工其实都不知道有这样的规范，不知道怎么去传播，不知道怎么去更新。所以我觉得这一块可以把它做成一个网站，方便内部去传播，也方便自己去更新，如下图所示。

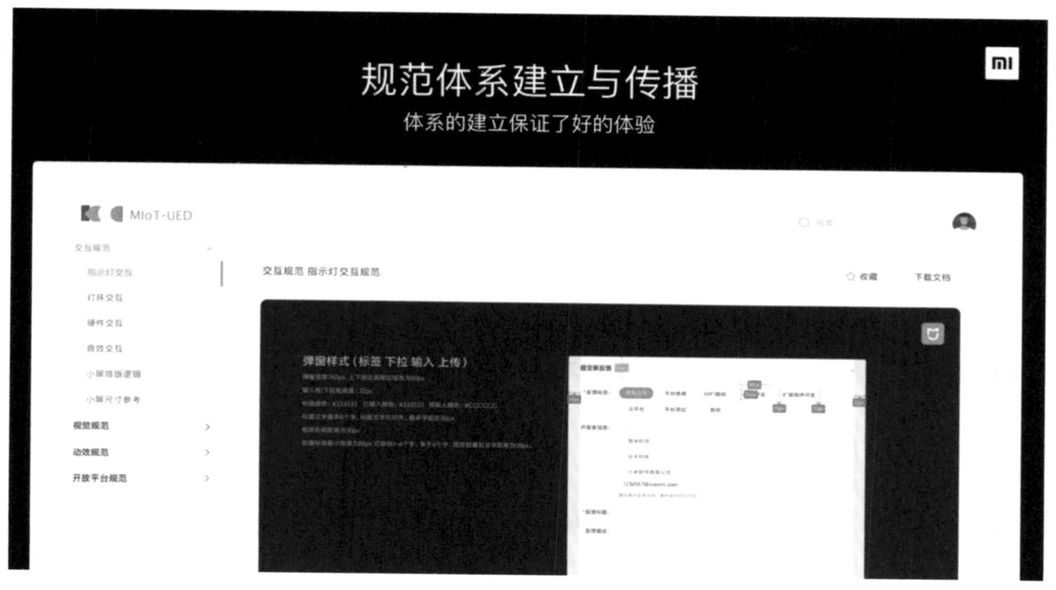

规范体系建立与传播

最后我再来分享一个小米之家大屏购物系统的案例。小米之家是一个大屏购物系统，也是一个新零售的购物体验。小米之家旗舰店在深圳，在发展这几年，我觉得小米之家有几个有待于优化的点：

第一个是排队等待。

第二个是导购数量。例如我想了解一个产品详情的时候，没办法达到一对一的导购数量的要求。

第三个是支付方式。有时候付款和支付的方式比较繁杂。

第四个是提货困难。买一些大的家电的时候提货比较困难。

所以，我们也在想可以用什么样的方式更好地解决这些问题，希望能够找到一个最好的对标方案。日本有一种自动售卖机，它深入到国家的每一个缝隙当中，在人多的时候它数量可能会多一些，在人少的时候它数量比较少一些。用户通过它能够完成一站式购物，得到自己想要的东西。

从产品方向上来说，我们希望这个产品可以在各种场景使用，例如在公交车站人少的地方、在地铁上、在小米之家体验店上，它都要有不同的表达方式，如下图所示。

小米之家运用场景

小米是非常重视设计的，即使是最困难的时候，小米也在探索设计，我们希望小米能够一直给大家带来设计上和产品上的惊喜。

目前小米已经获得了500多项设计大奖，如下图所示。2019年Gmark中小米的三件作品获得GOOD DESIGN AWARD BEST 100，其中有硬件、系统和包装设计。用童慧明教授总结的一句话来讲，小米的设计已经毫无死角地涵盖了整个设计行业。

小米所获荣誉

最后，希望小米能继续为大家带来好的设计、好的体验，让每个人都能享受科技带来的美好生活。

谢焱

小米IoT用户体验设计总监

从小米成立生态链至今，一直负责小米及米家相关智能硬件的系统软件设计，具备十余年用户体验设计经验。获奖经历：2017年获得两项日本Good Design优良设计奖；2018年获得德国红点 best of the best；2019年获得日本 Good Design BEST 100；2019年带领团队获得三项德国iF设计奖；至今带领团队共获得13项国际设计大奖。